数据结构（Java 语言描述）

（第 3 版）

主　编　库　波　聂　哲

副主编　徐　佳　任佳丽

刘　蕴　曾希君

参　编　史　强　刘延涛

北京理工大学出版社

BEIJING INSTITUTE OF TECHNOLOGY PRESS

内 容 提 要

本书主要介绍了数据结构的基本概念和基本算法。全书共分9个项目，主要内容包括绪论、线性表、栈和队列、串、多维数组和广义表、树、图、查找和排序等。各项目中所涉及的数据结构与算法均给予了Java语言描述（所有程序都已运行通过），以便读者巩固和提高运用Java语言进行程序设计的能力。

本书在内容的选取、概念的引入、文字的叙述及例题和习题的选择等方面都力求遵循面向应用、逻辑结构简明合理、由浅入深、深入浅出、循序渐进、便于自学的原则，突出其实用性与应用性。

本书可作为计算机专业教材，也适合作为非计算机专业辅修计算机专业课程的教材，还可以供从事计算机软件开发的科技人员自学参考。

图书在版编目（CIP）数据

数据结构：Java语言描述/库波，聂哲主编．—3版．—北京：北京理工大学出版社，2019.11（2023.7重印）

ISBN 978-7-5682-7852-2

Ⅰ.①数… Ⅱ.①库… ②聂… Ⅲ.①数据结构-高等职业教育-教材②JAVA语言-程序设计-高等职业教育-教材 Ⅳ.①TP311.12②TP312.8

中国版本图书馆CIP数据核字（2019）第250519号

出版发行／北京理工大学出版社有限责任公司
社　　址／北京市海淀区中关村南大街5号
邮　　编／100081
电　　话／（010）68914775（总编室）
（010）82562903（教材售后服务热线）
（010）68948351（其他图书服务热线）
网　　址／http：//www. bitpress. com. cn
经　　销／全国各地新华书店
印　　刷／保定市中画美凯印刷有限公司
开　　本／787毫米×1092毫米　1/16
印　　张／15.25
字　　数／358千字
版　　次／2019年11月第3版　2023年7月第4次印刷
定　　价／39.00元

责任编辑／王玲玲
文案编辑／王玲玲
责任校对／周瑞红
责任印制／施胜娟

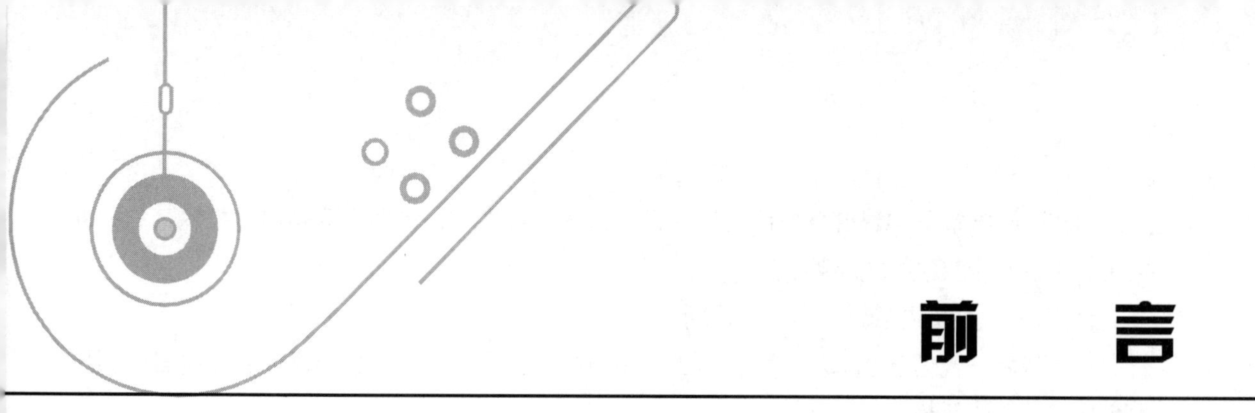

前　言

数据结构课程是软件技术、大数据技术、云计算应用技术、人工智能等计算机类专业的一门重要的专业基础课程，其理论性、实践性、综合性都比较强。它是软件开发的基础，是提高学生逻辑思维能力的核心，也是各工程领域的桥梁。目前，学生对数据结构知识的掌握和应用能力与企业用人的需求还存在很大差距，并且传统的教学模式和教学内容已无法满足学生职业发展的需要。因此，有必要加强对学习者计算机编程能力的训练，从而达到提高他们职业素质的目的。

鉴于此，教材内容贯彻落实党的二十大精神中关于着力推动战略性新兴产业融合集群发展，构建新一代信息技术、人工智能、生物技术等一批新的增长引擎，推进新型工业化，加快建设网络强国、数字中国。教材在内容选取上，对接专业标准、课程标准和国家《软件工程师》职业标准，紧扣职业岗位和职业群需求，精准反映产业升级对新一代信息技术的新要求。根据“项目为载体、任务驱动、工作导向”的思路，把数据结构中线性表、栈与队列、串、数组、树、图、查找与排序的基本知识及程序设计的基本技能项目化和任务化，将知识点和技能点分解到九个项目的十七个工作任务中，将学生的职业素质和职业道德培养落实在每个教学环节中，以技术应用为核心，使学生在做中学，在学中做，做学结合，达到学习目标。

一、教材特色

■ 深——教材内容深度开发

立足省情、校情、学情，关注区域产业发展新业态、新模式，积极吸收行业企业参与教材开发，校企联合基于岗位实际工作过程对教学内容进行模块化组织重构，开发紧密贴近企业生产实际需求、注重能力培养的项目化教学内容和教材；结合专业特点，深度挖掘思政教育元素，在教学内容中有机融入劳动教育、工匠精神、职业道德等内容，寓价值观引导于知识传授和能力培养，落实“课程思政”要求。

■ 动——教材动起来

教材配套建设了以国家级职业教育专业教学资源库建设《数据结构》课程为主体，国家开放大学精品课程、省级精品资源共享课程为支撑的课程资源群，网站平台中开发了丰富微课视频、动画、案例、课程标准、PPT 课件、课程设计、单元测试、试题库等课程资源包，为教师在不同学情下构建自身特色的教学设计方案提供支撑，借助互联网信息技术，教材助推线上线下混合教学模式改革。

■ 新——教材内容新、学习方法新

及时将新一代信息技术新技术、新工艺、新规范纳入教材中，使课程内容始终紧跟新技术实际和行业的新趋势。

二、内容介绍与教学建议

全书共分为 9 个项目：项目一主要介绍了数据结构和算法的基本概念；项目二到项目七分别介绍了线性表、栈和队列、串、多维数组和广义表、树、图这几种基本数据结构的特点、存储方法和基本运算，并且书中安排了相当的篇幅来介绍这些基本数据结构的实际应用；项目八和项目九主要介绍了查找和排序的基本原理与方法。各项目所涉及的数据结构与算法均给予了 Java 语言描述，以便读者巩固和提高运用 Java 语言进行程序设计的能力。书中各项目所涉及的程序都已运行通过，并可从北京理工大学出版社的网站（http://www.bitpress.com.cn/）、国家职业教育专业教学资源库—大数据技术专业（原计算机信息管理专业）网站（http://jsjzyk.36ve.com/）下载。 本教程建议以理论课与实践课相结合的方式进行讲授，强调学生的实际动手能力，同时各院校可以根据自己的实际情况适当调整教学内容。

三、案例说明

■ 单一案例

包括验证哥德巴赫猜想、顺序表与链表的应用、栈与队列的应用、迷宫问题、哈夫曼编码和图的遍历应用等。

■ 综合案例

包括文本编辑系统、学生档案管理系统和排序系统等。

四、读者对象

■ 计算机相关专业的学生

■ 计算机相关专业培训机构的学生

■ 面向社会学习者

本书以企业软件开发真实工作任务及解决方案为学习项目，组建“校企 1+1”教材编写团队，学校教师与企业专家进行“1+1”共同编写。由济南工程职业技术学院库波、深圳职业技术学院聂哲担任主编，山西工程科技职业大学任佳丽、山西财贸职业技术学院徐佳、周口职业技术学院刘蕴、台州科技职业学院曾希君等职业大学，高职院校专业带头人、骨干教师和智联友道公司首席技能官刘延涛高工、超星职业教育研究院院长史超等参与了教材内容的讨论和编写。

本教材的修订工作具体分工如下:深圳职业技术学院聂哲编写项目一及相关资源建设，山西财贸职业技术学院徐佳编写项目二及相关资源建设，山西工程科技职业大学任佳丽编写项目三及相关资源建设，周口职业技术学院刘蕴编写项目四、五，台州科技职业技术学院曾希君编写项目六、七，济南工程职业技术学院库波编写项目七、八、九，并统稿。北京超星数图信息技术有限公司史强参与教材项目一、二、三、四、五的案例编写，北京智联友道科技有限公司刘延涛参与教材项目六、七、八、九的案例编写。

由于编者水平有限，书中难免有疏漏之处，敬请广大读者批评指正。

编　者

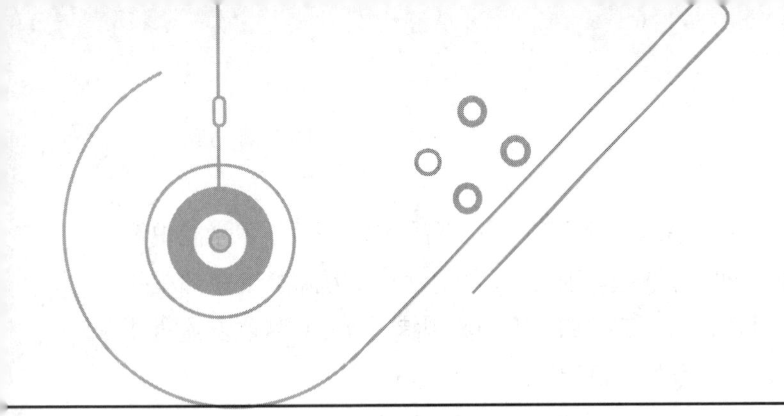

课程导学

一、课程介绍及学习方法

数据结构课程是计算机科学与技术专业的一门专业基础课，它涉及在计算机中如何有效地表示数据。如何合理地组织和处理数据，还涉及初步的算法设计和算法性能分析。本课程是一门理论性和实践性都很强且学习难度较大的课程，Java 语言程序设计和离散数学的基础都将影响本课程的学习效果，同时，本课程也是一门较难自学的课程。所以，学生在以自学为主的学习过程中，应当加强对网络教学资源、多媒体课件的利用，并加强上机操作。

学习方法建议如下：

1. 除了主教材以外，还配套了数据结构在线课程。在线课程上有丰富教学资源。

2. 本课程使用线上线下混合教学。教师采用网上资料，配合文字教材讲授课程的重点、难点及问题的分析方法与思路。学生在学习时应将两者互相补充，彼此配合。

3. 按照人才培养方案和课程标准进行学习，平时布置的作业一定要完成并弄明白。可以说，本课程成绩的好坏与作业完成的情况紧密相关，习题做得多的学生，特别是程序设计题做得多的学生，考试合格率肯定比不做作业者的高。此外，学生在学习中要注意做笔记，将遇到的问题和难点记下来，在适当的时间与老师联系答疑。良好的记笔记的习惯，可使学生期末考试复习事半功倍。

4. 按本课程的平时作业要求完成相应的作业，弄懂每一题，并能举一反三。

5. 按教学大纲要求做实训，使用配套的实训指导书，并在安装有 JDK 编译器的计算机上做实训。

6. 对考核说明中指定的重点内容和知识点一定要认真学习和理解。

二、课程教学总体安排

数据结构主要研究数据的各种逻辑结构和在计算机中的存储结构，还研究对数据进行的插入、查找、删除、排序和遍历等基本运算或操作，以及这些运算或操作在各种存储结构上具体实现的算法。本课程的主教材采用 Java 语言描述算法。

本课程开设一个学期，共 72 学时，其中理论教学 24 学时，课内实践 48 学时。学时分配建议见下表。

学时分配建议

课程内容	总学时	理论教学学时	课内实践学时
一、绪论	4	2	2
二、线性表	4	2	2
三、栈和队列	4	2	2
四、串	4	2	2
五、多维数组和广义表	4	2	2
六、树	12	3	9
七、图	10	2	8
八、查找	12	3	9
九、排序	12	3	9
其他	2	2	0
合计	72	24	48

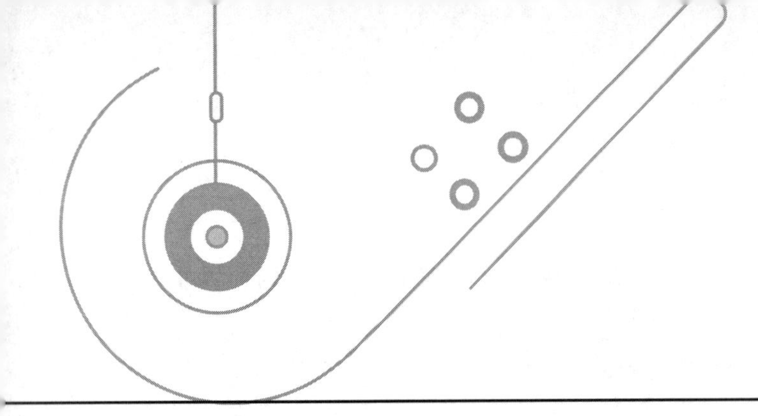

目　录

项目一

绪　论

职业能力目标与学习要求

数据结构是计算机类专业的专业基础必修课程，本项目通过介绍数据结构这门课程诞生的背景、发展历史及其在计算机科学中所处的地位，以及数据结构与算法的基本理论和计算机语言的实现等，使学生了解和分析计算机处理对象的特性，学会将实际问题中所涉及的处理对象在计算机中表示出来并对它们进行处理，通过算法训练提高学生的抽象思维能力、逻辑思维能力和计算机思维能力等。

任务一　数据结构的基本概念

一、学习数据结构的原因

众所周知，20 世纪 40 年代，电子计算机问世的直接原因是为了解决弹道学的计算问题。早期电子计算机的应用范围，几乎只局限于科学和工程计算，其处理的对象也是纯数值性的信息，所以人们把这类计算称为数值计算。

近 50 年来，电子计算机的发展异常迅猛，这不仅体现在计算机本身运算速度不断提高、信息存储量日益扩大、价格逐步下降等方面，更重要的是，计算机广泛应用于情报检索、企业管理和系统工程等方面，这已远远超出了数值计算的范围，渗透到了人类社会活动的一切领域。与此相对应，计算机的处理对象也从简单的纯数值性信息发展到非数值性的且具有一定结构的信息。因此，再把电子计算机简单地看作进行数值计算的工具，把数据仅理解为纯数值性的信息，就显得太狭隘了。现代计算机科学的观点是把计算机程序处理的一切数值的和非数值的信息，乃至程序都统称为数据（Data），而电子计算机则是加工处理数据（信息）的工具。

处理对象的转变导致系统程序和应用程序的规模越来越大，结构也变得更加复杂，单凭程序设计人员的经验和技巧已难以设计出效率高、可靠性强的程序，数据的表示方法和组织形式已成为影响数据处理效率的关键。因此，这就要求人们对计算机程序所加工的对象进行系统的研究，即研究数据的特性及数据之间存在的关系——数据结构（Data Structure）。

数据结构是随着电子计算机的产生和发展而发展起来的一门计算机课程。数据结构所讨论的有关问题，早先是为解决系统程序设计中的具体技术问题而出现在“编译程序”和“操作系统”中的。数据结构作为一门独立的课程在国外是从 1968 年开始设立的。在这之前，它的某些内容曾在其他课程如表处理语言中有所阐述。1968 年，在美国一些大学计算机系的教学计划中，虽然把“数据结构”规定为一门课程，但对课程的范围没有做明确的规定。当时，数据结构几乎和图论特别是和表、树的理论为同义语。随后，数据结构这个概念扩充到网络、集合代数论、格、关系等方面，从而变成了现在称为“离散结构”的内容。然而，由于数据必须在计算机中进行处理，所以不仅要考虑数据本身的数学性质，还必须考虑数据的存储结构，这就进一步扩大了数据结构的内容。

1968年，美国唐·欧·克努特教授开创了数据结构的最初体系，他所著的《计算机程序设计技巧第一卷：基本算法》是第一本较系统地阐述数据的逻辑结构和存储结构及其操作的著作。从20世纪60年代末到70年代初，出现了大型程序，软件也相对独立，程序结构设计成为程序设计方法学的主要内容，人们越来越重视数据结构，认为程序设计的实质是对确定的问题选择一种好的结构，并设计一种好的算法。从20世纪70年代中期到80年代初，各种版本的数据结构著作相继出现。

目前，在我国数据结构也已经不仅是计算机专业教学计划中的必修课程之一，还是其他非计算机专业的主要选修课程之一。

"数据结构"在计算机科学中是一门综合性的专业基础课。数据结构的研究不仅涉及计算机硬件（特别是编码理论、存储装置和存取方法等）的研究范围，还和计算机软件的研究有着密切的关系，因为无论是编译程序还是操作系统，都涉及数据元素在存储器中的分配问题。当研究信息检索时，也必须考虑如何组织数据，以便查找和存取数据元素。因此，可以认为数据结构是介于数学、计算机硬件和计算机软件三者之间的一门核心课程。我国从1978年开始，各院校先后开设了数据结构这门课。1982年的全国计算机教育学术讨论会和1983年的全国大专类计算机专业教学工作讨论会都把数据结构确定为计算机类各专业的核心课程之一。这是因为在计算机科学中，数据结构这门课的内容不仅是一般程序设计（特别是非数值性程序设计）的基础，而且是设计和实现编译程序、操作系统、数据库系统及其他系统程序的重要基础。

值得注意的是，数据结构的发展并未终结，一方面，面向各专门领域中特殊问题的数据结构已得到研究和发展，如多维图形数据结构等；另一方面，从抽象数据类型的观点来讨论数据结构，已成为一种新的趋势，越来越被人们重视。由此可见，数据结构技术正处于迅速发展的阶段。同时，随着电子计算机的发展和更新，新的数据结构也将会不断出现。

二、什么是数据结构

什么是数据结构？这是一个难以直接回答的问题。一般来说，用计算机解决一个具体问题时，需要经过下列几个步骤：首先从具体问题中抽象出一个适当的数学模型，然后设计一个能解此数学模型的算法（Algorithm），最后编出程序，进行测试，并调整程序直至得到最终解答。寻求数学模型的实质是分析问题，从具体问题中提取操作的对象，并找出这些操作对象之间的关系，然后用数学语言加以描述。为了说明这个问题，首先举一个例子，然后给出明确的含义。

假定有一个学生通讯录，该通讯录记录了某校全体学生的姓名和相应的住址，现在要写一个算法，要求是：当给定任何一个学生的姓名时，该算法能够查出该学生的住址。这样一个算法的设计，将完全依赖于通讯录中的学生姓名及相应的住址是如何组织的，以及计算机是怎样存储通讯录中的信息的。

如果通讯录中的学生姓名是随意排列的，其次序没有任何规律，那么当给定一个姓名时，则只能对通讯录从头开始逐个与给定的姓名相比较，顺序查对，直至找到所给定的姓名为止。这种方法相当费时，效率也很低。

然而，如果对学生通讯录进行适当的组织，将学生按所在班级来排列，并且再建一个附加的索引表，这个表可用来登记每个班级学生的姓名在通讯录中起始处的位置，这样情况将大为改善。这时，当要查找某学生的住址时，可先从索引表中查到该学生所在班级的学生姓名是从何处起始的，而后从起始处开始查找，而不必去查看其他班级学生的姓名。由于采用了新的结构，所以就可写出一个完全不相同的算法。

上述的学生通讯录就是一个数据结构问题。从中可以看到，计算机算法与数据的结构密切相关，算法无不依附于具体的数据结构，所以数据结构直接关系到算法的选择和效率。

下面再对学生通讯录做进一步讨论。当有新生入学时，通讯录需要添加新学生的姓名和相应的住址；当毕业生离校时，应从通讯录中删除毕业生的姓名和相应的住址，这就要求在已安排好的结构上进行插入（Insert）和删除（Delete）操作。对于一种具体的结构，如何实现插入和删除？把要添加的学生姓名和相应的住址插入前头还是末尾，或是中间某个合适的位置上？插入后对原有的数据是否有影响？有什么样的影响？删除某学生的姓名和相应的住址后，其他数据（学生的姓名和相应的住址）是否要移动？若需要移动，应如何移动？这一系列的问题说明，为适应数据增加和减少的需要，还必须对数据结构定义一些运算。上述只涉及两种运算，即插入运算和删除运算。当然，还有一些其他可能的运算，如学生搬家后住址变了，为适应这种需要，就应该定义修改（Modify）运算等。

这些运算显然是由计算机来完成的，所以这就要设计相应的插入、删除和修改的算法。也就是说，数据结构还需要给出每种结构类型所定义的各种运算的算法。

通过以上讨论，可以直观地认为：数据结构是一门研究程序设计中计算机操作的对象及它们之间关系和运算的学科。

三、基本概念和术语

下面来认识与数据结构相关的一些重要的基本概念和术语。

❶ 数据（Data）

数据是人们利用文字符号、数字符号及其他规定的符号对现实世界的事物及其活动所做的描述。在计算机科学中，数据的含义非常广泛，人们把一切能够输入计算机中并能被计算机程序处理的信息，包括文字、表格、声音和图像等，都称为数据。例如，一个个人书库管理程序所要处理的数据可能是一张如表 1–1 所示的表格。

表 1–1　个人书库

登录号	书　号	书　　名	作　者	出版社	价格/元
000001	TP2233	Windows NT4.0 中文版教程	赵健雅	电子工业出版社	28.00
000002	TP1844	Authorware 5.1 速成	孙　强	人民邮电出版社	40.00
000003	TP1684	Lotus Notes 网络办公平台	赵丽萍	清华大学出版社	16.00
000004	TP2143	Access 2000 入门与提高	张　堪	清华大学出版社	22.00
000005	TP1110	PowerBuilder 6.5 实用教程	樊金生	科学出版社	29.00
000006	TP1397	Delphi 数据库编程技术	刘前进	人民邮电出版社	43.00
000007	TP2711	精通 MS SQL Server 7.0	罗会涛	电子工业出版社	35.00
000008	TP3239	Visual C++实用教程	郑阿奇	电子工业出版社	30.00
000009	TP1787	电子商务万事通	赵乃真	人民邮电出版社	26.00
000010	TP42	数据结构	江　涛	中央广播电视大学出版社	18.80

❷ 数据元素（Data Element）

数据元素也叫结点，它是组成数据的基本单位。在程序中，通常把结点作为一个整体进行考虑和处理。例如，在表 1–1 所示的个人书库中，为了便于处理，把其中的每一行（代表一本书）都作为一个基本单位来考虑，所以该数据由 10 个结点构成。

一般情况下，一个结点含有若干个字段（也叫数据项）。例如，在表 1–1 所示的表格数据中，每个结点都由登录号、书号、书名、作者、出版社和价格 6 个字段构成。字段是构成数据的最小单位。

❸ 数据对象（Data Object）

数据对象，也称为数据元素类（Data Element Class），是指具有相同性质的数据元素的集合。在某个具体问题中，数据元素都具有相同的性质（元素值不一定相等），属于同一数据对象（数据元素类），数据元素是数据元素类的一个实例。

❹ 数据结构（Data Structure）

数据结构研究数据元素之间抽象化的相互关系，以及这种关系在计算机中的存储表示（即所谓的数据逻辑结构和物理结构），并对这种存储结构定义相适应的运算，设计出相应的算法，并且确保经过这些运算后所得到的新结构仍然是原来的结构类型。

根据数据元素间关系的不同特性，通常有下列 4 类基本结构：

（1）集合结构。该结构的数据元素之间的关系是“属于同一个集合”。集合是元素关系极为松散的一种结构。

（2）线性结构。该结构的数据元素之间存在着一对一的关系。

（3）树形结构。该结构的数据元素之间存在着一对多的关系。

（4）图形结构。该结构的数据元素之间存在着多对多的关系。图形结构也称作网状结构。

图 1–1 所示为上述 4 类基本结构的示意图。

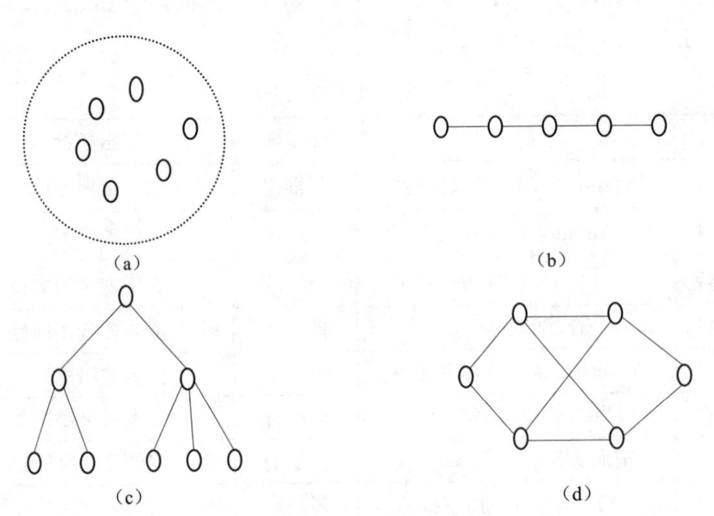

图 1–1　4 类基本结构的示意图

（a）集合结构；（b）线性结构；（c）树形结构；（d）图形结构

❺ 逻辑结构（Logical Construction）

结点和结点之间的逻辑关系称为数据的逻辑结构。

在表 1–1 所示的数据中，各结点之间在逻辑上有一种线性关系，它指出了 10 个结点在表中的排列顺序。根据这种线性关系，可以看出表中第一本书是什么书、第二本书是什么书等。

❻ 存储结构（Storage Construction）

数据及数据之间的关系在计算机中的存储表示称为数据的存储结构。

表 1–1 所示的数据在计算机中可以有多种存储表示，例如，可以表示成数组，存放在内存中；可以表示成文件，存放在磁盘上等。

数据的存储结构可用以下 4 种基本存储方法得到：

1）顺序存储方法

该方法将逻辑上相邻的结点存储在物理位置上相邻的存储单元中，结点间的逻辑关系由存储单元的邻接关系来体现。由此得到的存储表示称为顺序存储结构（Sequential Storage Structure），该存储结构通常借助程序语言的数组来描述。

该方法主要应用于线性的数据结构，非线性的数据结构也可以通过某种线性化的方法来实现顺序存储。

2）链接存储方法

该方法不要求逻辑上相邻的结点在物理位置上也相邻，结点间的逻辑关系由附加的指针字段表示。由此得到的存储表示称为链式存储结构（Linked Storage Structure），该存储结构通常借助于程序语言的指针类型来描述。

3）索引存储方法

该方法通常在存储结点信息的同时，还建立附加的索引表。索引表由若干索引项组成，若每个结点在索引表中都有一个索引项，则该索引表称为稠密索引（Dense Index）；若一组结点在索引表中只对应一个索引项，则该索引表称为稀疏索引（Spare Index）。索引项的一般形式是：

(关键字，地址)

关键字是能唯一标识一个结点的数据项。稠密索引中索引项的地址指示结点所在的存储位置；稀疏索引中索引项的地址指示一组结点的起始存储位置。

4）散列存储方法

该方法的基本思想是，根据结点的关键字直接计算出该结点的存储地址。

以上 4 种基本存储方法既可单独使用，也可组合起来对数据结构进行存储映像。

同一逻辑结构采用不同的存储方法，可以得到不同的存储结构。选择何种存储结构来表示相应的逻辑结构，视具体要求而定，但主要考虑运算方便及算法的时空要求。

❼ 数据处理（Data Processing）

数据处理是指对数据进行查找、插入、删除、合并、排序、统计及简单计算等操作的过程。在早期，计算机主要用于科学和工程计算，进入 20 世纪 80 年代以后，计算机主要用于数据处理。有关统计资料表明，现在计算机用于数据处理的时间比例达到 80%以上，所以随着时间的推移和计算机应用的进一步普及，计算机用于数据处理的时间比例必将进一步增大。

四、数据类型与抽象数据类型

抽象数据类型是描述数据结构的一种理论工具，在介绍抽象数据类型之前，首先介绍一下数据类型的基本概念。

数据类型（Data Type）是指一组性质相同的数据元素的集合，以及加在这个集合上的一组操作。例如 Java 语言中包含数值型、字符串、布尔型等许多不同的数据类型。以 Java 语言中的 int 型为例，int 型数据元素的集合是［–2 147 483 648, 2 147 483 647］间的整数，定义在 int 型数据上的操作有加、减、乘、除四则运算，还有模运算等。

定义数据类型的一个作用是，隐藏计算机硬件及其特性和差别，使硬件对于用户而言是透明的，即用户可以不关心数据类型是怎么实现的，但可以使用它；定义数据类型的另一个作用是，用户能够使用数据类型定义的操作，方便实现问题的求解。例如，用户可以使用 Java 语言定义 int 型的加法操作来完成两个整数的加法运算，而不用关心两个整数的加法在计算机中到底是如何实现的。这样不但加快了用户解决问题的速度，而且也使得用户可以在更高的层面上考虑问题。

与机器语言和汇编语言相比，高级语言的出现大大简化了程序设计。但是要将解答问题的步骤从非形式化的自然语言表达转换为形式化的高级语言表达，仍然是一个复杂的过程，需要做很多繁杂琐碎的事情，因而仍然需要抽象。对于一个明确的问题，要解答这个问题，总是先选用该问题的一个数据模型，接着弄清该问题所选用的数据模型在已知条件下的初始状态和要求的结果状态，以及隐含着的两个状态之间的关系。最后，探索从数据模型的已知初始状态出发，到达要求的结果状态所必需的运算步骤。

在探索运算步骤时，首先应该考虑顶层的运算步骤，然后考虑底层的运算步骤。所谓顶层的运算步骤，是指定义在数据模型上的运算步骤，也叫宏观运算步骤，它们组成解答问题步骤的主干部分。其中，涉及的数据是数据模型中的一个变量，暂时不关心它的数据结构；涉及的运算是以数据模型中的数据变量作为运算对象，或作为运算结果，或二者兼而为之，简称为定义在数据模型上的运算。由于暂时不关心变量的数据结构，所以这些运算都带有抽象性质，不含运算的细节。所谓底层的运算步骤，是指顶层抽象运算的具体实现，它们依赖于数据模型的结构，依赖于数据模型结构的具体表示。因此，底层的运算步骤包括两部分：一是数据模型的具体表示；二是定义在该数据模型上运算的具体实现。可以把这两部分理解为微观运算。所以，底层运算是顶层运算的细化，底层运算为顶层运算服务。为了将顶层算法与底层算法隔开，使二者在设计时不会互相牵制、互相影响，必须对二者的接口进行一次抽象。让底层只通过这个接口为顶层服务，顶层也只通过这个接口调用底层的运算，这个接口就是抽象数据类型。

抽象数据类型（Abstract Data Type，ADT）由一种数据模型和在该数据模型上的一组操作组成。抽象数据类型包括定义和实现两个方面，其中定义是独立于实现的。抽象数据类型的定义仅取决于它的逻辑特性，而与其在计算机内部的实现无关，即无论它的内部结构如何变化，只要它的逻辑特性不变，都不会影响到它的使用。抽象数据类型内部的变化（抽象数据类型实现的变化）只是可能会对外部在使用它解决问题时的效率产生影响，因此，一个重要任务就是如何简单、高效地实现抽象数据类型。很明显，对于不同的运算组，为使组中所有运算的效率都尽可能地高，其相应的数据模型具体表示的选择将是不同的。从这个意义上说，数据模型的具体表示又依赖于数据模型上定义的那些运算。特别是当不同运算的效率互相制约时，必须事先将所有运算的相应使用频度进行排序，让所选择的数据模型的具体表示优先使用。一般来说，频度较高的运算有较高的效率。

由此可见，抽象数据类型的概念并不是全新的概念。抽象数据类型和数据类型在实质上是同一个概念，只不过抽象数据类型是对数据类型的进一步抽象，它不仅包括各种不同的计算机处理器中已经实现的数据类型，还包括为解决更为复杂的问题而由用户自定义的数据类型。例如高级语言都有的“整数”类型就是一种抽象数据类型，只不过高级语言中的整型已经实现了，并且实现的细节可能不同而已。人们没有意识到抽象数据类型的概念已经孕育在基本数据类型的概念之中，是因为人们已经习惯于在程序设计中使用基本数据类型和相关的运算，而没有做进一步深究而已。

抽象数据类型一方面可以使使用它的用户只关心它的逻辑特性，而不需要了解它的实现方式；另一方面，可以使人们更容易描述现实世界，可以站在更高的层面上来考虑问题。例如，可以使用树来描述行政区划，使用图来描述通信网络。

根据抽象数据类型的概念对抽象数据类型进行定义，就是约定抽象数据类型的名称，同时约定在该类型上定义的一组运算的各个运算的名称，并明确各个运算分别有多少个参数、这些参数的含义和顺序，以及运算的功能。一旦定义清楚，人们在使用抽象数据类型时，就可以像引用基本数据类型那样简便，同时抽象数据类型的实现就有了设计的依据和目标。抽象数据类型的使用和实现都与抽象数据类型的定义有关，这样就使得使用与实现没有直接的联系。因此，只要严格按照定义，抽象数据类型的使用和实现就可以互相独立、互不影响，从而实现对它们的隔离，达到抽象的目的。

因此，抽象数据类型可以使用一个三元组来表示：

$$ADT=(D, S, P)$$

其中，D 是数据对象；S 是 D 上的关系集；P 是加在 D 上的一组操作。当定义抽象数据类型时，可以使用以下格式：

```
ADT 抽象数据类型名{
    数据对象：<数据对象的定义>
    数据关系：<数据关系的定义>
    基本操作：<基本操作的定义>
    }
```

其中，数据对象和数据关系的定义用伪码来描述，基本操作的定义格式为：

基本操作名（参数表）
初始条件：<初始条件描述>
操作结果：<操作结果描述>

任务二　算法和算法分析简介

一、算法

算法是计算机科学和技术中一个十分重要的概念，以后章节在讨论各种数据结构基本运算的同时，都将给出相应的算法。算法是执行特定计算的有穷过程，这个过程应有以下 5 个特点：

（1）动态有穷：当执行一个算法时，不论是何种情况，在经过了有限步骤后，这个算法一定要终止。

（2）确定性：算法中的每条指令的含义都必须是清楚的，指令无二义性。

（3）输入：具有 0 个或 0 个以上由外界提供的量。

（4）输出：产生 1 个或多个结果。

（5）可行性：每条指令都充分基本，原则上由人仅用笔和纸在有限的时间内也能完成。

由此可见，算法和程序是有区别的，即程序未必能满足动态有穷。例如，操作系统是个程序，这个程序可能永远不会终止。在本书中，只讨论满足动态有穷的程序，因此“算法”和“程序”是通用的。

二、算法的描述

一个算法可以用自然语言、数字语言或约定的符号来描述，也可以用计算机高级程序语言来描述，如C语言、Java语言或伪代码等。在本书中，选用Java语言作为描述算法的工具。下面就简单介绍一下Java语言的语法结构。

❶ 常量和变量

1）常量

在程序执行过程中，其值不能改变的数据称为常量。Java语言中的常量值是用文字串来表示的，它包括不同的类型，如整型常量123，实型常量1.23，字符常量‘a’，布尔常量true、false及字符串常量“This is a constant string.”。

在Java语言中，还可以通过关键字final将变量定义为常量。如果一个变量被定义为常量，则这个常量的值不可再修改。例如：

```
final double PI=3.14;//正确
PI=3.1415926;//错误，试图修改一个常量的值
```

一般习惯将常量的标识符大写。

2）变量

在程序执行过程中，其值可以改变的数据称为变量。每个变量都要有一个名称，这就是变量名。变量名可以由用户自己定义，但必须符合标识符的规定。

在一个程序中，一个变量只能属于一种确定的数据类型。因此，程序中出现的每个变量都必须说明其数据类型，这样就规定了该变量的取值范围，同时也决定了对该变量所能执行的运算操作。例如：

```
int n;
```

定义了一个变量，变量名为n，变量类型为int类型。

```
String name,password;
```

定义了两个变量，变量名分别为name和password，变量类型都是string类型。在Java语言中，相同类型的变量定义可以在一起进行，但变量名之间用逗号隔开。

❷ 基本数据类型

Java编程语言为8个原始数据类型和1个特殊类型定义了文字值。原始数据类型可分为以下4种：

逻辑类型　boolean

字符类型　char

整数类型　byte, short, int, long

浮点类型　double, float

1）逻辑类型

逻辑值有两种状态，即人们经常使用的“on”和“off” 或“true”和“false”或“yes”和“no”或“真”和“假”，这样的值是用boolean类型来表示的。

在Java语言中，boolean类型有两个合法值，即true和false。以下是一个有关boolean类型变量的声明和初始化：

```
boolean truth = true; /*定义一个boolean类型的变量truth，并且赋值为true
逻辑类型也可以叫作布尔类型，其值也可以叫作布尔值。*/
```

2）字符类型

使用 char 类型可表示单个字符，一个 char 代表一个 16 位无符号的（不分正负的）Unicode 字符。一个 char 文字必须包含在单引号内，如‘a’‘d’‘你’‘!’等。以下是一个有关 char 类型变量的声明和初始化：

```
char c='我';//定义一个字符类型的变量 c，并且赋值为‘我’
```

3）整数类型

在 Java 编程语言中有四种整数类型，每种类型可使用关键字 byte（字节型）、short（短整型）、int（整型）和 long（长整型）中的任意一个进行声明。这四种整数类型的区别在于，它们表示的数值的范围不同。

每个整数数据类型具有表 1-2 所示的范围。

表 1–2　整数数据类型具有的范围

长度/bit	类　型	范　围
8	byte	$-2^{7}\sim2^{7}-1$
16	short	$-2^{15}\sim2^{15}-1$
32	int	$-2^{31}\sim2^{31}-1$
64	long	$-2^{63}\sim2^{63}-1$

在 Java 语言中，可以在整数数值后面加字母 l 或者 L 来表示长整型 long。但由于小写字母 l 与数字 1 容易混淆，所以使用小写不是一个明智的选择。

当为一个整数类型的变量赋值时，一定要注意不能将超出变量类型最大长度的值直接赋给变量。例如：

```
int n=0;//正确
int n=0L;//错误，0L 是长整型 long
byte m=100;//正确
byte m=150;//错误，150 大于 2⁷-1
```

4）浮点类型

如果一个数字文字包括小数点或指数部分，或者在数字后带有字母 F 或 f（float）、D 或 d（double），则该数字文字为浮点类型。浮点数除非在末尾强制加 F 或者 f 表示 float 类型，否则默认浮点数都是 double 类型。

浮点数据类型具有表 1-3 所示的范围。

表 1–3　浮点数据类型具有的范围

长度/bit	类　型
32	float
64	double

下面是浮点数的示例：

```
float f=0.05;
//错误,浮点数默认是 double 类型，所以 0.05 是 double 类型,且超出了 float 的范围
```

```
float f=0.05F; //正确
double  d=0.928; //正确
```

❸ 常用运算符

Java 语言提供了丰富的运算符环境，它包括四大类运算符：算术运算、位运算、关系运算和逻辑运算。同时，Java 语言还定义了一些附加的运算符用于处理特殊情况。

1）算术运算符

算术运算符用在数学表达式中，其用法和功能与数学中的一样。Java 语言定义的算术运算符见表 1–4。

表 1–4　算术运算符及其含义

运　算　符	含　　义
+	加法
–	减法（一元减号）
*	乘法
/	除法
%	模运算（整型、浮点型均适用）
++	递增运算
+=	加法赋值
–=	减法赋值
*=	乘法赋值
/=	除法赋值
%=	模运算赋值
––	递减运算

例如：

变量 *x* 的值设置为当前值加 1：x=x+1 或者 x+=1。

变量 weight 的值设置为当前值减 10：weight=weight–10。

2）位运算符

位运算符是对操作数以二进制比特位为单位进行的操作和运算。位运算的操作数和结果都是整数类型，这些整数类型包括 long，int，short，char 和 byte。位运算符及其含义见表 1–5。

表 1–5　位运算符及其含义

位　运　算　符	含　　义
~	按位非（NOT）（一元运算）
&	按位与（AND）
|	按位或（OR）
^	按位异或（XOR）
>>	右移

续表

位　运　算　符	含　　义
>>>	右移，左边空出的位以 0 填充
<<	左移
&=	按位与赋值
|=	按位或赋值
^=	按位异或赋值
>>=	右移赋值
>>>=	右移赋值，左边空出的位以 0 填充
<<=	左移赋值

移位运算符是指将某一变量所包含的各比特位按指定的方向移动指定的位数。表 1–6 所示是一个移位运算符的例子。

表 1–6　一个移位运算符的例子

x（十进制表示）	二进制补码表示	*x* <<2	*x* >>2	*x*>>>2
–17	11101111	10111100	11111011	00111011

例 1–1　MultByTwo.java

```
public class MultByTwo {
public static void main(String args[]) {
    int i;
    int num = 0xFFFFFFE;
    num = num << 1;
    System.out.println(num);
    num = num << 1;
    System.out.println(num);
}
}
```

从上面的程序运行结果可以看出，每次将值左移都可以使原来的操作数翻倍，所以可以使用这个办法来进行快速的 2 的乘法。但是要注意的是，如果将 1 移进高阶位（31 或 63 位），那么该值将变为负值。

同样，将值每右移一次，就相当于将该值除以 2 并且舍弃了余数。利用这个特点，可将一个整数进行快速的 2 的除法。当然，一定要保证不会将该整数原有的任何一位移出。

3）关系运算符

关系运算符决定值和值之间的关系，例如决定相等或不相等，以及排列次序。关系运算符及其含义见表 1–7。

表 1–7　关系运算符及其含义

关 系 运 算 符	含　　义
==	等于
!=	不等于
>	大于
<	小于
>=	大于或等于
<=	小于或等于

例如：

判断两个整数类型的变量 x 和 y 是否相等：System.out.println(x==y);

判断两个整型类型的变量 x 是否大于 y：System.out.println(x>y);

Java 语言中的任何类型，包括整数、浮点数、字符及布尔型，都可用“==”来比较值是否相等，用“!=”来测试值是否不相等，所以常用在 if 控制语句和各种循环语句的表达式中。但要注意的是，两个数是否相等是通过两个等号“==”进行判断的，而一个等号“=”表示赋值。

4）逻辑运算符

逻辑运算符的运算数只能是布尔型，并且逻辑运算的结果也是布尔型。常用的逻辑运算符及其含义见表 1–8。

表 1–8　逻辑运算符及其含义

逻 辑 运 算 符	含　　义
&	逻辑与
|	逻辑或
^	异或
||	短路或
&&	短路与
!	逻辑反
&=	逻辑与赋值（赋值的简写形式）
|=	逻辑或赋值（赋值的简写形式）
^=	异或赋值（赋值的简写形式）
==	相等
!=	不相等
?:	三元运算符（if–then–else）

❹ 条件选择语句

```
if （〈表达式〉）   语句；
if （〈表达式〉）   语句 1；
else   语句 2；
```

情况语句：

```
switch  （〈表达式〉）
{  case    判断值 1：
           语句组 1；
           break；
   case    判断值 2：
           语句组 2；
           break；
           …
   case    判断值 n：
           语句组 n；
           break；
   [default：语句组；
          break；]
}
```

switch…case 语句是先计算表达式的值，然后用其值与判断值相比较。当这两个值一致时，则执行相应的 case 下的语句组；当这两个值不一致时，则执行 default 下的语句组，或直接执行 switch 语句的后继语句（如果 default 部分未出现），其中的方括号代表可选项。

❺ 循环语句

1）for 语句

```
for  （〈表达式 1〉；〈表达式 2〉；〈表达式 3〉）
{循环体语句；}
```

该循环语句首先计算表达式 1 的值，然后计算表达式 2 的值，若表达式 2 的值非零，则执行循环体语句，最后对表达式 3 进行运算，如此循环，直到表达式 2 的值为零时结束循环。

2）while 语句

```
while （〈条件表达式〉）
  { 循环体语句；
         }
```

该循环语句首先计算条件表达式的值，若条件表达式的值非零，则执行循环体语句，然后再次计算条件表达式，重复执行循环体语句，直到条件表达式的值为假时退出循环，执行该循环之后的语句。

3）do–while 语句

```
do { 循环体语句
        } while（〈条件表达式〉）
```

该循环语句首先执行循环体语句，然后计算条件表达式的值。若条件表达式成立，则再次执行循环体语句，再计算条件表达式的值，直到条件表达式的值为零，即条件不成立时结束循环。

❻ 输入、输出语句

输入语句：用 System.in.read()实现。

输出语句：用 System.out.println()实现。

❼ 其他一些语句

（1）break 语句：可用在循环语句或 case 语句中，用于结束循环过程或跳出情况。

（2）continue 语句：与 break 语句不同的是，continue 语句只能用在循环结构中，并且 continue 语句只能终止本次循环的执行，并不会终止整个循环结构。

❽ 注释形式

Java 支持三种形式的注释：

//：单行注释；

/* … */：多行注释；

/** … */：Java 特有的文档注释。

三、算法评价

对于数据的任何一种运算，如果数据的存储结构不同，则其算法描述一般也是不相同的，即使在存储结构相同的情况下，由于可以采用不同的求解策略，所以往往也可以有许多不同的算法。对算法进行评价，既可以在同一问题的不同算法中选出较为合适的一种算法，也可以知道如何对现有的算法进行改进，从而设计出更好的算法。评价一个算法的准则很多，例如算法是否正确，是否易于理解、易于编码、易于测试及算法是否节省时间和空间等。那么如何选择一个好的算法呢？

通常设计一个好的算法应考虑以下几个方面：

❶ 正确性

正确性是设计和评价一个算法的首要条件，如果一个算法不正确，其他方面就无从谈起。一个正确的算法是指在合理的数据输入下，能在有限的运行时间内得出正确的结果。通过对数据输入的所有可能的分析和上机调试，可以证明此算法是否正确。当然，要从理论上证明一个算法是否正确，并不是一件容易的事。

“正确”的含义在通常的用法中有很大的差别，但大体可以分为以下四个层次：

① 程序不含语法错误；

② 程序对于几组输入数据能够得出满足规格说明要求的结果；

③ 程序对于精心选择的典型、苛刻而带有刁难性的几组数据能够得出满足规格说明要求的结果；

④ 程序对于一切合法的输入数据都能产生满足规格说明要求的结果。

显然，达到第④层意义下的正确是极为困难的，因为所有不同输入数据的数量大得惊人，逐一验证的方法是不现实的。对于大型软件，需要进行专业的测试，而一般情况下，通常以第③层意义下的正确作为衡量一个程序是否正确的标准。

❷ 运行时间

运行时间是指一个算法在计算机上运算所花费的时间，它大致等于计算机执行一种简单操作（如赋值操作、转向操作和比较操作等）所需要的时间与算法中进行简单操作次数的乘积。因为执行一种简单操作所需的时间随机器而异，它是由机器本身的软硬件环境决定的，与算法无关，所以这里只讨论影响运行时间的另一因素——算法中进行简单操作的次数。

显然，在一个算法中，进行简单操作的次数越少，其运行时间也就相对越短；进行简单操作的次数越多，其运行时间也就相对越长。因此，通常把算法中包含简单操作的次数叫作算法的时间复杂性，它是算法运行时间的一个相对量度。

❸ 占用的存储空间

一个算法在计算机存储器上所占用的存储空间包括算法的输入、输出数据所占用的存储空间，存储算法本身所占用的存储空间和算法运行过程中临时占用的存储空间这三个方面。算法的输入、输出数据所占用的存储空间是由要解决的问题所决定的，它不随算法的不同而改变。存储算法本身所占用的存储空间与算法的长短成正比，所以要压缩这方面的存储空间，就必须编写较短的算法。算法运行过程中临时占用的存储空间随算法的不同而不同，有的算法只需要占用少量的临时工作单元，并且不随问题规模的大小而改变，所以称这种算法是“就地”进行的，是节省存储空间的算法；有的算法需要占用的临时工作单元数和问题的规模 n 成正比，当 n 较大时，将占用较多的存储单元，从而浪费存储空间。

分析一个算法所占用的存储空间要从各方面综合考虑，如对于递归算法来说，其一般都比较简短，所以算法本身所占用的存储空间较少，但运行时需要一个附加堆栈，从而占用较多的临时工作单元；若写成非递归算法，则一般比较长，算法本身所占用的存储空间较长，但运行时将占用较少的存储单元。

算法在运行过程中所占用的存储空间的大小称为算法的空间复杂性。算法的空间复杂性比较容易计算，它包括局部变量（即在本算法中说明的变量）所占用的存储空间和系统为了实现递归（如果是递归算法）所使用的堆栈这两个部分。算法的空间复杂性一般也以数量级的形式给出。

❹ 简单性

一般来说，最简单和最直接的算法都不是最有效的算法，但算法的简单性可以使正确性的证明比较容易，并且便于编写、修改、阅读和调试，所以简单性还是应当强调和不容忽视的。但是对于那些需要经常使用的算法来说，高效率（即尽量减少运行时间和压缩存储空间）比简单性更为重要。

以上讨论了如何从四个方面来评价一个算法的问题。这里还需要指出，除了算法的正确性之外，其余三个方面往往是相互矛盾的。当追求较短的运行时间时，可能会带来占用较多的存储空间和较繁的算法；当追求占用较少的存储空间时，可能会带来较长的运行时间和较繁的算法；当追求算法的简单性时，可能会带来较长的运行时间和占用较多的存储空间。因此，在设计一个算法时，要从这三个方面来综合考虑，同时还要考虑到算法的使用频率、算法的结构化和易读性，以及所使用机器的软硬件环境等因素，这样才能设计出比较好的算法。

实训　验证哥德巴赫猜想

❶ 实训说明

验证哥德巴赫猜想——任何一个大于或等于 6 的偶数均可表示为两个素数之和。例如，6=3+3，8=3+5，10=5+5，…，18=7+11。要求将 6～100 之间的偶数均表示为两个素数之和，并且一行输出 5 组。

❷ 程序分析

（1）本程序采用双层循环：外层循环负责对6～100之间的偶数逐个输出加法式子；内层循环则负责为一个特定的偶数k，找出相应的素数a和b。

（2）对于一个特定的偶数k（$k \geqslant 6$），符合条件的两个素数a和b必然位于区间[3，k–1]之间。（为什么不从2开始？）

（3）由于k=a+b，可以通过内层循环试探性地找出第一个加数a后，第二个加数b就可推算出，然后再调用函数prime()来判断a，b是否是素数，如果两者均为素数，则停止寻找素数，并输出k=a+b。

❸ 程序源代码

该实例程序的源代码如下：

```
import java.util.*;
public class GoldbachClass {
//判断是不是素数
public boolean isPrimeNum (int n) {
int i;
for (i = 2; i < n/2; i++) { if(n%i == 0)
break;
}
if(i >= n/2) return true;
return false;
}

//验证哥德巴赫猜想
public void getGoldbachNum (int n) {
if(n < 6 || n%2 == 1)
{
   System.out.println (n + "不满足哥德巴赫猜想!");
   return;
}

for(int i=2; i<= n-1; i++)
{
   if(this.isPrimeNum(i) && this.isPrimeNum(n - i))
    {
      System.out.println (n + "=" + i + "+" + (n-i));
      break;
    }
}
}
```

```
    public static void main (String[] args) {
          GoldbachClass gc = new GoldbachClass(); //创建类对象 gc
    Scanner in = new Scanner(System.in); //创建输入流对象 in
    System.out.print ("输入需要验证的数(n>=6):");
    int n;
    n = in.nextInt();//输入 n
    gc.getGoldbachNum(n);//验证哥德巴赫猜想
    }
}
```

小　　结

本项目主要介绍了以下一些基本概念:

数据结构：数据结构是指研究数据元素之间抽象化的相互关系和这种关系在计算机中的存储表示（即所谓的数据逻辑结构和物理结构），并对这种存储结构定义相适应的运算，设计出相应的算法，并且确保经过这些运算后所得到的新结构仍然是原来的结构类型。

数据：数据是人们利用文字符号、数字符号及其他规定的符号对现实世界的事物及其活动所做的描述。在计算机科学中，数据的含义非常广泛，我们把一切能够输入计算机中并能被计算机程序处理的信息，包括文字、表格、声音和图像等，都称为数据。

数据元素：数据元素也叫结点，它是组成数据的基本单位。

逻辑结构：结点和结点之间的逻辑关系称为数据的逻辑结构。

存储结构：数据及数据之间的关系在计算机中的存储表示称为数据的存储结构。

数据处理：数据处理是指对数据进行查找、插入、删除、合并、排序、统计及简单计算等的操作过程。

数据类型：数据类型是指程序设计语言中各变量可取的数据种类。数据类型是高级程序设计语言中的一个基本概念，它和数据结构的概念密切相关。

除掌握上述基本概念以外，还应该了解算法是执行特定计算的有穷过程（这个过程应有五个特点），并掌握算法描述的方法及如何评价一个算法。

习题一

1. 简述术语：数据、结点、逻辑结构、存储结构、数据处理、数据结构和数据类型。

2. 试根据信息“校友姓名、性别、出生年月、毕业时间、所学专业、现在工作单位、职称、职务、电话”等，为校友录构造一种适当的数据结构（作图示意），定义必要的运算，并用文字叙述相应的算法思想。

3. 什么是算法？算法的主要特点是什么？

4. 如何评价一个算法？

项目二

线性表

职业能力目标与学习要求

在 Java 程序设计语言中，线性表（Linear List）是最简单且最常用的一种数据结构。这种结构具有下列特点：存在唯一的没有前驱的（头）数据元素；存在唯一的没有后继的（尾）数据元素。此外，每一个数据元素均有一个直接前驱和一个直接后继数据元素。通过对本项目的学习，应能掌握线性表的逻辑结构和存储结构，以及线性表的基本运算和实现算法。

任务一 线性表的定义和基本操作

线性表由一组具有相同属性的数据元素构成。数据元素的含义广泛，在不同的情况下，可以有不同的含义。例如：英文字母表（A, B, C,⋯, Z）是一个长度为 26 的线性表，其中的每一个字母都是一个数据元素。再如，某公司 2000 年每月产值表（400, 420, 500,⋯, 600, 650）（单位：万元）是一个长度为 12 的线性表，其中的每一个数值都是一个数据元素。上述两例中的每一个数据元素都是不可分割的，在一些复杂的线性表中，每一个数据元素又可以由若干个数据项组成，在这种情况下，通常将数据元素称为记录（Record）。例如，表 2–1 所示的学生信息表就是一个线性表，表中每一个学生的信息就是一个记录，每个记录包含五个数据项：学号、姓名、性别、年龄和籍贯。其中性别 M 是英文单词 Male 的首字母，表示男；性别 F 是英文单词 Female 的首字母，表示女。

表 2–1 学生信息表

学号	姓名	性别	年龄	籍贯
1201	张强	M	20	武汉
1202	黄小敏	F	19	北京
1203	徐黎芬	F	19	上海
1204	黄承振	M	20	广州
⋮	⋮	⋮	⋮	⋮

矩阵也是一个线性表，但它是一个比较复杂的线性表。在矩阵中，可以把每行看成一个数据元素，也可以把每列看成一个数据元素，而其中的每一个数据元素又是一个线性表。

综上所述，一个线性表是 n（$n \geqslant 0$）个数据元素 a_0，a_1，a_2，⋯，a_{n-1} 的有限序列。若 $n>0$，则除 a_0 和 a_{n-1} 外，有且仅有一个直接前驱和一个直接后继数据元素，其中 a_i（$0 \leqslant i \leqslant n-1$）为线性表的第 i 个数据元素，它位于数据元素 a_{i-1} 之后、a_{i+1} 之前。a_0 为线性表的第一个数据元素，而 a_{n-1} 则是线性表的最后一个数据元素。若 $n=0$，则该线性表为一个空表，表示无数据元素。因此，线性表或者是一个空表（n=0），或者可以写成：（$a_0, a_1, a_2,\cdots, a_{i-1}, a_i, a_{i+1},\cdots, a_{n-1}$）。

抽象数据类型的线性表定义如下：

$$\text{Linear List}=(D,R)$$

其中，$D=\{a_i|\ a_i \in \text{ElemSet}, i=0, 1, 2, \cdots, n-1, n\geqslant 1\}$；

$R=\{\langle a_{i-1}, a_i\rangle \mid a_{i-1}, a_i \in D, i=1, 2,\cdots, n-1, n\geqslant 1\}$；

ElemSet 为某一数据对象集；

n 为线性表的长度。

线性表 L 的主要操作有以下几种：

（1）Initiate( )　初始化：构造一个空的线性表 L。

（2）Insert(i,x)　插入：在线性表 L 中的第 i 个元素之前插入数据元素 x。线性表 L 的长度增加 1。

（3）Delete(i)　删除：删除线性表 L 中的第 i 个元素。线性表 L 的长度减 1。

（4）Locate(x)　查找定位：对于给定的值 x，若线性表 L 中存在一个元素 a_i 与之相等，则返回该元素在线性表中位置的序号 i，否则返回 NULL。

（5）Length()　求长度：对于给定的线性表 L，返回线性表 L 中数据元素的个数。

（6）Get(i)　存取：返回线性表 L 中的第 i（$0\leqslant i\leqslant$ Length(L)-1）个数据元素，否则返回 NULL。

（7）Traverse()　遍历：依次输出线性表 L 中的每一个数据元素。

（8）Copy(C)　复制：将线性表 L 复制到线性表 C 中。

（9）Merge(A,B)　合并：将给定的线性表 A 和 B 合并为线性表 L。

以上定义了线性表的逻辑结构和基本操作。在计算机中，线性表有两种基本的存储结构：顺序存储结构和链式存储结构。下面分别讨论这两种存储结构及对应存储结构下实现各操作的算法。

任务二　线性表的顺序存储结构

在计算机中，使用一组地址连续的存储单元依次存储线性表的各个数据元素，该结构则称作线性表的顺序存储结构。

一、线性表的顺序存储结构

在线性表的顺序存储结构中，其前后两个元素在存储空间中是紧邻的，并且前驱元素一定存储在后继元素的前面。由于线性表中的所有数据元素都属于同一数据类型，所以每个数据元素在存储器中所占用的空间大小都相同，因此，要在该线性表中查找某一个元素是很方便的。假设线性表中的第一个数据元素的存储地址为 Loc(a_0)，每一个数据元素都占 d 个字节，则线性表中第 i 个数据元素 a_i 在计算机存储空间中的存储地址为：

$$\text{Loc}(a_i)=\text{Loc}(a_0)+(i-1)d$$

在程序设计语言中，通常利用数组来表示线性表的顺序存储结构。这是因为数组具有以下特点：

（1）数组中元素间的地址是连续的；

（2）数组中所有元素的数据类型是相同的。

这些特点与线性表的顺序存储空间结构是类似的。

❶ 一维数组

若定义一维数组 $\boldsymbol{A}[n]=\{a_0, a_1, a_2,\cdots, a_{n-1}\}$，假设每一个数组元素都占 d 个字节，则数组元素 $\boldsymbol{A}[0]$, $\boldsymbol{A}[1]$, $\boldsymbol{A}[2]$, ⋯, $\boldsymbol{A}[n-1]$的地址分别为 Loc($\boldsymbol{A}$[0]), Loc($\boldsymbol{A}$[0])+d,Loc($\boldsymbol{A}$[0])+2d, ⋯, Loc($\boldsymbol{A}$[0])+$(n-1)d$。一维数组存储示意图如图 2–1 所示。

逻辑地址	数据元素	存储地址	名称
0	a_0	Loc($\boldsymbol{A}$[0])	$\boldsymbol{A}$[0]
1	a_1	Loc($\boldsymbol{A}$[0])+d	$\boldsymbol{A}$[1]
⋮	⋮	⋮	
i	a_i	Loc($\boldsymbol{A}$[0])+id	$\boldsymbol{A}[i]$
⋮	⋮	⋮	
$n-1$	a_{n-1}	Loc($\boldsymbol{A}$[0])+$(n-1)d$	$\boldsymbol{A}[n-1]$

图 2–1　一维数组存储示意图

地址的计算公式如下：

$$\mathrm{Loc}(\boldsymbol{A}[i])=\mathrm{Loc}(\boldsymbol{A}[0])+(i-1)d$$

❷ 二维数组

若定义二维数组 $\boldsymbol{A}[n][m]$，它表示此数组有 n 行 m 列，如图 2–2 所示。

若已知二维数组 $\boldsymbol{A}[n][m]$中的第一个元素的起始位置为 Loc($\boldsymbol{A}$[0][0])，且每个元素都占 d 个字节，则 $\boldsymbol{A}[i][j]$的地址为：

$$\mathrm{Loc}(\boldsymbol{A}[i][j])= \mathrm{Loc}(\boldsymbol{A}[0][0])+imd+jd$$

例如，有一含有 5×6 个元素的数组 $\boldsymbol{A}$，其起始地址 $\boldsymbol{A}$[0][0]是 8 000，且每个元素都占 4 个字节，则元素 $\boldsymbol{A}$[3][4]的地址是 Loc($\boldsymbol{A}$[3][4])=8 000+3×6×4+4×4=8 088。

	0	1	2	⋯	j	⋯	$m-1$
0	a_{00}	a_{01}	a_{02}	⋯	a_{0j}	⋯	$a_{0\ m-1}$
1	a_{10}	a_{11}	a_{12}	⋯	a_{1j}	⋯	$a_{1\ m-1}$
2	a_{20}	a_{21}	a_{22}	⋯	a_{2j}	⋯	$a_{2\ m-1}$
⋮	⋮	⋮	⋮	⋮	⋮	⋮	⋮
i	a_{i0}	a_{i1}	a_{i2}	⋯	a_{ij}	⋯	$a_{i\ m-1}$
⋮	⋮	⋮	⋮	⋮	⋮	⋮	⋮
$n-1$	$a_{(n-1)0}$	$a_{(n-1)1}$	$a_{(n-1)2}$	⋯	$a_{(n-1)j}$	⋯	$a_{(n-1)m-1}$

图 2–2　二维数组

二、线性表在顺序存储结构下的运算

在 Java 程序设计语言中，可以使用数组来描述顺序存储结构下的线性表（顺序表），下面就以表 2–1 所示的学生信息表为例来讲解 Java 中线性表在顺序存储结构下（顺序表）的运算。

首先定义一个学生类（Student）对应表中的一条记录，然后定义 5 个私有属性对应记录中的 5 个数据项，并为每个私有属性定义 get 和 set 方法，这里的 Student 类按照 JavaBean 的规范进行定义。Student 类也可称为实体类，因为它是对现实世界中实体对象——学生进行的抽象定义。其定义的程序代码如下：

```
public class Student {
    private int id;        //身份证号
    private String name;  //姓名
```

```
    private char gender; //性别
    private int age;     //年龄
    private String nativeplace;//籍贯
    public Student( ) {  }
    public Student(int id, String name) {
        this.id = id;
        this.name = name; }
    public int getId() {
        return id;
    }
    public void setId(int id) {
        this.id = id;
    }
    public String getName() {
        return name;
    }
    public void setName(String name) {
        this.name = name;
    }
    public char getGender() {
        return gender;
    }
    public void setGender(char gender) {
        this.gender = gender;
    }
    public int getAge() {
        return age;
    }
    public void setAge(int age) {
        this.age = age;
    }
    public String getNativeplace() {
        return nativeplace;
    }
    public void setNativeplace(String nativeplace) {
        this.nativeplace = nativeplace;
    } }
```

然后定义一个类来表示顺序存储结构的学生信息表，程序代码如下：

```
public class StuSeqList {
  private Student[] students;//Student 对象数组
  private int maxlength; //数组最大容量
```

```
    private int length; //数组当前元素个数
       //构造方法
    public StuSeqList(int maxlength) {
       initiate(maxlength);
    }
      //初始化容量为 maxlength 的 Student 对象数组
  private void initiate(int maxlength){
       students = new Student[maxlength];
       this.maxlength = maxlength;
  }
  //获取数组当前元素个数
  public int length() {
       return length;
  }
  //获取数组最大容量
  public int maxlength() {
       return maxlength;
  }
  }
```

❶ 顺序表的插入操作

若在表尾元素下标为 num（$0 \leqslant num \leqslant MAXNUM-2$）的顺序表 List 中的第 i（$0 \leqslant i \leqslant num+1$）个数据元素之前插入一个新的数据元素 x，则需将最后一个即第 num 个至第 i 个数据元素（共 $num-i+1$ 个数据元素）依次向后移动一个位置，空出第 i 个位置，然后把 x 插入第 i 个存储位置上，插入结束后顺序表的长度增加 1，返回 TRUE；若 $i<0$ 或 $i>num+1$，则无法插入新的数据元素，返回 FALSE 值，如图 2–3 所示。

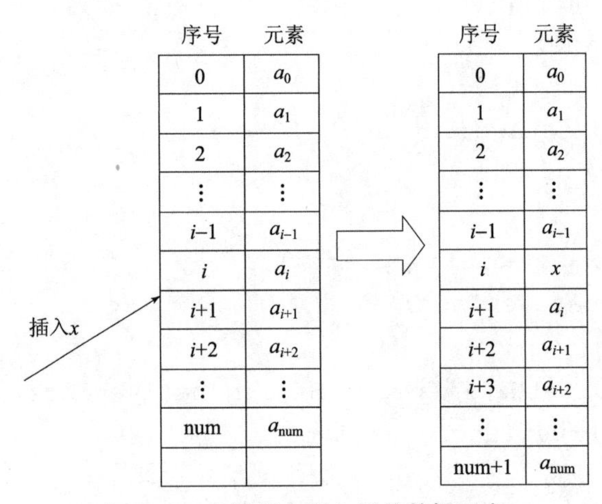

图 2-3　在数组中插入新的数据元素

其程序代码如下：

```
/*在第 index 个元素前插入数据元素 student，若插入成功，则返回 TRUE，否则返回 FALSE。*/
```

```
public boolean insert(int index, Student student) {
        boolean suc = false;
        if (index < 0 || index > length) {
            System.out.println("插入位置出错！");
            return suc;
        }
        if (length + 1 > maxlength) {
            System.out.println("线性表已满！");
            return suc;
        }
        length++;
        for (; index < length; index++) {
            Student stunext = students[index];
            students[index] = student;
            student = stunext;
            suc = true;
        }
        return suc;
        }
```

❷ 顺序表的删除操作

若在表尾元素下标为 num（0≤num≤MAXNUM−1）的顺序表 List 中删除第 i（$0 \le i \le$ num）个数据元素，则需将第 i+1 至第 num 个数据元素的存储位置（共 num−i 个元素）依次前移，删除结束后顺序表的长度减 1，返回 TRUE 值；若 $i<0$ 或 $i>$num，则无法删除数据元素，返回 FALSE 值，如图 2–4 所示。

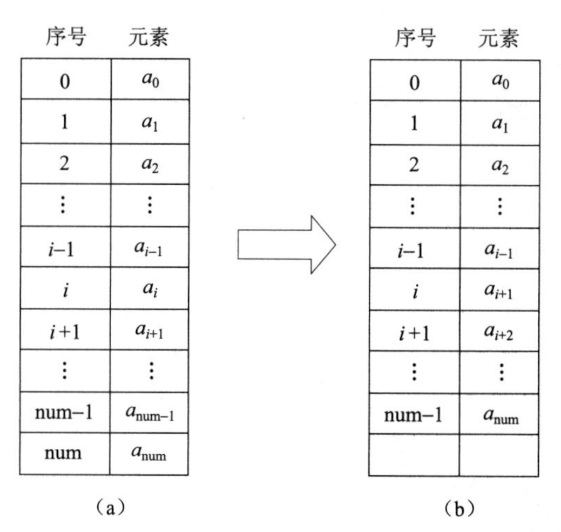

图 2–4　在数组中删除数据元素

（a）删除 a_i 前；（b）删除 a_i 后

其程序代码如下：

```
/*删除第 index 个数组元素,顺序表的长度减 1,若删除成功,则返回 TRUE;否则返回 FALSE。
*/
    public boolean delete(int index){
        boolean suc = false;
        if (index < 0 || index >= length) {
            System.out.println("删除位置出错！");
            return suc;
        }
        for (; index < length-1; index++) {
            students[index] = students[index+1];
            suc = true;
        }
        length--;
        return suc;
    }
```

根据上述两个算法可知，很显然，在线性表的顺序存储结构中插入或删除一个数据元素时，其时间主要耗费在移动数据元素上，而移动数据元素的次数取决于插入或删除元素的位置。

假设 p_i 是在第 i 个元素之前插入一个新数据元素的概率，则在长度为 n 的线性表中插入一个数据元素时所需移动元素的平均次数为：

$$E_{\text{ins}} = \sum_{i=0}^{n} p_i (n-i)$$

假设 q_i 是删除第 i 个数据元素的概率，则在长度为 n 的线性表中删除一个数据元素时所需移动元素的平均次数为：

$$E_{\text{del}} = \sum_{i=0}^{n-1} q_i (n-i-1)$$

如果在线性表的任何位置插入或删除数据元素的概率相等，即

$$p_i = \frac{1}{n+1}，\quad q_i = \frac{1}{n}$$

则

$$E_{\text{ins}} = \frac{1}{n+1}\sum_{i=0}^{n}(n-i) = \frac{n}{2}，\quad E_{\text{del}} = \frac{1}{n}\sum_{i=0}^{n-1}(n-i-1) = \frac{n-1}{2}$$

可见，在顺序存储结构的线性表中插入或删除一个数据元素时，平均要移动表中大约一半的数据元素。若线性表表长为 n，则插入和删除算法的时间复杂度都为 $O(n)$。

顺序存储结构线性表中的其他操作也可直接实现，在此不再讲述。

❸ 顺序表存储结构的特点

线性表的顺序存储结构中，任意数据元素的存储地址都可由公式直接导出，因此顺序存储结构的线性表可以随机存取其中的任意元素，也就是说，定位操作可以直接实现。高级程序设计语言提供的数组数据类型可以直接定义顺序存储结构的线性表，并使其程序设计十分方便。

但是，顺序存储结构也有一些缺点，主要表现在以下几个方面：

（1）数据元素的最大个数需预先确定，这使得高级程序设计语言编译系统需预先分配相应的存储空间。

（2）插入与删除运算的效率都很低。为了保持线性表中数据元素的顺序，在插入和删除操作时，都需移动大量的数据。因此，插入和删除操作频繁的线性表及每个数据元素所占字节较大的问题，将导致系统的运行速度难以提高。

（3）顺序存储结构线性表的存储空间不便扩充。当一个线性表分配顺序存储空间后，如果线性表的存储空间已满，但还需要插入新的数据元素，则会发生“上溢”错误。在这种情况下，如果在原线性表的存储空间后找不到与之连续的可用空间，则会导致运算的失败或中断。

任务三　线性表的链式存储结构

由对线性表的顺序存储结构的讨论可知，对于大的线性表，特别是对于数据元素变动频繁的大线性表，不宜采用顺序存储结构，而应采用本任务将要介绍的链式存储结构。

线性表的链式存储结构就是用一组任意的存储单元（可以是不连续的）来存储线性表中的数据元素。线性表中的每一个数据元素都需用两部分来存储：一部分用于存放数据元素的值，称为数据域；另一部分用于存放直接前驱或直接后继结点的地址，称为引用域。这种存储单元称为结点。

在链式存储结构方式下，存储数据元素的结点空间可以不连续，各数据结点的存储顺序与数据元素之间的逻辑关系也可以不一致，而数据元素之间的逻辑关系由引用域来确定。

链式存储方式可用于表示线性结构，也可用于表示非线性结构。

一、线性链表

❶ 线性链表

线性链表是线性表的链式存储结构，是一种在物理存储单元上非连续、非顺序的存储结构，数据元素的逻辑顺序是通过链表中的引用链接次序来实现的。所以，在存储线性链表中的数据元素时，一方面要存储数据元素的值，另一方面要存储各数据元素之间的逻辑顺序。

此种形式的线性链表因只含有一个引用域，所以又称为单向链表，简称单链表。图 2–5（a）所示为一个空线性链表，图 2–5（b）所示为一个非空线性链表（a_0，a_1，a_2，…，a_{n-1}）。

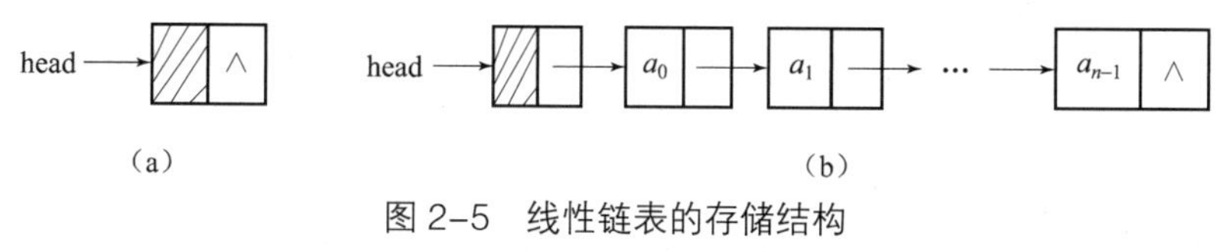

图 2–5　线性链表的存储结构
（a）空线性链表；（b）非空线性链表

如图 2–5 所示，通常在线性链表的第一结点之前附设一个称为头结点的结点。头结点的数据域可以不存放任何数据，也可以存放线性链表中结点个数的信息。对于空线性链表，附加头结点的引用域为空（NULL 或 0 表示），用∧表示；对于非空线性链表，附加头结点的引用域是一个指

向线性链表首元素 a_0 的引用。头引用 head 指向线性链表附加头结点的存储位置，对于线性链表的各种操作，都必须从头引用开始。

下面以线性链表的方式来存储表2–1所示的学生信息表，此时需要定义链表结点StuNode类，其程序代码如下：

```
public class StuNode {
    //数据域为学生对象
    private Student student;
    //引用域指向下一个结点
    private StuNode nextlink;
    public Student getStudent() {
        return student;
    }
    public void setStudent(Student student) {
        this.student = student;
    }
    public StuNode getNext() {
        return nextlink;
    }
    public void setNext(StuNode nextlink) {
        this.nextlink = nextlink;
    }
}
```

定义线性链表StuLinkList类，其程序代码如下：

```
public class StuLinkList {
    //链表头结点
    private StuNode head;
    //构造方法，新建链表将传递进来的结点对象设置为链表头结点
    public StuLinkList(StuNode hd){
        head = hd;
    }
}
```

❷ 线性链表的基本操作

下面给出的单链表的基本操作实现算法都是以图 2–6 所示的带头结点的单链表为数据结构基础的。

1）单链表的插入操作

（1）已知线性链表 head，在 p 引用所指向的结点后插入一个数据元素 x。

在一个结点后插入数据元素时，操作较为简单，不用查找便可以直接插入。

操作过程如图 2–6 所示。

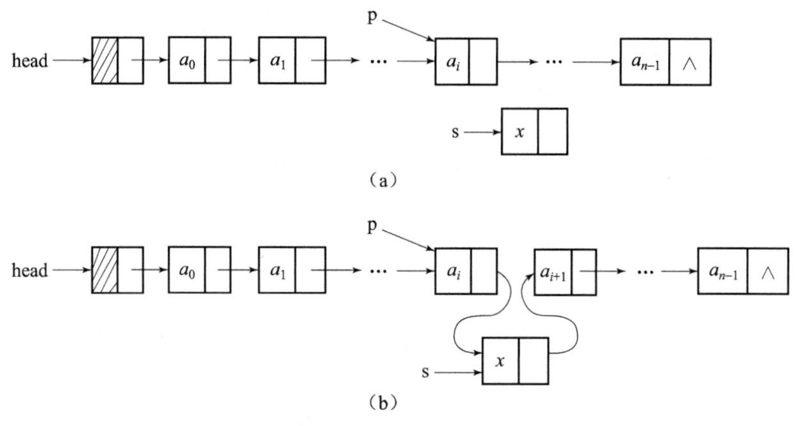

图 2–6　单链表的后插入

（a）插入前；（b）插入后

相关程序代码如下：

```
public void insertAfter(StuNode p,StuNode s){
            s.setNext(p.getNext());
            p.setNext(s);
    }
```

（2）已知线性链表 head，在 p 引用所指向的结点前插入一个数据元素 x。

在一个结点前插入数据元素时，必须从链表的头结点开始，找到 p 引用所指向的结点的前驱。设一引用 q 从附加头结点开始向后移动进行查找，直到到达 p 引用的前驱结点为止。然后在 q 引用所指的结点和 p 引用所指的结点之间插入结点 s。

操作过程如图 2–7 所示。

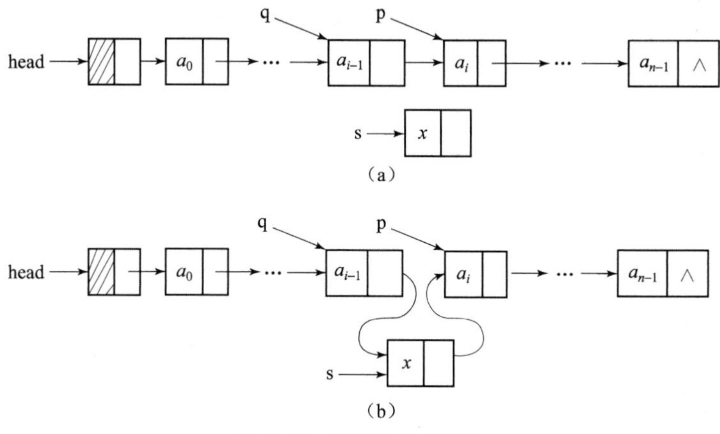

图 2–7　单链表的前插入

（a）插入前；（b）插入后

当在链表的第 i 个数据元素之前插入数据元素 x 时，需要先找到指向第 i–1 个结点的引用 q 和指向第 i 个结点的引用 p。其程序代码如下：

```
public void insert(StuNode p,StuNode s){
        if(head==null)
```

```
            return;
        StuNode q = head;
        while(q.getNext()!=null){
        if(q.getNext()==p){
                q.setNext(s);
                s.setNext(p);
                break;
        }
        q = q.getNext();
         }
    }
```

2）单链表的删除操作

若要删除线性链表 h 中的第 i 个结点，首先要找到第 i 个结点，并使引用 p 指向其前驱第 i–1 个结点，然后再删除第 i 个结点并释放被删除结点的空间。

操作过程如图 2–8 所示。

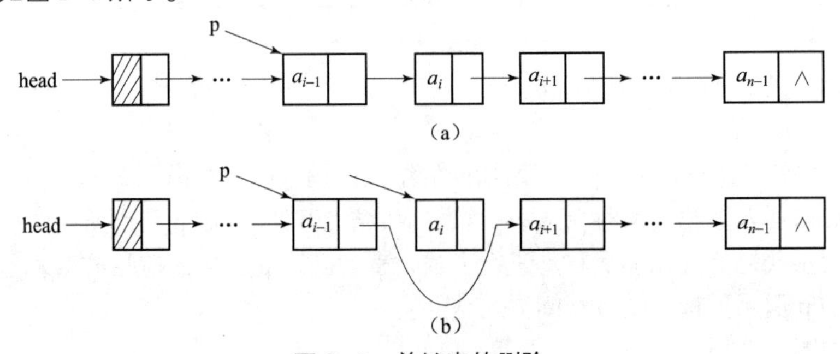

图 2–8　单链表的删除

（a）删除前；（b）删除后

其程序代码如下：

```
public void delete(StuNode p){
        if(head==null)
            return;
        StuNode sl = head;
        while(sl.getNext()!=null){
            if(sl.getNext()==p){
                sl.setNext(p.getNext());
                break;
            }
            sl = sl.getNext();
        }
    }
```

从线性链表的插入与删除算法中可以看到，要取链表中某个结点时，必须从链表的头结点开始一个一个地向后查找，即不能直接存取线性链表中的某个结点，这是因为链式存储结构不是随机存取结构。虽然在线性链表中插入或删除某个结点时不需要移动别的数据元素，但算法寻找第

i–1 个或第 i 个结点的时间复杂度为 $O(n)$。

3）单链表的逆置操作

单链表的逆置操作是指利用头结点和第一个存放数据元素的结点之间不断插入后继元素结点的操作，如图 2–9 所示。

其程序代码如下：

```
public void converse(){
        StuNode p = head.getNext();
        if(p==null)
            return;
        StuNode q = p.getNext();
        if(q==null)
            return;
        p=q;
        q=p.getNext();
        p.setNext(head.getNext());
        head.setNext(p);
        p.getNext().setNext(null);
        while(q!=null){
            p=q;
            q=p.getNext();
            p.setNext(head.getNext());
            head.setNext(p);
        }
    }
```

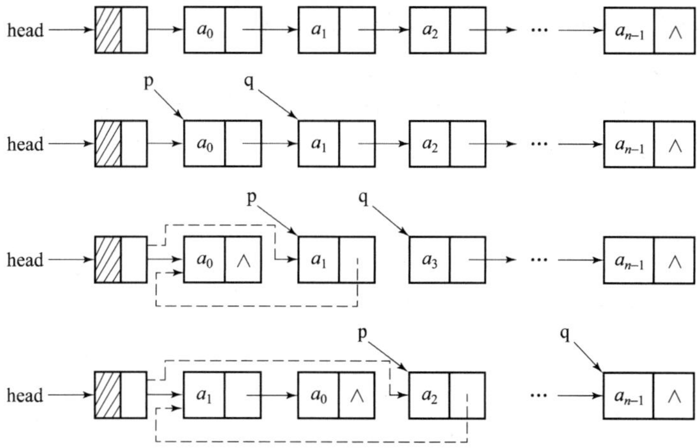

图 2–9　单链表的逆置

二、循环链表

循环链表（Circular Linked List）是另一种形式的链式存储结构，它是将单链表中的最后一个结点引用指向链表的表头结点，从而使整个链表形成一个环，这样从链表中的任意结点出发都可以找到表中其他的结点。图 2–10（a）所示为带头结点的循环链表的空表形式，图 2–10（b）所示为带头结点的循环链表的一般形式。

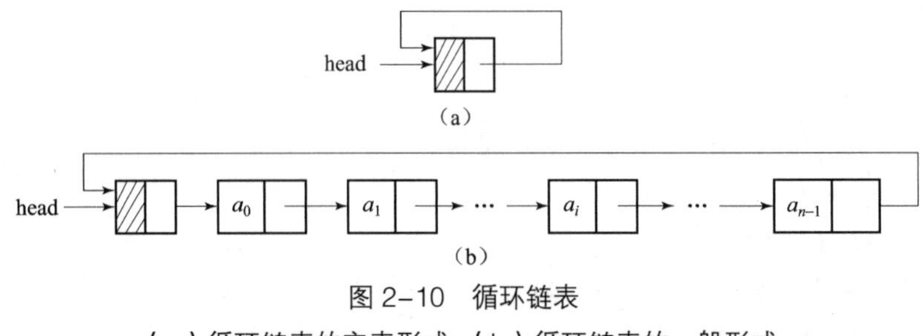

图 2–10　循环链表

（a）循环链表的空表形式；（b）循环链表的一般形式

带头结点的循环链表的操作实现算法和带头结点的单链表的操作实现算法类似，差别就在于算法中的条件在单链表中为 p!=null 或 p.getNextLink()!=null，而在循环链表中应改为 p!=head 或 p.getNextLink()!=head。

在循环链表中，除了头引用 head 外，有时还加了一个尾引用 rear。尾引用 rear 指向最后一个结点，从最后一个结点的引用又可立即找到链表的第一个结点。在实际应用中，使用尾引用代替头引用来进行某些操作往往更简单。

三、双向链表

❶ 双向链表（Double Linked List）定义

在单链表的每个结点中都有一个指示后继的引用域，因此，从任何一个结点出发都能通过引用域找到它的后继结点；若需找出该结点的前驱结点，则此时需从表头出发重新查找。因此，在单链表中，查找某结点的后继结点的执行时间为 $O(1)$，而查找其前驱结点的执行时间为 $O(n)$，所以这时可用双向链表来克服单链表的这种缺点。在双向链表中，每一个结点除了有一个数据域外，还包含两个引用域，其中一个引用（next）指向该结点的后继结点，另一个引用（prior）指向该结点的前驱结点。双向链表的结构可定义如下：

```
public class StuDouNode {
    // 数据域为学生对象
    private Student student;
    // 引用域指向前驱结点
    private StuDouNode prior;
    // 引用域指向后继结点
    private StuDouNode next;
    public Student getStudent() {
        return student;
    }
    public void setStudent(Student student) {
        this.student = student;
    }
```

```
    public StuDouNode getPrior() {
        return prior;
    }
    public void setPrior(StuDouNode prior) {
        this.prior = prior;
    }
    public StuDouNode getNext() {
        return next;
    }
    public void setNext(StuDouNode next) {
        this.next = next;
    }
}
```

和单链表的循环表类似，双向链表也可以有循环表，即让头结点的前驱引用指向链表的最后一个结点，再让最后一个结点的后继引用指向头结点。图 2–11 所示为双向链表示意图，其中图 2–11（b）所示是一个空双向循环链表。

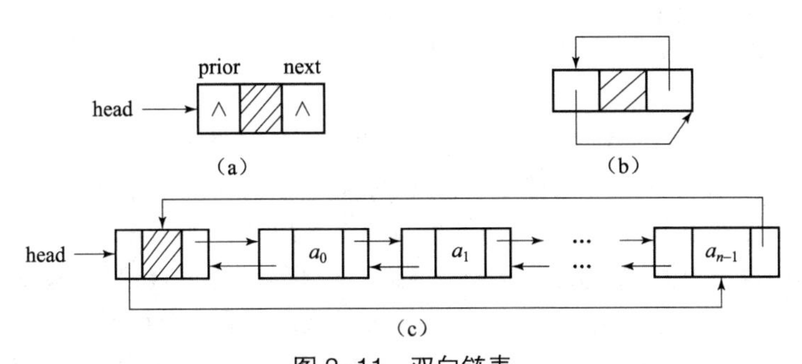

图 2–11　双向链表

（a）空双向链表；（b）空双向循环链表；（c）非空双向循环链表

若 p 为指向双向链表中的某一个结点 a_i 的引用，则有：

$$p.getNext().getPrior()==p.getPrior().getNext()==p$$

在双向链表中，有些操作如求长度、取元素和定位等，因为仅涉及一个方向的引用，所以它们的算法与线性单链表的操作相同。但在进行插入和删除操作时，则需同时修改两个方向上的引用，所以两者操作的时间复杂度均为 $O(n)$。

❷ 双向链表的基本操作

1）在双向链表中插入一个结点

在双向链表的第 i 个元素前插入一个结点时，可以用引用 p 指向该结点（称为 p 结点），插入时首先将新结点的 prior 指向 p 结点的前一个结点，其次将 p 结点的前一个结点的 next 指向新结点，然后将新结点的 next 指向 p 结点，最后将 p 结点的 prior 指向新结点。

操作过程如图 2–12 所示。

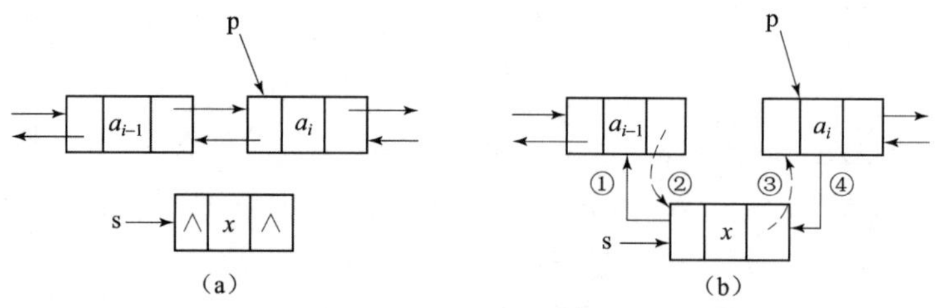

图 2-12　在双向链表中插入结点
（a）插入前；（b）插入后

其程序代码如下：

```
//在 p 结点前插入结点 s
    public void insert(StuDouNode p,StuDouNode s){
        //获取 p 的前驱结点引用 pp
        StuDouNode pp = p.getPrior();
        s.setPrior(pp);  //图 2-12 中的步骤①
        pp.setNext(s);//图 2-12 中的步骤②
        s.setNext(p);//图 2-12 中的步骤③
        p.setPrior(s);//图 2-12 中的步骤④
    }
```

讨论：在双向链表中进行插入操作时，还需注意下面两种情况：

（1）当在链表中的第一个结点前插入新结点时，新结点的 prior 应指向头结点，原链表第一个结点的 prior 应指向新结点，新结点的 next 应指向原链表的第一个结点。

（2）当在链表中的最后一个结点后插入新结点时，新结点的 next 应为空，原链表的最后一个结点的 next 应指向新结点，新结点的 prior 应指向原链表的最后一个结点。

2）在双向链表中删除一个结点

当在双向链表中删除一个结点时，可以用引用 p 指向该结点（称为 p 结点），然后将 p 结点前一个结点的 next 指向 p 结点的下一个结点，再将 p 结点下一个结点的 prior 指向 p 结点的上一个结点，如图 2-13 所示。

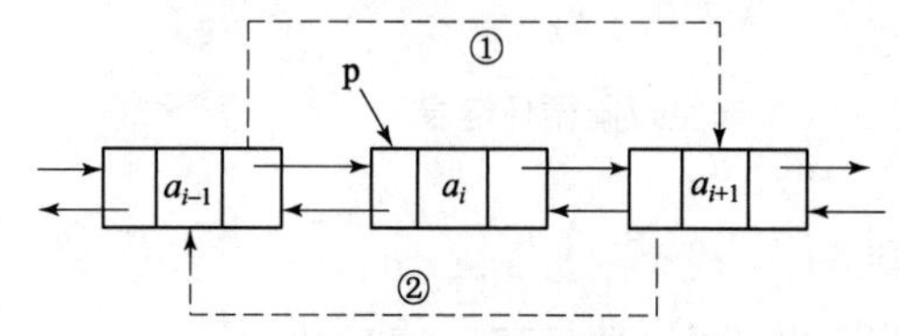

图 2-13　在双向链表中删除一个结点

其程序代码如下：

```
public void delete(StuDouNode p){
        if(head==null)
            return;
        StuDouNode sl = head;
        while(sl.getNext()!=null){
            if(sl.getNext()==p){
                sl.setNext(p.getNext());//图 2-13 中的步骤①
                if(p.getNext()!=null)
                p.getNext().setPrior(sl);//图 2-13 中的步骤②
                break;
```

```
            }
            sl = sl.getNext();
        }
    }
```

讨论：在双向链表中进行删除操作时，还需注意下面两种情况：

（1）当删除链表的第一个结点时，应将链表开始结点的引用指向链表的第二个结点，同时将链表的第二个结点的 prior 指向头结点。

（2）当删除链表的最后一个结点时，只需将链表最后一个结点的上一个结点的 next 置为 NULL 即可。

以上详细介绍了链式存储结构，链式存储结构克服了顺序存储结构的缺点：它的结点空间可以动态申请和释放；它的数据元素的逻辑次序靠结点的引用来指示，在进行插入和删除操作时，都不需要移动数据元素。但是链式存储结构也有以下两点不足：

（1）每个结点中的引用域都需额外占用存储空间。当每个结点的数据域所占字节不多时，引用域所占存储空间的比重就显得很大。

（2）链式存储结构是一种非随机存储结构。对任意结点的操作都要从头结点开始引用，通过引用链来查找该结点，这样增加了算法的复杂度。

实训　顺序表与链表的应用

【实训 1】顺序表的应用

❶ 实训说明

给定一个存储整数的顺序表 La，试构造顺序表 Lb，并要求顺序表 Lb 中只包含顺序表 La 中所有值不相同的数据元素。

❷ 程序分析

如果要将该顺序表逆置，则可以将表中的开始结点与终端结点互换，第二个结点与倒数第二个结点互换，如此反复，即可将整个顺序表逆置。

❸ 程序源代码

该实例程序的源代码如下：

```
public SeqList<int> Purge(SeqList<int> La)
{
    SeqList<int> Lb = new SeqList<int>(La.Maxsize);
    //将 a 表中的第 1 个数据元素赋给 b 表
    Lb.Append(La[0]);
    //依次处理 a 表中的数据元素
    for (int i=1; i<=La.GetLength()-1; ++i)
    {
        int j = 0;
```

```
        //查看b表中有无与a表中相同的数据元素
        for (j = 0; j<=Lb.GetLength()-1; ++j)
        {
            //有相同的数据元素
            if (La[i].CompareTo(Lb[j]) == 0)
            {
                break;
            }
         }
            //没有相同的数据元素，将a表中的数据元素附加到b表的末尾
            if(j>Lb.GetLength()-1)
            {
                Lb.Append(La[i]);
            }
         }
            return Lb;
    }
```

【实训2】链表的应用

❶ 实训说明

利用链表来实现线性表的就地逆置。

❷ 程序分析

由于是单链表，数据的存取不是随机的，所以算法效率太低。因此，可以利用指针改指来实现表逆置的目的。线性表的逆置包括以下两种情况：

（1）当链表为空表或只有一个结点时，该链表的逆置链表与原链表相同。

（2）当链表含2个以上结点时，可将该链表处理成只含第一个结点的带头结点链表和一个无头结点的包含该链表剩余结点的链表，然后将该无头结点链表中的所有结点顺着链表指针，由前往后将每个结点依次从无头结点链表中摘下，作为第一个结点插入带头结点链表中，这样即可得到逆置的链表。

❸ 程序源代码

```
public void ReversLinkList(LinkList<int> H)
{
    Node<int> p = H.Next;
    Node<int> q = new Node<int>();
    H.Next = null;
    while (p != null)
        {
            q = p;
```

```
            p = p.Next;
            q.Next = H.Next;
            H.Next = q;
        }
    }
```

小　结

本项目主要介绍了以下基本概念：

线性表：一个线性表是 n（$n\geqslant0$）个数据元素 a_0，a_1，a_2，…，a_{n-1} 的有限序列。

线性表的顺序存储结构：在计算机中，使用一组地址连续的存储单元依次存储线性表的各个数据元素，称作线性表的顺序存储结构。

线性表的链式存储结构：线性表的链式存储结构就是用一组任意的存储单元——结点（可以是不连续的）来存储线性表中的数据元素。线性表中的每一个数据元素，都由存放数据元素值的数据域和存放直接前驱或直接后继结点地址（引用）的引用域组成。

循环链表：是将单链表中的最后一个结点引用指向链表的表头结点，从而使整个链表形成一个环，这样从表中的任意结点出发都可以找到表中其他的结点。

双向链表：在双向链表中，每一个结点除了有一个数据域外，还包含两个引用域，其中一个引用（next）指向该结点的后继结点，另一个引用（prior）指向该结点的前驱结点。

除了要掌握上述基本概念外，还应该了解线性表的基本操作（初始化、插入、删除、存取、复制和合并）、线性表的顺序存储结构的表示、线性表的链式存储结构的表示、一元多项式 Pn(x)，并掌握顺序存储结构（顺序存储结构的初始化、顺序存储结构的插入操作和顺序存储结构的删除操作）和单链表（单链表的初始化、单链表的插入操作和单链表的删除操作）。

习题二

1. 什么是顺序存储结构？什么是链式存储结构？

2. 线性表的顺序存储结构和链式存储结构各有什么特点？

3. 假设线性表中数据元素的总数基本不变，并很少进行插入或删除工作，若要以最快的速度存取线性表中的数据元素，应选择线性表的何种存储结构？为什么？

4. 线性表的主要操作有哪些？

5. 简述数组与顺序存储结构线性表的区别和联系。

6. 顺序表和链表在进行插入操作时，有什么不同？

7. 画出下列数据结构的图示：

① 顺序表；

② 单链表；

③ 双向链表；

④ 循环链表。

8. 试给出求顺序表长度的算法。

9. 试给出删除单链表中值为 k 的结点的前驱结点的算法。

10. 试给出依次输出单链表中所有数据元素的算法。

11. 试给出求单链表长度的算法。

12. 若多项式 $A=a_1x+a_2x^2+\cdots+a_{n-1}x^{n-1}+a_nx^n$ 和 $B=b_1x+b_2x^2+\cdots+b_{n-1}x^{n-1}+b_nx^n$ 都以单链表存储，试给出多项式相减 $A-B$ 的算法。

13. 请生成多项式 $A=5+9x+11x^6+14x^{11}-21x^{15}+18x^{18}$ 和 $B=8x+12x^3+2x^6-14x^{11}+12x^{15}$，并输出 $A+B$ 的结果。

项目三

栈和队列

职业能力目标与学习要求

软件开发工程师在日常的软件开发过程中经常会遇到一些需要用栈和队列来解决的问题，例如表达式求值。从数据结构上看，栈和队列也是线性表，但是是两种特殊的线性表。栈只允许在表的一端进行插入或删除操作；队列只允许在表的一端进行插入操作，而在另一端进行删除操作。因此，栈和队列也可以被称作操作受限的线性表。通过对本项目的学习，应能掌握栈和队列的逻辑结构和存储结构，以及栈和队列的基本运算和实现算法。

任务一　栈

一、栈的定义及其运算

❶ 栈的定义

栈（stack）是一种只允许在一端进行插入和删除的线性表，它是一种操作受限的线性表。在表中，只允许进行插入和删除的一端称为栈顶（top），另一端称为栈底（bottom）。栈的插入操作通常称为入栈或进栈（push），而栈的删除操作则称为出栈或退栈（pop）。当栈中无数据元素时，称为空栈。

由栈的定义可知，栈顶元素总是最后入栈的，因而是最先出栈；栈底元素总是最先入栈的，因而也是最后出栈。这种表是按照后进先出（last in first out，LIFO）的原则来组织数据的，因此，栈也被称为“后进先出”的线性表。

图 3–1 所示是一个栈的示意图，通常用指针 top 来指示栈顶的位置，用指针 bottom 来指向栈底。栈顶指针 top 动态反映栈的当前位置。

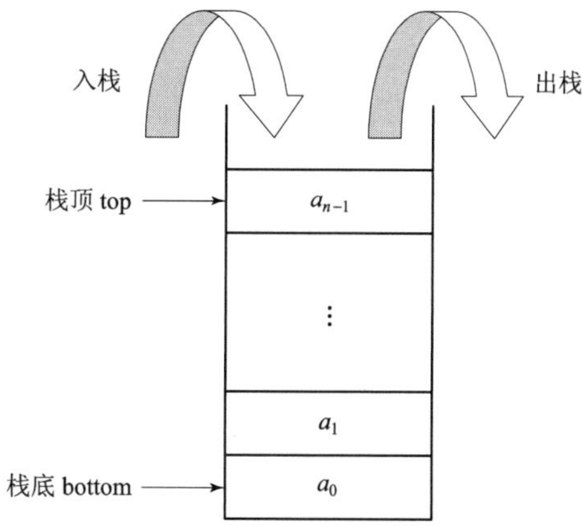

图 3–1　栈的示意图

下面给出堆栈的抽象数据类型的定义：

```
ADT Stack {
    数据对象：D={ai | ai∈D0, i=0,1,2,…,n-1, D0为某一数据对象, n≥1}
    数据关系：R={〈ai, ai+1〉 | ai, ai+1∈D, i=0,1,2,…,n-2, n≥2}
```

基本操作：

} **ADT Stack**

❷ 栈的基本操作

（1）initStack(s)　初始化：初始化一个新的栈。

（2）isEmpty()　栈是否为空判断：若栈 s 为空，则返回 TRUE；否则返回 FALSE。

（3）push(e)　入栈：在栈 s 的顶部插入元素 e，若栈满，则返回 FALSE；否则返回 TRUE。

（4）pop(s)　出栈：若栈 s 不为空，则返回栈顶元素，并从栈顶中删除该元素；否则返回空元素 NULL。

（5）getTop(s)　取栈顶元素：若栈 s 不为空，则返回栈顶元素；否则返回空元素 NULL。

（6）setEmpty(s)　置栈空操作：置栈 s 为空栈。

栈是一种特殊的线性表，因此栈既可以采用顺序存储结构存储，也可以采用链式存储结构存储。

❸ 栈的接口实现

对应于栈的抽象数据类型，代码 3.1 给出了完整的 Stack 接口定义。

【代码 3.1　Stack 接口定义】

```
public  interface Stack {
    //返回栈的大小
    public int getSize();
    //判断栈是否为空
    public boolean isEmpty();
    //数据元素 e 入栈
    public void push(Object e);
    //栈顶元素出栈
    public Object pop() throws StackEmptyException;
    //取栈顶元素
    public Object peek() throws StackEmptyException;
}
```

其中涉及的栈的异常类定义见代码 3.2。

【代码 3.2　栈的异常类定义】栈为空时出栈或取栈顶元素抛出此异常。

```
public class StackEmptyException extends RuntimeException{
    public StackEmptyException(String err) {
        super(err);
    }
}
```

二、栈的顺序存储结构

❶ 顺序栈的数组表示

与项目二介绍的顺序存储结构的线性表一样，也可以利用一组地址连续的存储单元依次存放自栈底到栈顶的各个数据元素，这种形式的栈也称为顺序栈。因此，可以使用一维数组作为栈的顺序存储空间。设指针 top 指向栈顶元素的当前位置，以数组下标小的一端作为栈底。通常以 top=0 时为空栈，在元素进栈时指针 top 不断加 1。当 top 等于数组的最大下标值时，表示栈满。

图 3–2 展示了顺序栈中数据元素与栈顶指针的变化。

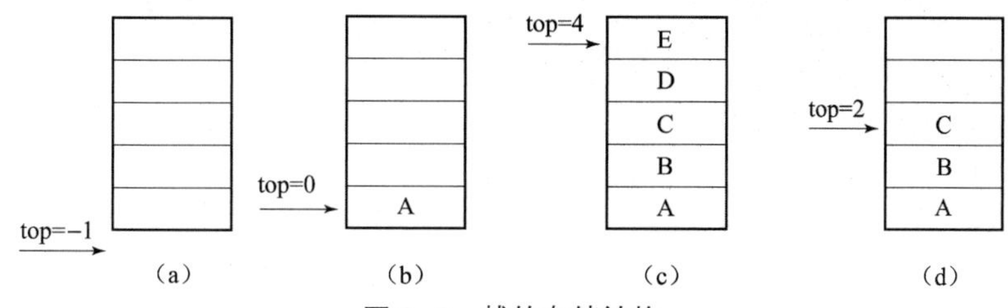

图 3–2　栈的存储结构

(a) 空栈；(b) 插入元素 A 后；(c) 插入元素 B、C、D、E 后；(d) 删除元素 E、D 后

因为 Java 语言中数组的下标是从 0 开始的，所以使用 Java 语言中的一维数组作为栈时，应设栈顶指针 top=–1 时为空栈。

❷ 顺序栈的实现

【代码 3.3　Stack 的顺序存储实现】

```
public class StackArray implements Stack {
    private final int LEN = 8;   //数组的默认大小
    private Object[] elements;   //数据元素数组
    private int top;  //栈顶指针
    public StackArray() {
            top = -1;
            elements = new Object[LEN];
    }
//返回堆栈的大小
    public int getSize() {
            return top+1;
    }
//判断堆栈是否为空
    public boolean isEmpty() {
            return top<0;
    }
//数据元素 e 入栈
    public void push(Object e) {
    if (getSize()>=elements.length) expandSpace();
        elements[++top] = e;
    }
    private void expandSpace(){
        Object[] a = new Object[elements.length*2];
        for (int i=0; i<elements.length; i++)
            a[i] = elements[i];
```

```
            elements = a;
        }


    //栈顶元素出栈
    public Object pop() throws StackEmptyException {
        if (getSize()<1)
            throw new StackEmptyException("错误，堆栈为空。");
                Object obj = elements[top]; elements[top--] = null;
                return obj;
    }
    //取栈顶元素
    public Object peek() throws StackEmptyException {
        if (getSize()<1)
            throw new StackEmptyException("错误，堆栈为空。");
                return elements[top];
            }
    }
```

代码 3.3 说明：以上基于数组实现堆栈代码的正确性不难理解。由于有 top 指针的存在，所以 getSize 和 isEmpty 均可在 $O(1)$时间内完成，而 push、pop 和 peek 除用 getSize 外，都执行常数的基本操作，因此它们的运行时间也是 $O(1)$。

注意，在栈的操作中需判断两种情况：

（1）出栈时，判断栈是否为空。若为空，则称为下溢（underflow）。

（2）入栈时，判断栈是否为满。若为满，则称为上溢（overflow）。

三、栈的链式存储结构

栈也可以采用链式存储结构来表示，采用这种结构的栈简称为链栈。在一个链栈中，栈底就是链表的最后一个结点，而栈顶总是链表的第一个结点。因此，新入栈的元素即为链表新的第一个结点，所以，只要系统还有存储空间，就不会有栈满的情况发生。一个链栈可由栈顶指针 top 唯一确定，当 top 为 NULL 时，表示该栈是一个空栈。图 3–3 所示为链栈中数据元素与栈顶指针 top 的关系。

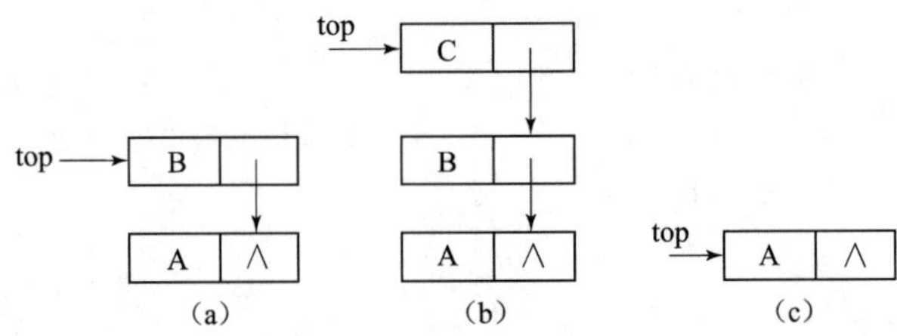

图 3–3　链栈的存储结构图

（a）含有两个元素 A、B 的栈；（b）插入元素 C 后的栈；（c）删除元素 C、B 后的栈

【代码 3.4　Stack 的链式存储实现】

```
public class StackSLinked implements Stack {
    private SLNode top;   //链表首结点引用
    private int size; //栈的大小
    public StackSLinked() {
          top = null;
          size = 0;
       }

//返回堆栈的大小
    public int getSize() {
       return size;
       }
//判断堆栈是否为空
public boolean isEmpty() {
       return size==0;
       }

//数据元素 e 入栈
public void push(Object e) {
    SLNode q = new SLNode(e,top);
    top = q;
    size++;
    }
//栈顶元素出栈
public Object pop() throws StackEmptyException {
    if (size<1)
       throw new StackEmptyException("错误，堆栈为空。");
       Object obj = top.getData();
       top = top.getNext();
       size--;
       return obj;
    }
//取栈顶元素
public Object peek() throws StackEmptyException {
    if (size<1)
       throw new StackEmptyException("错误，堆栈为空。");
       return top.getData();
    }
}
```

与代码 3.3 类似，代码 3.4 的正确性也不难理解。此外，在代码 3.4 中，所有的操作都是在 $O(1)$时间内完成。

任务二　算术表达式求值

表达式求值是程序设计语言编译中一个最基本的问题，它的实现方法是栈的一个典型的应用实例。

在计算机中，任何一个表达式都是由操作数（Operand）、运算符（Operator）和界限符（Delimiter）组成的。其中，操作数可以是常数，也可以是变量或常量的标识符；运算符可以是算术运算符、关系运算符和逻辑符；界限符为左右括号和标识表达式结束的结束符。在本任务中，仅讨论简单算术表达式的求值问题。在这种表达式中，只含加、减、乘、除四则运算，所有运算对象均为一位非负整数，且表达式的结束符为“#”。

算术表达式四则运算的规则如下：

（1）先乘除，后加减。

（2）同级运算时，先左后右。

（3）先括号内，后括号外。

计算机系统在处理表达式前，应首先设置两个栈：

（1）操作数栈（OPRD）：存放处理表达式过程中的操作数。

（2）运算符栈（OPTR）：存放处理表达式过程中的运算符。开始时，在运算符栈中先在栈底压入一个表达式的结束符“#”。

表 3–1 所示为+、–、*、/、（、）和#这些算术运算符间的优先级关系。

表 3–1　运算符间的优先级

OP_1	**OP_2**						
	+	–	*	/	(	)	#
+	>	>	<	<	<	>	>
–	>	>	<	<	<	>	>
*	>	>	>	>	<	>	>
/	>	>	>	>	<	>	>
(	<	<	<	<	<	=	
)	>	>	>	>		>	>
#	<	<	<	<	<		=

在表 3–1 中，OP_1 表示运算符栈栈顶运算符，OP_2 表示读出的运算符，“>”表示运算符栈栈顶运算符的优先级大于读出的运算符，“=”表示优先级相等。

计算机系统在处理表达式时，从左到右依次读出表达式中的各个符号（操作数或运算符），每读出一个符号 ch 后，根据运算规则做如下处理：

（1）假如是操作数，则将其压入操作数栈，并依次读下一个符号。

（2）假如是运算符，则：

① 假如读出的运算符的优先级大于运算符栈栈顶运算符的优先级，则将其压入运算符栈，并依次读下一个符号。

② 假如读出的是表达式结束符#，且运算符栈栈顶的运算符也为“#”，则表达式处理结束，最后的表达式计算结果在操作数栈的栈顶位置。

③ 假如读出的是（，则将其压入运算符栈。

④ 假如读出的是），则：

a. 若运算符栈栈顶不是（，则从操作数栈中连续退出两个操作数，从运算符栈中退出一个运算符，然后做相应的运算，并将运算结果压入操作数栈，再返回），让 ch 继续与运算符栈栈顶元素进行比较。

b. 若运算符栈栈顶为（，则从运算符栈退出（，依次读下一个符号。

⑤ 假如读出的运算符的优先级小于运算符栈栈顶运算符的优先级，则从操作数栈连续退出两个操作数，从运算符栈中退出一个运算符，然后做相应的运算，并将运算结果压入操作数栈。返回（2），这个 ch 继续与运算符栈栈顶元素进行比较。

图 3–4 所示为表达式 5+(6–4/2)*3 的计算过程，最后的结果为 17，置于 OPRD 的栈顶。

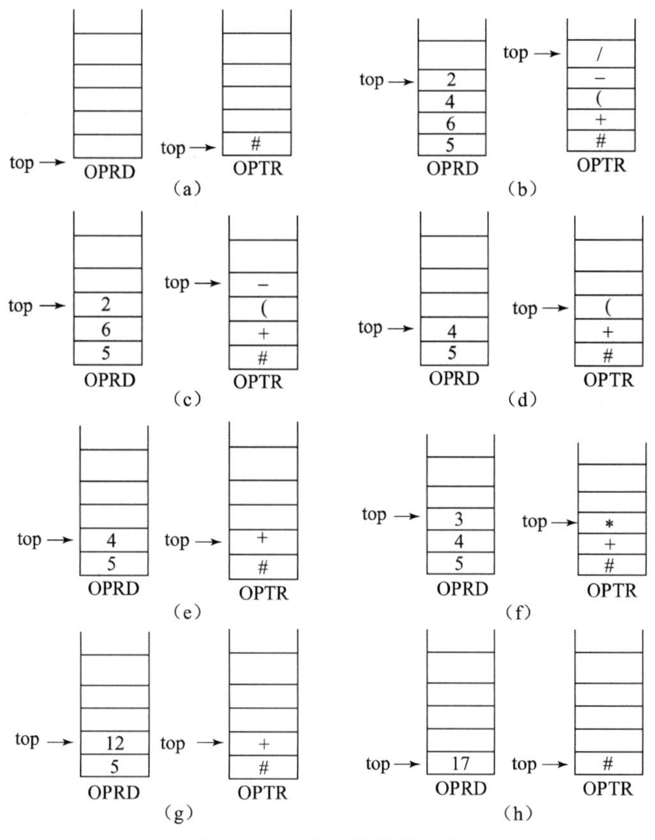

图 3–4　表达式的计算过程

（a）初始状态；（b）读出 5, +, (,6,–,4,/,2；（c）读出), 做运算 T1=4/2=2；（d）做运算 T2=6–2=4；（e）退出(；（f）读出*,3；（g）读#,做运算 T3=4*3=12；（h）重新考虑#，做运算 T4=5+12=17

以上讨论的表达式一般都是运算符在两个操作数中间（除单目运算符外），所以这种表达式被称为中缀表达式。中缀表达式有时必须借助括号才能将运算顺序表达清楚，所以处理起来比较复杂。因此，在编译系统中，对表达式的处理采用的是另外一种方法，即将中缀表达式转变为后缀表达式，然后对后缀表达式进行处理。后缀表达式也称为逆波兰表达式。

前缀表达式（也称为波兰表达式）是由波兰逻辑学家（Lukasiewicz）提出的，其特点是将运算符置于运算对象的前面，如 $a+b$ 表示为$+ab$；后缀表达式则是将运算符置于运算对象的后面，如 $a+b$ 表示为 $ab+$。中缀表达式经过上述处理后，运算时将按从左到右的顺序进行，不需要括号。当中缀表达式转换为后缀表达式时，在计算表达式时，可以设置一个栈，从左到右扫描后缀表达式，每读到一个操作数，就将其压入栈中，每读到一个运算符，就从栈顶取出两个操作数进行运算，并将结果压入栈中，一直到后缀表达式读完。最后栈顶就是计算结果。

例：将中缀表达式 A*(B+C/D)−E*F 分别转换成前缀表达式和后缀表达式。

将中缀表达式转换成前（后）缀表达式的方法是：

① 将中缀表达式根据运算的先后顺序用括号括起来；

② 移动所有的运算符取代所有最近的左（右）括号；

③ 删除所有的右（左）括号。

（1）转换成前缀表达式，过程如下：

A*(B+C/D)−E*F → ((A*(B+(C/D)))−(E*F)) → ((A * (B + (C / D))) − (E*F))

结果为：−*A+B/CD*EF。

（2）转换成后缀表达式，过程如下：

A*(B+C/D)−E*F → ((A*(B+(C/D)))−(E*F)) → ((A * (B + (C / D))) − (E*F))

结果为：ABCD/+*EF*−。

下面的程序可以将中缀表达式变为后缀表达式，且结果为：ABCD/+*EF*−。

【代码 3.5　中缀表达式变为后缀表达式】

```
import java.util.Stack;
public class TestStack {
  private String testString = null;
  private Stack<Character> stack = null;
  public TestStack(String testString) {
       this.testString = testString;
       this.stack = new Stack<Character>();
  }
  private void analysisString() {
   for (int i = 0; i < testString.length(); i++) {
     char c = testString.charAt(i);
     if (c == '+' || c == '-') {
       if (stack.isEmpty() || stack.peek() == '(') {
         stack.push(c);
       } else {
         while (!stack.isEmpty()
              && (stack.peek() == '*' || stack.peek() == '/'
                 || stack.peek() == '+' || stack.peek() == '-')) {
```

```
                System.out.print(stack.pop());
            }
            stack.push(c);
        }
    } else if (c == '*' || c == '/') {
        if (stack.isEmpty() || stack.peek() == '+'
                || stack.peek() == '-' || stack.peek() == '(') {
            stack.push(c);
        } else {
            while (!stack.isEmpty()
                    && (stack.peek() == '/' || stack.peek() == '*')) {
                System.out.print(stack.pop());
            }
            stack.push(c);
        }
    } else if (c == '(') {
        stack.push(c);
    } else if (c == ')') {
        char temp = ' ';
        while ((temp = stack.pop()) != '(') {
            System.out.print(temp);
        }
    } else {
        System.out.print(c);
    }
  }
  if (!stack.isEmpty()) {
    while (!stack.isEmpty()) {
        System.out.print(stack.pop());
    }
  }
}
 public static void main(String[] args) {
  TestStack testStacknew = new TestStack("A*(B+C/D)-E*F");
  testStacknew.analysisString();
}  }
```

任务三 队列

在日常生活中队列很常见，如人们排队购物或购票，排队体现了“先来先服务”（即“先进先出”）的原则。

队列在计算机系统中的应用也非常广泛，例如操作系统中的作业排队。在多道程序运行的计算机系统中，可以有多个作业同时运行，它们的运算结果都需要通过通道输出，若通道尚未完成输出，则后来的作业应排队等待，每当通道完成输出时，就会从队列的队首退出作业，做输出操作，而凡是申请该通道输出的作业，都从队尾进入该队列。

计算机系统中，输入/输出缓冲区的结构也是队列的一种应用。在计算机系统中，经常会遇到两个设备之间的数据传输，不同的设备通常处理数据的速度是不同的。因此，当需要在它们之间连续处理一批数据时，高速设备总是要等待低速设备，这就造成计算机处理效率大大降低。为了解决这一速度不匹配的矛盾，通常会在这两个设备之间设置一个缓冲区。这样高速设备就不必每次都等待低速设备处理完一个数据，而是把要处理的数据依次从一端加入缓冲区，而低速设备从另一端取走要处理的数据。

一、队列的定义及其运算

❶ 队列的定义

队列（queue）是一种只允许在一端进行插入，而在另一端进行删除的线性表，它是一种操作受限的线性表。在表中，只允许进行插入的一端称为队尾（rear），只允许进行删除的一端称为队首（front）。队列的插入操作通常称为入队列或进队列，而队列的删除操作则称为出队列或退队列。当队列中无数据元素时，称为空队列。

根据队列的定义可知，队首元素总是最先进队列，也总是最先出队列；队尾元素总是最后进队列，因而也是最后出队列。这种表是按照先进先出（first in first out，FIFO）的原则来组织数据的，因此，队列也被称为“先进先出”表。

假若队列 q={$a_0, a_1, a_2, \cdots, a_{n-1}$}，进队列的顺序为 $a_0, a_1, a_2, \cdots, a_{n-1}$，则队头元素为 a_0，队尾元素为 a_{n-1}。

图 3–5 所示是一个队列的示意图，通常用指针 front 来指示队头的位置，用指针 rear 来指向队尾。

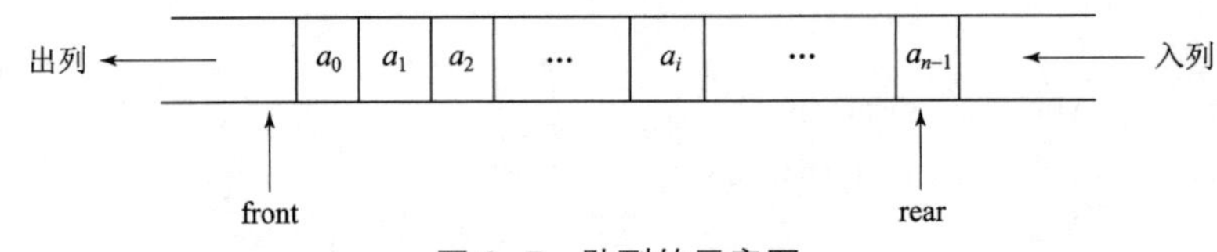

图 3–5　队列的示意图

下面给出队列的抽象数据类型的定义：

ADT Queue{

数据对象：$D=\{a_i \mid a_i \in D_0, i=0,1,2,\cdots,n-1, D_0$ 为某一数据对象$, n \geqslant 1\}$

数据关系：$R=\{<a_i, a_{i+1}> \mid a_i, a_{i+1} \in D, i=0,1,2,\cdots,n-2, n \geqslant 2\}$

基本操作：

} **ADT Queue**

❷ 队列的基本操作

（1）isEmpty(q)　队列是否为空判断：若队列 q 为空，则返回 TRUE；否则返回 FALSE。

（2）enqueue(e)　入队列：在队列 q 的尾部插入元素 e，使元素 e 成为新的队尾。若队列满，则返回 FALSE；否则返回 TRUE。

（3）denqueue()　出队列：若队列 q 不为空，则返回队首元素，并从队首删除该元素，队首指针指向原队首的后继元素；否则返回空元素 NULL。

（4）peek()　取队头元素：若队列 q 不为空，则返回队首元素；否则返回空元素 NULL。

（5）getSize()　求队列长度：返回队列的长度。

队列是一种特殊的线性表，因此队列既可采用顺序存储结构存储，也可以采用链式存储结构存储。

❸ 队列的接口实现

【代码 3.6　Queue 接口定义】

```
public interface Queue {
        //返回队列的大小
        public int getSize();
        //判断队列是否为空
        public boolean isEmpty();

        //数据元素 e 入队
        public void enqueue(Object e);
        //队首元素出队
        public Object dequeue() throws QueueEmptyException;
        //取队首元素
        public Object peek() throws QueueEmptyException;
}
```

【代码 3.7　Queue 接口异常类定义】队列为空时，出队或取队首元素抛出此异常。

```
public class QueueEmptyException extends RuntimeException {

    public QueueEmptyException(String err) {
         super(err);
     }
}
```

二、队列的顺序存储结构

❶ 顺序队列的数组表示

顺序存储的队列简称为顺序队列，也就是利用一组地址连续的存储单元依次存放队列中的各个数据元素。一般情况下，使用一维数组作为队列的顺序存储空间，并设立两个指示器：一个为指向队首元素位置的指示器 front，另一个为指向队尾元素位置的指示器 rear。

在 Java 语言中，数组的下标是从 0 开始的，因此，为了算法设计的方便，在此约定：初始化队列时，令 front=rear= –1，当插入新的数据元素时，尾指示器 rear 加 1；当队首元素出队列时，头指示器 front 加 1。另外，还约定：在非空队列中，头指示器 front 总是指向队列中实际队首元素的前面一个位置，而尾指示器 rear 总是指向队尾元素。

图 3-6 给出了队列中头尾指针的变化状态。

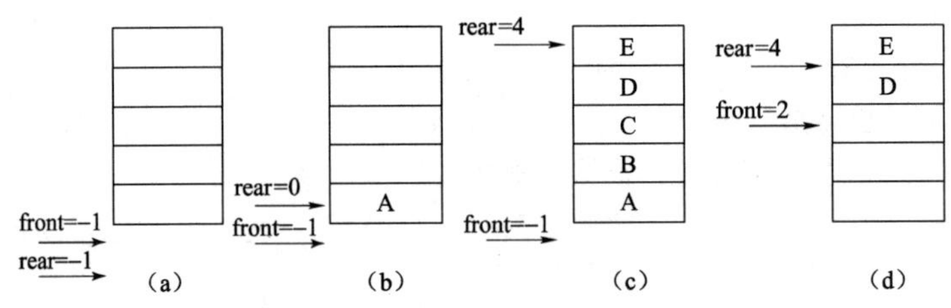

图 3-6　队列中头尾指针的变化状态

（a）空队列；（b）元素 A 入列后；（c）元素 B，C，D，E 入列后；（d）元素 A，B，C 出队列后

❷ 顺序队列的基本运算算法

【代码 3.8　顺序队列的基本运算实现】

```
public class QueueArray implements Queue {
    private static final int CAP = 7;//队列默认大小
    private Object[] elements;  //数据元素数组
    private int capacity;    //数组的大小
    private int front;    //头指针,指向队首
    private int rear; //尾指针,指向队尾的后一个位置
    public QueueArray() {
        this(CAP);
        }
    public QueueArray(int cap){
        capacity = cap + 1;
        elements = new Object[capacity];
        front = rear = 0;
    }

    //返回队列的大小
    public int getSize() {
        return (rear -front+ capacity)%capacity;
    }
    //判断队列是否为空
    public boolean isEmpty() {
        return front==rear;
    }

    //数据元素 e 入队
    public void enqueue(Object e) {
        if (getSize()==capacity-1) expandSpace();
        elements[rear] = e;
```

```
            rear = (rear+1)%capacity;
        }
        private void expandSpace(){
            Object[] a = new Object[elements.length*2];
            int i = front;
            int j = 0;
            while (i!=rear){
            //将从 front 开始到 rear 前一个存储单元的元素复制到新数组
                a[j++] = elements[i];
                i = (i+1)%capacity;
            }
            elements = a;
            capacity = elements.length;
            front = 0; rear = j;    //设置新的队首、队尾指针
        }


        //队首元素出队
        public Object dequeue() throws QueueEmptyException {
            if (isEmpty())
            throw new QueueEmptyException("错误：队列为空"); Object obj =
            elements[front];
            elements[front] = null;
            front = (front+1)%capacity;
            return obj;
        }
        //取队首元素
        public Object peek() throws QueueEmptyException {
            if (isEmpty())
                throw new QueueEmptyException("错误：队列为空");
            return elements[front];
        }
    }
```

说明：在 QueueArray 类中，成员变量 CAP 是用来以默认大小生成队列的，但由于采用的是损失一个存储单元来区分队列空与满两种不同状态的方法，所以实际的数组大小要比队列最大容量大 1。因此，为了使代码简洁，在 QueueArray 类中引入了成员变量 capacity 来表示数组的大小，即 capacity = elements.length。除此之外，各操作的实现也不难理解，并且每个操作实现方法的时间复杂度 $T(n)=O(1)$。

❸ 循环队列

在顺序队列中，当队尾指针已经指向了数组的最后一个位置时，若再有元素入列，就会发生“溢出”。在图 3–6（c）中，队列空间已满，若再有元素入列，则会发生“溢出”；在图 3–6（d）中，虽然队尾指针已经指向最后一个位置，但事实上数组中还有 3 个空位置。也就是说，队列的存储空间并没有满，但队列却发生了“溢出”，因此称这种现象为“假溢出”。解决这个问题有两种可行的方法：

（1）采用平移元素的方法。当发生假溢出时，就把整个队列的元素都平移到存储区的首部，然后再插入新元素。这种方法需移动大量的元素，因而效率很低。

（2）将顺序队列的存储区假想为一个环状的空间，如图 3–7 所示，可假想 q–>queue[0]接在 q–>queue [MAXNUM–1] 的后面。当发生假溢出时，将新元素插入第一个位置，这样虽然物理上队尾在队首之前，但逻辑上队首仍然在队尾之前，入列和出列仍按“先进先出”的原则进行，这就是循环队列。

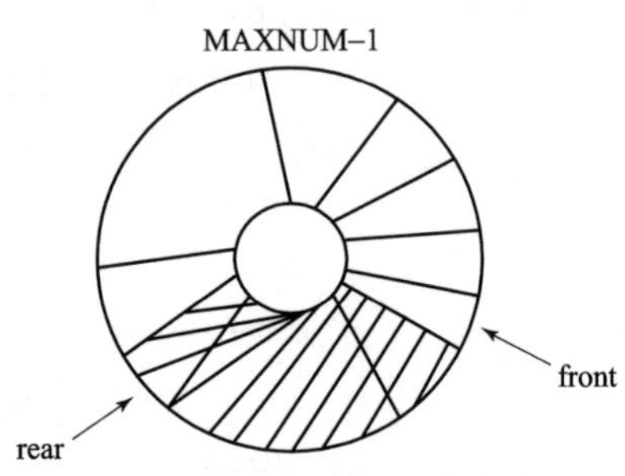

图 3–7　顺序队列的环状存储区

很显然，方法二不需要移动元素，操作效率高，空间的利用率也很高。

在循环队列中，每插入一个新元素，就把尾指针沿顺时针方向移动一个位置，即：

```
q->rear=q->rear+1;
if(q->rear= =MAXNUM) q->rear=0;
```

在循环队列中，每删除一个元素，就把头指针沿顺时针方向移动一个位置，即：

```
q->front=q->front+1;
if(q->front= =MAXNUM) q->front=0;
```

图 3–8 所示为循环队列的 3 种状态。图 3–8（a）所示为队列空，有 q–>front==q–>rear；图 3–8（c）所示为队列满，也有 q–>front==q–>rear。因此，仅凭 q–>front==q–>rear 不能判定循环队列是空还是满。

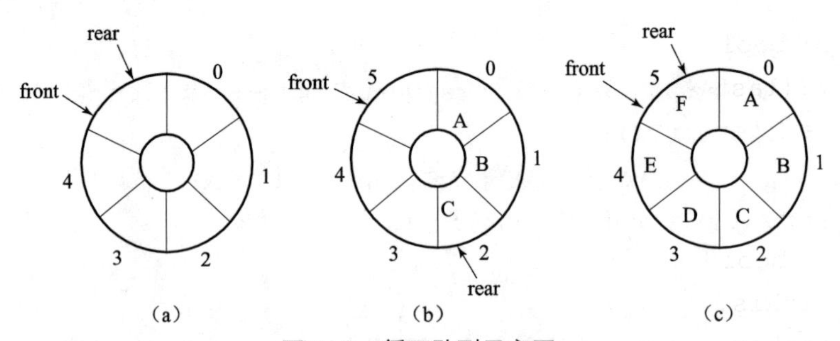

图 3–8　循环队列示意图

（a）队列空；（b）队列非空；（c）队列满

为了区分循环队列是空还是满，可以设定一个标志位 s。当 s=0 时，为队列空；当 s=1 时，为队列非空。

【代码 3.9　顺序队列的实现】

```
class Element{
    int id;
```

```
    String name;
    Element(int a,String n){
        id=a;name=n;
    }
}
class SeqQueue{
    int first,last,maxsize;
    Element queue[];
    SeqQueue(int i){
        maxsize=i;
        first=last=-1;
        queue=new Element[i];
    }
    public void clear(){//置空
        first=last=-1;
    }
    public boolean isEmpty(){//判空
        if(first==-1)return true;
        else return false;
    }
   //取队列头元素
    public Element getFirst(){
        if(first==-1)return null;
        else return queue[first+1];
    }
   //判满
    public boolean isFull(){
        if((last+1)%maxsize==first)return true;
        else return false;
    }
   //入队
    public boolean enQueue(Element e){
        if(this.isFull())return false;
        if(this.isEmpty())
            first=last=0;
        else
            last=(last+1)%maxsize;
        queue[last]=e;
        return true;
    }
   //出队
```

```
    pu blic Element deQueue(){
        Element t=queue[first];
        if(this.isEmpty())return null;
        if(first==last){
            queue[first]=null;
            this.clear();
            return t;
        }
        queue[first]=null;
        first=(first+1)%maxsize;
        return t;
    }
    //队列长度
    public int getLength(){
        if(last>=first)return last-first+1;
        else return maxsize-(first-last)+1;
    }
    //打印所有元素
    public void display(){
        int i,j;
        for (i=first,j=0;j<this.getLength();i=(i+1)%maxsize,j++)
            System.out.println(queue[i].id);
    }
}
```

三、队列的链式存储结构

在 Java 语言中，不可能动态分配一维数组来实现循环队列。因此，如果要使用循环队列，则必须为它分配最大长度的空间。若用户无法预计所需队列的最大空间，则可以采用链式结构来存储队列。

用链表表示的队列简称为链队列。在一个链队列中，需设定两个指针（头指针和尾指针）分别指向队列的头和尾。为了操作的方便，和线性链表一样，也给链队列添加一个头结点，并设定头指针指向头结点。因此，空队列的判定条件即为：头指针和尾指针都指向头结点。

图 3–9（a）所示为一个队列空，图 3–9（b）所示为一个队列非空。

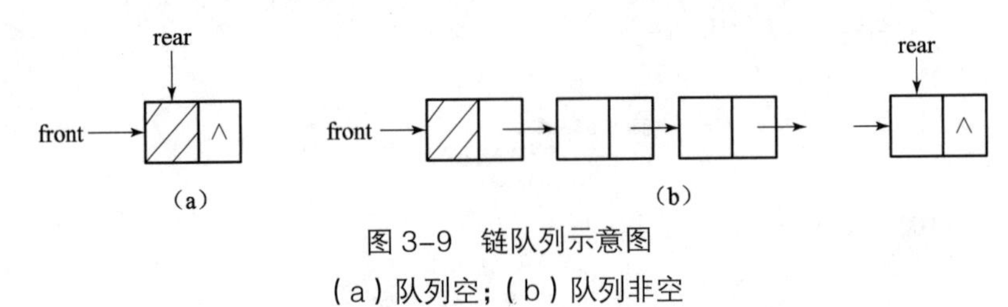

图 3–9　链队列示意图

（a）队列空；（b）队列非空

【代码 3.10　queue 的链式存储实现】

```
public class QueueSLinked implements Queue {
    private SLNode front;
    private SLNode rear;
    private int size;
    public QueueSLinked() {
        front = new SLNode();
        rear = front;
        size = 0;
        }
    //返回队列的大小
    public int getSize() {
        return size;
     }
    //判断队列是否为空
        public boolean isEmpty() {
            return size==0;
    }
//数据元素 e 入队
        public void enqueue(Object e) {
            SLNode p = new SLNode(e,null);
            rear.setNext(p);
            rear = p;
            size++;
}

//队首元素出队
public Object dequeue() throws QueueEmptyException {
            if (size<1)
            throw new QueueEmptyException("错误：队列为空"); SLNode p =
            front.getNext();
            front.setNext(p.getNext());
            size--;
            if (size<1) rear = front;   //如果队列为空,rear 指向头结点
            return p.getData();
}

//取队首元素
public Object peek() throws QueueEmptyException {
            if (size<1)
                throw new QueueEmptyException("错误：队列为空");
```

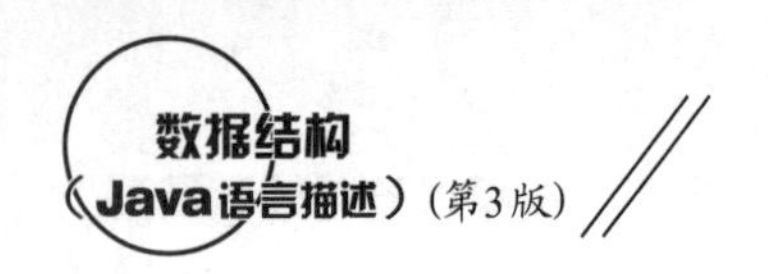


```
            return front.getNext().getData();
        }
    }
```

代码 3.10 的正确性不难理解，并且所有操作实现算法的时间复杂度 $T(n)=O(1)$。

链队列的入队列操作和出队列操作实质上是单链表的插入和删除操作的特殊情况，所以只需要修改尾指针或头指针即可。

四、其他队列

除了栈和队列之外，还有一种限定性数据结构，就是双端队列（double–ended queue）。

双端队列限定插入和删除操作在线性表的两端进行，所以可以将双端队列看成是栈底连在一起的两个栈，但它与两个栈共享存储空间又是不同的。因为共享存储空间的两个栈的栈顶指针是向中间扩展的，因而每个栈只需一个指针；而双端队列只允许在两端进行插入和删除操作，因而每个端点设立一个指针，如图 3–10 所示。

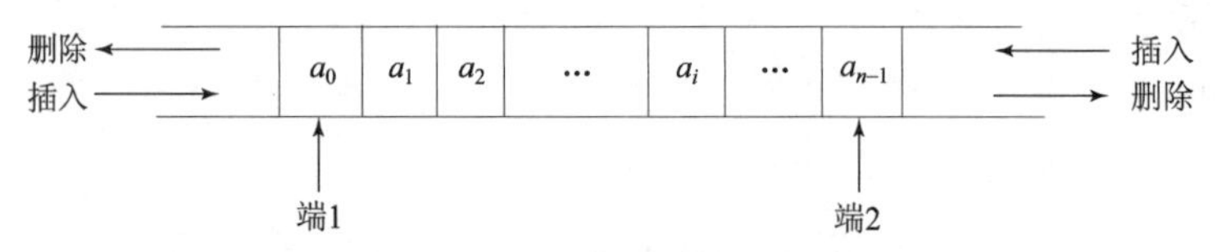

图 3–10　双端队列的示意图

在实际使用中，还有输出受限的双端队列（即一个端点允许插入和删除，另一个端点只允许插入）和输入受限的双端队列（即一个端点允许插入和删除，另一个端点只允许删除）。如果限定双端队列从某个端点插入的元素只能从该端点删除，则双端队列就蜕变为两个栈底相邻接的栈了。

尽管双端队列看起来比栈和队列更灵活，但实际中并不比栈和队列实用，所以双端队列在此不再深入讨论。

实训　栈与队列的应用

【实训一】栈的应用举例（括号匹配）

❶ 实训说明

括号匹配问题也是计算机程序设计中常见的问题。为简化此问题，假设表达式中只允许有两种括号：圆括号和方括号，并且嵌套的顺序是任意的，([]())或[()[()][]]等都为正确的括号格式，而[(])或(([)])等都是不正确的括号格式。检验括号匹配的方法要用到栈。

❷ 程序分析

步骤 1：从括号序列中取出 1 个括号，可分为三种情况：

（1）如果栈为空，则将括号入栈。

（2）如果括号与栈顶的括号匹配，则将栈顶括号出栈。

（3）如果括号与栈顶的括号不匹配，则将括号入栈。

如果括号序列不为空，则重复步骤 1。

步骤 2：如果括号序列为空并且栈为空，则括号匹配，否则不匹配。

❸ 程序源代码

该实例程序的源代码如下：

```
public bool MatchBracket(char[] charlist)
{
    SeqStack<char> s = new SeqStack<char>(50);
    int len = charlist.Length;
    for (int i = 0; i < len; ++i)
    {
        if (s.IsEmpty())
        {
            s.Push(charlist[i]);
        }
        else if(((s.GetTop()=='(')  && (charlist[i]==')')))
                || (s.GetTop()=='['&& charlist[i]==']'))
        {
            s.Pop();
        }
        else
        {
            s.Push(charlist[i]);
        }
    }

    if (s.IsEmpty())
    {
        return true;
    }
    else
    {
        return false;
    }
}
```

【实训二】队列的应用举例（回文判断）

❶ 实训说明

编写程序来判断一个字符串是否是回文。回文是指一个字符序列以中间字符为基准，两边字符完全相同，如字符序列“ACBDEDBCA”是回文。

❷ 程序分析

判断一个字符序列是否是回文，就是把第一个字符与最后一个字符相比较，第二个字符与倒数第二个字符相比较，依此类推，直到第 i 个字符与第 $n-i$ 个字符相比较。如果每次比较都相等，则为回文，否则就不是回文。因此，可以先把字符序列分别入队列和栈，然后再逐个出队列和出栈，并比较出队列的字符和出栈的字符是否相等。若全部相等，则该字符序列就是回文，否则就不是回文。

算法中的队列和栈采用什么存储结构都可以，本例采用循环顺序队列和顺序栈，其他的情况读者可作为习题，见习题三。在本程序中，假设输入的都是英文字符而没有其他字符，对输入其他字符情况的处理，读者可以自行完成。

❸ 程序源代码

该实例程序的源代码如下：

```
public static void Main(String[] args)
{
    SeqStack<char> s = new SeqStack<char>(50);
    CSeqQueue<char> q = new CSeqQueue<char>(50);
    string str = System.in.read();

    for(int i = 0; i < str.Length; ++i)
    {
        s.Push(str[i]);
        q.In(str[i]);
    }
    while(!s.IsEmpty() && !q.IsEmpty())
    {
        if(s.Pop() != q.Out())
        {
            break;
        }
    }
    if(!s.IsEmpty() || !q.IsEmpty())
    {
        System.out.println ("这不是回文! ");
    }
    else
    {
```

```
            System.out.println ("这是回文! ");
        }
    }
```

小　　结

本项目主要介绍了以下一些基本概念：

栈：是一种只允许在一端进行插入和删除的线性表，它是一种操作受限的线性表。在表中，只允许进行插入和删除的一端称为栈顶（top），另一端称为栈底（bottom）。栈顶元素总是最后入栈的，因而最先出栈；栈底元素总是最先入栈的，因而也是最后出栈。因此，栈也被称为“后进先出”的线性表。

栈的顺序存储结构：利用一组地址连续的存储单元依次存放自栈底到栈顶的各个数据元素，称为栈的顺序存储结构。

双向栈：使两个栈共享一维数组 stack[MAXNUM]，利用栈的“栈底位置不变，栈顶位置动态变化”的特性，将两个栈底分别设为 0 和 MAXNUM–1。当元素进栈时，两个栈顶都往中间方向延伸。

栈的链式存储结构：栈的链式存储结构就是用一组任意的存储单元（可以是不连续的）来存储栈中的数据元素，这种结构的栈简称为链栈。在一个链栈中，栈底就是链表的最后一个结点，而栈顶总是链表的第一个结点。

队列：队列（queue）是一种只允许在一端进行插入，而在另一端进行删除的线性表，它是一种操作受限的线性表。在表中，只允许进行插入的一端称为队尾（rear），只允许进行删除的一端称为队首（front）。队头元素总是最先进队列，也总是最先出队列；队尾元素总是最后进队列，因而也是最后出队列。因此，队列也被称为“先进先出”表。

队列的顺序存储结构：利用一组地址连续的存储单元依次存放队列中的各个数据元素，称为队列的顺序存储结构。

队列的链式存储结构：队列的链式存储结构就是用一组任意的存储单元（可以是不连续的）来存储队列中的数据元素，这种结构的队列称为链队列。在一个链队列中，需设定两个指针（头指针和尾指针）分别指向队列的头和尾。

除掌握上述基本概念之外，还应该了解栈的基本操作（初始化、栈的非空判断、入栈、出栈、取栈顶元素和置栈空操作）、栈的顺序存储结构的表示、栈的链式存储结构的表示、队列的基本操作（初始化、队列的非空判断、入队列、出队列、取队头元素、求队列长度）、队列的顺序存储结构的表示、队列的链式存储结构的表示并掌握顺序栈（入栈操作、出栈操作）、链栈（入栈操作、出栈操作）、顺序队列（入队列操作、出队列操作）和链队列（入队列操作、出队列操作）。

习题三

1. 试简述栈和线性表的区别和联系。

2. 何谓栈和队列？试简述两者的区别和联系。

3. 若依次读入数据元素序列$\{a,b,c,d\}$进栈，进栈的过程中允许出栈，试写出各种可能的出栈元素序列。

4. 将下列各算术运算式表示成波兰式和逆波兰式：

$$[A*(B+C)+D]*E-F*G$$
$$A*(B-D)+H/(D+E)-S/N*T$$
$$(A-C)*(B+D)+(E-F)/(G+H)$$

5. 试写出算术运算式 3+4/25*8−6 的操作数栈和运算符栈的变化情况。

6. 若堆栈采用链式存储结构，初始时为空，试画出 a，b，c，d 四个元素依次进栈后的状态，然后再画出此时的栈顶元素出栈后的状态。

7. 试写出函数 Fibonacci 数列的递归算法和非递归算法。

$$F_1=0 \quad (n=1)$$
$$F_2=1 \quad (n=2)$$
$$\vdots$$
$$F_n=F_{n-1}+F_{n-2} \quad (n>2)$$

8. 在一个类型为 staticlist 的一维数组 $\boldsymbol{A}[0,\cdots, m-1]$存储空间，建立两个链接堆栈，其中，前两个单元的 next 域用来存储两个栈顶指针，从第 3 个单元起作为空闲存储单元空间提供给两个栈共同使用。试编写一个算法，把从键盘上输入的 n 个整型数（$n\leqslant m-2, m>2$）按照下列条件进栈：

（1）若输入的数小于 100，则进第一个栈。

（2）若输入的数大于或等于 100，则进第二个栈。

9. 试证明：若借助栈由输入序列 1, 2, 3,⋯, n 得到输出序列 $P_1, P_2, P_3,\cdots, P_n$（它是输入序列的一个排列），则在输出序列中不可能出现这样的情况：存在 $i<j<k$，使得 $P_j<P_k<P_i$。

10. 对于一个具有 m 个单元的循环队列，试写出求队列中元素个数的公式。

11. 试简述设计一个结点值为整数的循环队列的构思，并给出在队列中插入或删除一个结点的算法。

12. 有一个循环队列 $q(n)$，进队和退队指针分别为 r 和 f；有一个有序线性表 $A[M]$，请编写一个把循环队列中的数据逐个出队，并同时插入线性表中的算法。若线性表满，则停止退队，并保证线性表的有序性。

13. 设有一个栈 stack，栈指针 top=n−1，n>0；有一个队列 $Q(m)$，其中进队指针 r。试编写一个从栈 stack 中逐个出栈，并同时将出栈的元素进队的算法。

项目四

串

职业能力目标与学习要求

随着信息化时代的到来，在 Java 语言中，非数值处理问题的应用越来越广泛。如在汇编程序和编译程序中，源程序和目标程序都是作为一种字符串数据进行处理的。而在事务处理系统中，用户的姓名和地址及货物的名称、规格等也是作为字符串数据。

字符串一般简称为串，可以将它看作是一种特殊的线性表，这种线性表中的数据元素的类型总是字符型的，字符串的数据对象约束为字符集。在一般线性表的基本操作中，大多以“单个元素”作为操作对象，而在串中，则是以“串的整体”或串的一部分作为操作对象。因此，一般线性表和串的操作有很大的不同。通过对本项目的学习，读者应能掌握串的基本概念、存储结构和一些基本的串处理操作。

任务一　串的基本概念

一、串的定义

串（或称字符串，String）是由零个或多个字符组成的有限序列。一般记作

$$s=\text{“}c_0c_1c_2\cdots c_{n-1}\text{”}\quad (n\geqslant 0)$$

其中，s 为串名，用双引号括起来的字符序列是串的值；c_i $(0\leqslant i\leqslant n-1)$可以是字母、数字或其他字符；双引号为串值的定界符，不是串的一部分；字符串字符的数目 n 称为串的长度。零个字符的串称为空串，通常以两个相邻的双引号来表示空串（Null String），如 s=“　”，它的长度为零；仅由空格组成的串称为空格串，如 s=“ ␣ ”；若串中含有空格，在计算串长时，空格应计入串的长度中，如 s= “I’m a student”的串长为 13。

注意，在 Java 语言中，用单引号引起来的单个字符与单个字符的串是不同的，如 s1= ‘a’与 s2= “*a*”是不同的，s1 表示字符，而 s2 表示字符串。

二、主串和子串

一个串的任意连续个字符组成的子序列称为该串的子串，包含该子串的串称为主串。一个字符在串序列中的序号称为该字符在串中的位置，子串在主串中的位置是用子串的第一个字符在主串中的位置来表示的。当一个字符在串中多次出现时，则以该字符第一次在主串中出现的位置为该字符在串中的位置。

例如，s1，s2，s3 为如下的三个串：

s1= "I'm a student"

s2= "student"

s3= "teacher"

则它们的长度分别为 13，7，7。串 s2 是 s1 的子串，子串 s2 在 s1 中的位置为 7，但也可以说 s1 是 s2 的主串；串 s3 不是 s1 的子串，且串 s2 和 s3 不相等。

任务二　串的存储结构

对串的存储方式取决于对串所进行的运算。如果在程序设计语言中，串的运算只是作为输入或输出的常量出现，则此时只需存储该串的字符序列，这就是串值的存储。此外，一个字符序列还可以赋给一个串变量，操作运算时，通过串变量名来访问串值。实现串名到串值的访问有两种方式：一种是将串定义为字符型数组，数组名就是串名，串的存储空间分配在编译时完成，程序运行时不能更改，这种方式为串的静态存储结构；另一种是定义字符引用变量、存储串值的首地址，通过字符引用变量名来访问串值，串的存储空间分配是在程序运行时动态分配的，所以这种方式称为串的动态存储结构。

一、串值的存储

串是一种特殊的线性表，因此串的存储结构也有两种表示方法：静态存储采用顺序存储结构，动态存储采用链式存储结构。

❶ 串的静态存储结构

类似于线性表的顺序存储结构，串的顺序存储结构也是用一组地址连续的存储单元来存储串值的字符序列的。但由于一个字符只占 1 个字节，而现在大多数计算机的存储器地址采用的是字编址，即一个字（即一个存储单元）占多个字节，因此顺序存储结构方式有两种：

（1）紧缩格式：即一个字节存储一个字符。这种存储方式可以使一个存储单元中存放多个字符，从而充分地利用了存储空间。但对串进行操作运算时，若要分离某一部分字符，则变得非常麻烦。

图 4–1 所示是以 4 个字节为一个存储单元的存储结构，每个存储单元都可以存放 4 个字符。对于给定的串 s="data ⌴ structure"，串 s 的串值长度为 14，则只需 4 个存储单元。

d	a	t	a
⌴	s	t	r
u	c	t	u
r	e		

图 4–1　串值的紧缩格式存储

（2）非紧缩格式：这种存储方式以一个存储单元为单位，每个存储单元仅存放一个字符。所以这种存储方式的空间利用率较低，如一个存储单元有 4 个字节，则空间利用率仅为 25%。但由于这种存储方式中不需要分离字符，因而程序处理字符的速度快。图 4–2 所示为串值的非紧缩格式存储。

用字符数组存放字符串时，其结构用 Java 语言定义如下：

```
public class StatStr {
//字符数组
private char[] chars;
//字符串长度
private int length;
}
```

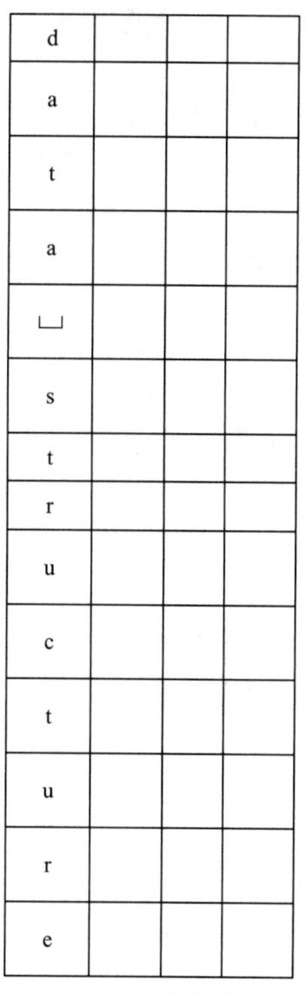

图 4–2　串值的非紧缩格式存储

由上述讨论可知，串的顺序存储结构有两大不足之处：一是需事先预定义串的最大长度，这在程序运行前是很难估计的；二是由于定义了串的最大长度，使串的某些操作受限，如串的连接运算等。

❷ 串的动态存储结构

由于串的各种运算与串的存储结构有着很大的关系，在随机存取子串时，采用顺序存储方式操作起来比较方便，而如果要对串进行插入、删除等操作时，采用顺序存储方式会使操作变得很复杂。这时就要采用串的动态存储方式，也就是链式存储结构。

在串的链式存储结构中，每个结点都包含字符域和结点链接引用域，字符域用于存放字符，结点链接引用域用于存放指向下一个结点的引用，因此串可用单链表来表示。

用单链表存放字符串时，其结构用 Java 语言定义如下：

```
public class LinkChar {
    //字符域
    private char c;
    //结点链接引用域
    private LinkChar next;
}
```

当用单链表存放串时，每个结点仅存储一个字符，如图 4–3 所示。因此，每个结点的指针域所占空间比字符域所占空间要大得多。为了提高存储空间的利用率，可以使每个结点都存放多个字符，这种结构称为块链结构。如图 4–4 所示，每个结点都存放 4 个字符。

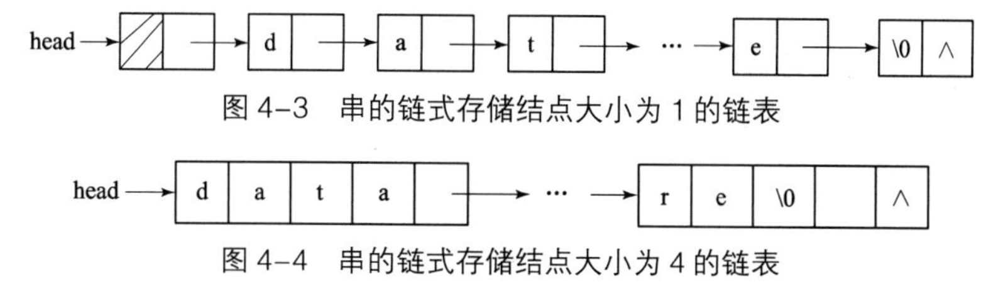

图 4–3　串的链式存储结点大小为 1 的链表

图 4–4　串的链式存储结点大小为 4 的链表

用块链存放字符串时，其结构用 Java 语言定义如下：

```
public class LinkChars {
    private char[] str = new char[4];
    private LinkChars next;
}
```

二、串名的存储映像

串名的存储映像是建立了串名和串值之间对应关系的一个符号表。这个表中的项目可以依据实际需要来设置，以能方便地存取串值为原则。

如：

s1= "data"

s2= "structure"

若一个单元仅存放 1 个字符，则上面两个串的串值顺序存储如图 4–5 所示。

地址	800			803	804								812					
串值	d	a	t	a	s	t	r	u	c	t	u	r	e					

图 4–5　串 s1 和 s2 的存储状态

若符号表中每行都包含串名、串值的始地址和尾地址，如图 4–6（a）所示；也可以不设尾地址，而设置串名、串值的始地址和串的长度值，如图 4–6（b）所示。

串名	始地址	尾地址
s1	800	803
s2	804	812

（a）

串名	始地址	串长
s1	800	4
s2	804	9

（b）

图 4–6　符号表示方式

（a）符号表示方式一；（b）符号表示方式二

对于链式存储串值的方式，如果要建立串变量的符号表，则存入一个链表的表头指针即可。

任务三　串的基本运算及其实现

串的基本运算包括求串长、求子串、特定字符替换和求子串在主串中出现的位置等。

一、串的基本运算

（1）public int length()

返回此字符串的长度。

（2）public char charAt(int index)

返回指定索引处的 char 值。索引范围为从 0 到 length() – 1。序列的第一个 char 值位于索引 0 处，第二个 char 值位于索引 1 处，依此类推，这类似于数组索引。

（3）public int indexOf(String str)

返回指定子字符串在此字符串中第一次出现处的索引。如果字符串参数作为一个子字符串在此对象中出现，则返回第一个这种子字符串的第一个字符的索引；如果字符串参数不作为一个子字符串出现，则返回 –1。

（4）public String replace(char oldChar, char newChar)

返回一个新的字符串。它是通过用字符变量 newChar 替换此字符串中出现的所有字符变量 oldChar 而得到的。

（5）public String substring(int beginIndex, int endIndex)

返回一个新字符串，它是此字符串的一个子字符串。该子字符串从指定的 beginIndex 处开始，直到索引 endIndex – 1 处的字符。因此，该子字符串的长度为 endIndex–beginIndex。

二、串的基本运算的实现

在本小节中，将讨论分别在静态存储结构方式和动态存储结构方式下，串值运算是如何实现的。

串的存储可以是静态的，也可以是动态的。静态存储在程序编译时就分配了存储空间，而动态存储只能在程序执行时才分配存储空间。但不论在哪种存储方式下，都能实现串的基本运算。本节主要讨论求字符串长度与子串运算在两种存储方式下的实现方法。

❶ 在静态存储结构方式下求字符串长度与子串

按照面向对象程序设计思想的封装特性，定义一个 StatStr 类，将字符串相关的属性和方法封装于其中。StatStr 字符串的长度就是其字符数组的长度，这个可以在实例化 StatStr 对象时设置。求子串则是先得到子串的长度，以此长度构建一个字符数组，然后将父串中指定开始位置到结束位置的字符依次放到新建的字符数组中，最后以此字符数组为参数实例化一个新的 StatStr 对象返回。在 StatStr 类中，还提供了一个静态方法 read( )，用于读取用户输入的字符串，返回字符数组，从而构建 StatStr 对象。StatStr 类定义实现代码如下：

```
public class StatStr {
   //字符数组
   private char[] chars;
   //字符串长度
   private int length;
   //带字符数组参数的构造方法
   public StatStr(char[] chars) {
       this.chars = chars;
       this.length = chars.length;
   }
   /*返回一个新字符串，它是此字符串的一个子字符串。
    * 该子字符串从指定的 beginIndex 处开始，
    * 直到索引 endIndex-1 处的字符。*/
   public StatStr substring(int beginIndex, int endIndex){
       // 子字符串的长度
       int len = endIndex-beginIndex;
       /*beginIndex 不能小于 0，endIndex 不能大于 length-1，
       子字符串的长度要大于 0*/
```

```
        if(beginIndex<0||endIndex>length-1||len<=0){
            System.out.println("substring方法参数输入错误！");
            return null;
        }
        char[] cs = new char[len];
        int j=0;
        for(int i = beginIndex;i<endIndex;i++){
            cs[j]=chars[i];
            j++;
        }
        StatStr str = new StatStr(cs);
        return str;
    }
    //返回字符串长度
    public int length(){
        return length;
    }
//读取用户输入的字符串，返回字符数组
    public static char[] read(){
        int maxsize=20;
        byte[] bs = new byte[maxsize];
        System.out.println("请输入字符串");
        try {
            System.in.read(bs);
        } catch (IOException e) {
            e.printStackTrace();
        }
        char[] cs = new char[maxsize];
        int len=0;
        for(int i=0;i< maxsize;i++){
            byte b = bs[i];
            //如果字符为回车符，则表示字符输入结束
            if(b==13)
                break;
            cs[i]=(char)b;
            len = i+1;
        }
        char[] chars = new char[len];
        for(int i=0;i<len;i++){
```

```
            chars[i] = cs[i];
        }
        return chars;
    }
}
```

❷ 在动态存储结构方式下求子串

在动态存储结构方式下，假设链表中每个结点仅存放一个字符，则单链表结点类 LinkChar 定义如下：

```
public class LinkChar {
    //字符域
    private char c;
    //结点链接引用域
    private LinkChar next;
    public char getC() {
        return c;
    }
    public void setC(char c) {
        this.c = c;
    }
    public LinkChar getNext() {
        return next;
    }
    public void setNext(LinkChar next) {
        this.next = next;
    }
}
```

将动态存储结构字符串的相关属性和方法封装到 LinkStr 类中，其定义和实现的代码如下：

```
public class LinkStr {
    // 头结点
    private LinkChar hc;
    // 字符串长度
    private int length;
    //带字符数组参数的构造方法
    public LinkStr(char[] chars) {
        hc = new LinkChar();
        LinkChar q = hc;
        for (int i = 0; i < chars.length; i++) {
            LinkChar p = new LinkChar();
            p.setC(chars[i]);
            q.setNext(p);
```

```
            q = p;
        }
        // 设置最后一个字符结点的引用域为空
        q.setNext(null);
        // 设置字符串长度
        this.length = chars.length;
    }

    /**返回一个新字符串，它是此字符串的一个子字符串。
     * 该子字符串从指定的 beginIndex 处开始，
     * 直到索引 endIndex - 1 处的字符。*/
    public LinkStr substring(int beginIndex, int endIndex) {
        int len = endIndex - beginIndex;
        if(beginIndex<0||endIndex>length-1||len<=0){
            System.out.println("substring 方法参数输入错误！");
            return null;
        }
        char[] chars = new char[len];
        LinkChar p = hc.getNext();
        //找到 beginIndex 位置的字符
        for (int i = 0; i < beginIndex; i++) {
            p = p.getNext();
        }
        /*将从指定的 beginIndex 处到索引 endIndex-1 处的字符
         依次放到新建字符串数组 chars 中*/
        for (int i = 0; i < len; i++) {
            chars[i] = p.getC();
            p = p.getNext();
        }
        LinkStr str = new LinkStr(chars);
        return str;
    }
    // 返回字符串长度
    public int length(){
        return length;
    }
}
```

在上述算法中，每个结点只存放了一个字符，所以字符串的存储空间浪费很大，因此可以使用块链结构来存储串。在块链结构中求子串的算法思想和上述单链表的求子串的算法相似，有兴趣的读者可自行设计。

实训　文件编辑系统

❶ 实训说明

文本编辑是串的一个很典型的应用，它被广泛应用于各种源程序的输入和修改中，也被应用于信函、报刊、公文和书籍的输入、修改和排版中。文本编辑的实质就是修改字符数据的形式或格式。在各种文本编辑程序中，它们把用户输入的所有文本都作为一个字符串。尽管各种文本编辑程序的功能可能有强有弱，但是它们的基本操作都是一致的，一般都包括串的输入、查找、修改、删除和输出等。

❷ 程序分析

（1）插入一行时，首先在文本末尾的空闲工作区写入该行的串值，然后在行表中建立该行的信息，插入后必须保证行表中行号是从小到大的。

（2）删除一行时，则只要在行表中删除该行的行号，后面的行号向前平移即可。若删除的行是页的起始行，则还要修改相应页的起始行号（改为下一行）。

（3）修改文本时，会在文本编辑程序中设立页引用、行引用和字符引用，来分别指示当前操作的页、行和字符。若在当前行内插入或删除若干字符，则只要修改行表中当前行的长度即可。如果该行的长度超出了分配给它的存储空间，则应为该行重新分配存储空间，同时还要修改该行的起始位置。

❸ 程序源代码

```
import java.io.*;
public class ReadWriteFile {
  public static BufferedReader bufread;
  //指定文件路径和名称
  private static String path = "D:/suncity.txt";
  private static File filename = new File(path);
  private static String readStr ="";
public static void creatTxtFile() throws IOException{
    if (!filename.exists()) {
      filename.createNewFile();
      System.err.println(filename + "已创建!");
    }
  }

  public static String readTxtFile(){
    String read;
    FileReader fileread;
    try {
      fileread = new FileReader(filename);
```

```
        bufread = new BufferedReader(fileread);
        try {
          while ((read = bufread.readLine()) != null) {
            readStr = readStr + read+ "\r\n";
          }
        } catch (IOException e) {
          // TODO Auto-generated catch block
          e.printStackTrace();
        }
      } catch (FileNotFoundException e) {
        // TODO Auto-generated catch block
        e.printStackTrace();
      }
    System.out.println("文件内容是:"+ "\r\n" + readStr);
      return readStr;
    }

    public static void writeTxtFile(String newStr) throws IOException{
      //先读取原有文件内容，然后再进行写入操作
      String filein = newStr + "\r\n" + readStr + "\r\n";
      RandomAccessFile mm = null;
      try {
        mm = new RandomAccessFile(filename, "rw");
        mm.writeBytes(filein);
      } catch (IOException e1) {
        // TODO 自动生成 catch 块
        e1.printStackTrace();
      } finally {
        if (mm != null) {
          try {
            mm.close();
          } catch (IOException e2) {
            // TODO 自动生成 catch 块
            e2.printStackTrace();
          }
        }
      }
    }
      public static void replaceTxtByStr(String oldStr,String replaceStr){
      String temp = "";
      try {
```

```
        File file = new File(path);
        FileInputStream fis = new FileInputStream(file);
        InputStreamReader isr = new InputStreamReader(fis);
        BufferedReader br = new BufferedReader(isr);
        StringBuffer buf = new StringBuffer();

        // 保存该行前面的内容
        for (int j = 1; (temp = br.readLine()) != null
            && !temp.equals(oldStr); j++) {
          buf = buf.append(temp);
          buf = buf.append(System.getProperty("line.separator"));
        }

        // 将内容插入
        buf = buf.append(replaceStr);

        // 保存该行后面的内容
        while ((temp = br.readLine()) != null) {
          buf = buf.append(System.getProperty("line.separator"));
          buf = buf.append(temp);
        }

        br.close();
        FileOutputStream fos = new FileOutputStream(file);
        PrintWriter pw = new PrintWriter(fos);
        pw.write(buf.toString().toCharArray());
        pw.flush();
        pw.close();
      } catch (IOException e) {
        e.printStackTrace();
      }
    }
    public static void replaceTxtFile()
    {
    String read;
    String read2;
    try{
     FileReader fileread = new FileReader(filename);
     bufread = new BufferedReader(fileread);
     FileWriter newFile =new FileWriter(filename);
     BufferedWriter bw = new BufferedWriter(newFile);
```

```
            while ((read = bufread.readLine()) != null)
            {
            read2=read.replace("1.1.1.1","2.2.2.2");

            System.out.println(read2);
            bw.write(read2);
            bw.newLine();
            bw.flush();
            }
            }
            catch (Exception e) {
                e.printStackTrace();
              }
           }

          public static void main(String[] s) throws IOException {
            ReadWriteFile.creatTxtFile();
            ReadWriteFile.readTxtFile();
            ReadWriteFile.writeTxtFile("20080808:12:13");
            ReadWriteFile.replaceTxtByStr("ken", "zhang");
            ReadWriteFile.replaceTxtFile();
           }
        }
```

小　　结

本项目主要介绍了以下一些基本概念:

串：串（或称字符串，String）是由零个或多个字符组成的有限序列。

主串和子串：一个串的任意连续个字符组成的子序列称为该串的子串，包含该子串的串称为主串。

串的静态存储结构：类似于线性表的顺序存储结构，用一组地址连续的存储单元来存储串值字符序列的存储方式称为串的顺序存储结构。

串的链式存储结构：类似于线性表的链式存储结构，采用链表方式来存储串值字符序列的存储方式称为串的链式存储结构。

除要求掌握上述基本概念外，还应该了解串的基本运算、串的静态存储结构的表示和串的动态存储结构的表示，并能在各种存储结构方式中求字符串的长度及实现串的基本运算。

习题四

1. 试简述空串与空格串、串变量与串常量、主串与子串、串名与串值的区别。
2. 两个字符串相等的充分条件是什么?

3. 串有哪几种存储结构?

4. 已知两个串：s1= “fg cdb cabcadr”，s2= “abc”，试求这两个串的长度，判断串 s2 是否是串 s1 的子串，并指出串 s2 在串 s1 中的位置。

5. 已知：s1= “I'm a student”，s2= “student”，s3= “teacher”，试求下列各运算的结果：

（1）s1.indexOf(s2)；

（2）s1.indexOf(s3)；

（3）s2.charat(3)；

（4）s3.substring(2,5)。

6. 试给本项目中定义的动态存储结构字符串类 LinkStr 添加一个 print()方法，并打印出该字符串。

7. 试设计一个类，来测试使用本项目中定义的 StatStr 类求字符串长度和求子串的方法是否正确。

项目五

多维数组和广义表

职业能力目标与学习要求

本项目主要介绍多维数组的概念及其在计算机中的存储表示、特殊矩阵的压缩存储及相应的运算、广义表的概念和存储结构及其相关运算的实现。通过对本项目的学习，要求掌握的内容主要有：多维数组的定义及在计算机中的存储表示；对称矩阵、三角矩阵、对角矩阵等特殊矩阵在计算机中的压缩存储表示及地址计算公式；稀疏矩阵的三元组表示及转置算法实现；稀疏矩阵的十字链表表示及相加算法实现；广义表存储结构表示及基本运算。

任务一　多维数组

一、多维数组的概念

数组是常见一种数据类型，几乎所有的高级程序设计语言中都设定了数组类型。这里仅简单地讨论数组的逻辑结构及其在计算机内的存储方式。

❶ 一维数组

一维数组可以看成是一个线性表或一个向量，它在计算机内存放在一块连续的存储单元中，适合随机查找，这在项目二的线性表的顺序存储结构中已经介绍。

❷ 二维数组

二维数组可以看成是向量的推广。例如，设 $\boldsymbol{A}$ 是一个有 m 行 n 列的二维数组，则 $\boldsymbol{A}$ 可以表示为：

$$\boldsymbol{A}=\begin{bmatrix} a_{00} & a_{01} & \cdots & a_{0n-1} \\ a_{10} & a_{11} & \cdots & a_{1n-1} \\ \vdots & \vdots & & \vdots \\ a_{(m-1)\,0} & a_{(m-1)\,1} & \cdots & a_{(m-1)\,n-1} \end{bmatrix}$$

在此，可以将二维数组 $\boldsymbol{A}$ 看成是由 m 个行向量$[\boldsymbol{x}_0, \boldsymbol{x}_1,\cdots, \boldsymbol{x}_{m-1}]^{\mathrm{T}}$组成的，其中，$\boldsymbol{x}_i=(a_{i0}, a_{i1},\cdots, a_{(in-1)})$，$0\leqslant i\leqslant m-1$；也可以将二维数组 $\boldsymbol{A}$ 看成是由 n 个列向量［$\boldsymbol{y}_0, \boldsymbol{y}_1,\cdots, \boldsymbol{y}_{n-1}$］组成的，其中 $\boldsymbol{y}_i=(a_{0i}, a_{1i},\cdots, a_{(m-1)i})$，$0\leqslant i\leqslant n-1$。由此可知，二维数组中的每一个元素最多可有两个直接前驱和两个直接后继（边界除外），所以二维数组是一种典型的非线性结构。

❸ 多维数组

同理，三维数组的元素最多可有三个直接前驱和三个直接后继，三维以上的数组也可以做类似的分析。因此，可以把三维以上的数组称为多维数组，多维数组的元素可以有多个直接前驱和多个直接后继，所以多维数组是一种非线性结构。

二、多维数组在计算机内的存放

由于计算机内存结构是一维的（线性的），因此，用一维内存存放多维数组时，必须按某种次序将数组元素排成一个线性序列，然后将这个线性序列按顺序存放在存储器中，具体的实现方法将在任务二中介绍。

任务二　多维数组的存储结构

由于数组一般不做插入或删除操作，也就是说，一旦建立了数组，则结构中的数组元素个数和元素之间的关系就不再发生变动，即它们的逻辑结构就固定下来而不再发生变化了。因此，采用顺序存储结构来表示数组是顺理成章的事了。在本任务中，仅重点讨论二维数组的存储，而三维及三维以上的数组则可以做类似的分析。

多维数组的顺序存储有两种形式：行优先顺序和列优先顺序。

一、行优先顺序

❶ 存放规则

行优先顺序也称为低下标优先或左边下标优先于右边下标。具体实现时，应按行号从小到大的顺序，先将第一行中的元素全部存放好，再存放第二行元素、第三行元素……例如，对于前面提到的 $\boldsymbol{A}_{m\times n}$ 二维数组，可按如下形式存放到内存中：$a_{00}, a_{01},\cdots, a_{0n-1}, a_{10}, a_{11},\cdots, a_{1\,n-1},\cdots, a_{m-1\,0}, a_{m-1\,1},\cdots, a_{m-1\,n-1}$，即二维数组按行优先顺序存放到内存后，也变成一个线性序列（线性表）。

因此，可以得出多维数组按行优先顺序存放到内存中的规律：最左边下标变化最慢，最右边下标变化最快；右边下标变化一遍，与之相邻的左边下标才变化一次。因此，在算法中，最左边下标可以看成是外循环，最右边下标可以看成是最内循环。

❷ 地址计算

由于多维数组在内存中排列成一个线性序列，那么，若知道第一个元素的内存地址，如何求得其他元素的内存地址？可以将它们的地址看成是一个等差数列，假设每个元素占 1 个字节，元素 a_{ij} 的存储地址应为第一个元素的地址加上排在 a_{ij} 前面的元素所占用的单元数，a_{ij} 的前面有 i 行（$0\sim i-1$）共 $i\times n$ 个元素，而本行前面又有 j 个元素，所以 a_{ij} 的前面一共有 $i\times n+j$ 个元素。设 a_{00} 的内存地址为 $\mathrm{LOC}(a_{00})$，则 a_{ij} 的内存地址按等差数列可计算为 $\mathrm{LOC}(a_{ij})=\mathrm{LOC}(a_{00})+(i\times n+j)\times 1$。同理，三维数组 $\boldsymbol{A}_{m\times n\times p}$ 按行优先顺序存放的地址计算公式为：$\mathrm{LOC}(a_{ijk})=\mathrm{LOC}(a_{000})+(i\times n\times p+j\times p+k)\times 1$。

二、列优先顺序

❶ 存放规则

列优先顺序也称为高下标优先或右边下标优先于左边下标。具体实现时，应按列号从小到人的顺序，先将第一列中的元素全部存放好，再存放第二列元素、第三列元素……例如，对于前面提到的 $A_{m\times n}$ 二维数组，可以按如下形式存放到内存：$a_{00}, a_{10},\cdots, a_{m-10}, a_{01}, a_{11},\cdots, a_{m-1\,1},\cdots, a_{0\,n-1}, a_{1\,n-1},\cdots, a_{m-1\,n-1}$，即二维数组按列优先顺序存放到内存后，也变成一个线性序列（线性表）。

因此，可以得出多维数组按列优先顺序存放到内存中的规律：最右边下标变化最慢，最左边下标变化最快；左边下标变化一遍，与之相邻的右边下标才变化一次。因此，在算法中，最右边下标可以看成是外循环，最左边下标可以看成是最内循环。

❷ 地址计算

与行优先顺序存放类似，若知道第一个元素的内存地址，则同样可以求得按列优先顺序存放的某一元素 a_{ij} 的地址。

对于二维数组，有 $\mathrm{LOC}(a_{ij})=\mathrm{LOC}(a_{00})+(j\times m+i)\times l$；

对于三维数组，有 $\mathrm{LOC}(a_{ijk})=\mathrm{LOC}(a_{000})+(k\times m\times n+j\times m+i)\times l$。

任务三　特殊矩阵及其压缩存储

矩阵是一个二维数组，它是很多科学与工程计算问题中研究的数学对象。矩阵可以按行优先或列优先顺序存放到内存中，但是当矩阵的阶数很大时，将会占用较多的存储单元。而当矩阵里面的元素分布呈现某种规律时，可以从节约存储单元的角度出发，考虑使若干元素共用一个存储单元，即进行压缩存储。所谓压缩存储，是指为多个值相同的元素只分配一个存储空间，而值为零的元素不分配存储空间，从而节约了存储单元。但在压缩后怎样找到某元素呢？这就必须给出压缩前的下标和压缩后的下标之间的变换公式，只有这样才能使压缩存储变得有意义。

一、特殊矩阵

❶ 对称矩阵

若一个 n 阶矩阵 $\boldsymbol{A}$ 中的元素满足下列条件：

$$a_{ij}=a_{ji}$$

其中，$0\leqslant i$，$j\leqslant n-1$，则称 $\boldsymbol{A}$ 为对称矩阵。

例如，图 5–1 所示是一个 3×3 的对称矩阵。

$$\boldsymbol{A}=\begin{bmatrix}1&2&3\\2&5&4\\3&4&6\end{bmatrix}$$

图 5–1　对称矩阵

❷ 三角矩阵

1）上三角矩阵

即矩阵的上三角部分的元素是随机的，而下三角部分的元素全部相同（为某常数 c）或全为 0。具体形式如图 5–2（a）所示。

2）下三角矩阵

即矩阵的下三角部分的元素是随机的，而上三角部分的元素全部相同（为某常数 c）或全为 0。具体形式如图 5–2（b）所示。

$$\begin{bmatrix} a_{00} & a_{01} & \cdots & a_{0n-1} \\ c & a_{11} & \cdots & a_{1n-1} \\ \vdots & \vdots & & \vdots \\ c & c & c & a_{n-1n-1} \end{bmatrix} \qquad \begin{bmatrix} a_{00} & c & \cdots & c \\ a_{10} & a_{11} & \cdots & c \\ \vdots & \vdots & & \vdots \\ a_{n-10} & a_{n-11} & \cdots & a_{n-1n-1} \end{bmatrix}$$

（a）　　　　　　　　（b）

图 5–2　三角矩阵

（a）上三角矩阵；（b）下三角矩阵

❸ 对角矩阵

若矩阵中的所有非零元素都集中在以主对角线为中心的带状区域中，区域外的值全为 0，则称此矩阵为对角矩阵。常见的对角矩阵有三对角矩阵、五对角矩阵和七对角矩阵等。

例如，图 5–3 所示为一个 7×7 的三对角矩阵（即有三条对角线上的元素为非 0）。

$$\begin{bmatrix} a_{00} & a_{01} & 0 & 0 & 0 & 0 & 0 \\ a_{10} & a_{11} & a_{12} & 0 & 0 & 0 & 0 \\ 0 & a_{21} & a_{22} & a_{23} & 0 & 0 & 0 \\ 0 & 0 & a_{32} & a_{33} & a_{34} & 0 & 0 \\ 0 & 0 & 0 & a_{43} & a_{44} & a_{45} & 0 \\ 0 & 0 & 0 & 0 & a_{54} & a_{55} & a_{56} \\ 0 & 0 & 0 & 0 & 0 & a_{65} & a_{66} \end{bmatrix}$$

图 5–3　7×7 的三对角矩阵

二、压缩存储

❶ 对称矩阵

若矩阵 $\boldsymbol{A}_{n\times n}$ 是对称的，则对称的两个元素可以共用一个存储单元，这样，原来的 n 阶方阵便需要 n^2 个存储单元。若采用压缩存储，则仅需 $n(n+1)/2$ 个存储单元，大约节约一半存储单元，这就是实现压缩存储的好处。但是，将 n 阶对称方阵存放到一个向量空间 $\boldsymbol{s}[0]$到 $\boldsymbol{s}\left[\frac{n(n+1)}{2}-1\right]$ 中，怎样找到 $\boldsymbol{s}[k]$与 $a[i][j]$的一一对应关系，从而能在 $\boldsymbol{s}[k]$中直接找到 $a[i][j]$呢?

仅以行优先顺序存放分两种方式讨论：

1）只存放下三角部分

由于对称矩阵关于主对角线对称，所以只需存放主对角线及主对角线以下的元素。这时，$a[0][0]$存入 $\boldsymbol{s}[0]$，$a[1][0]$存入 $\boldsymbol{s}[1]$，$a[1][1]$存入 $\boldsymbol{s}[2]$，……，具体如图 5–4 所示。这时，$\boldsymbol{s}[k]$与 $a[i][j]$的对应关系为：

$$k=\begin{cases} i(i+1)/2+j, & i\geqslant j \\ j(j+1)/2+i, & i<j \end{cases}$$

当 $i\geqslant j$ 时，a_{ij} 在下三角部分中，a_{ij} 前面有 i 行，共有 $1+2+3+\cdots+i$ 个元素，而 a_{ij} 是第 i 行的第 j 个元素，即有 $k=1+2+3+\cdots+i+j=i(i+1)/2+j$；当 $i<j$ 时，a_{ij} 在上三角部分中，但与 a_{ji} 对称，所以只需在下三角部分中找 a_{ji} 即可，即 $k=j(j+1)/2+i$。

$$\begin{bmatrix} a_{00} & & & & \\ a_{10} & a_{11} & & & \\ a_{20} & a_{21} & a_{22} & & \\ \vdots & \vdots & \vdots & \ddots & \\ a_{n-1\,0} & a_{n-1\,1} & a_{n-1\,2} & \cdots & a_{n-1\,n-1} \end{bmatrix}$$

（a）

0	1	2	3	4	5	6	7	…	$\frac{n(n+1)}{2}-3$	$\frac{n(n+1)}{2}-2$	$\frac{n(n+1)}{2}-1$
a_{00}	a_{10}	a_{11}	a_{20}	a_{21}	a_{22}	a_{30}	a_{31}	…	$a_{n-1\,n-3}$	$a_{n-1\,n-2}$	$a_{n-1\,n-1}$

（b）

图 5–4　对称矩阵及用下三角形式压缩存储
（a）下三角矩阵；（b）下三角矩阵的压缩存储形式

2）只存放上三角部分

对于对称矩阵，除了可以用下三角形式存放外，还可以用上三角形式存放，这时 $a[0][0]$存入 $\mathbf{s}[0]$，$a[0][1]$存入 $\mathbf{s}[1]$，$a[0][2]$存入 $\mathbf{s}[2]$，……，具体如图 5–5 所示。这时，$\mathbf{s}[k]$与 $a[i][j]$的对应关系可以按下面方法推出：

当 $i\leqslant j$ 时，a_{ij} 在上三角部分中，a_{ij} 前面有 i 行，共有 $n+n-1+\cdots+n-(i-1)=i\cdot n-\frac{i(i-1)}{2}$ 个元素，而 a_{ij} 是第 i 行第 $j-i$ 个元素，所以 $k=i\cdot n-\frac{i(i-1)}{2}+j-i$；当 $i>j$ 时，只需交换 i 与 j 即可计算出 $k=j\cdot n-\frac{j(j-1)}{2}+i-j$。所以 $\mathbf{s}[k]$与 $a[i][j]$的对应关系为：

$$k=\begin{cases} i\cdot n-\dfrac{i(i-1)}{2}+j-i, & i\leqslant j \\ j\cdot n-\dfrac{j(j-1)}{2}+i-j, & i>j \end{cases}$$

$$\begin{bmatrix} a_{00} & a_{01} & a_{02} & \cdots & a_{0\,n-1} \\ & a_{11} & a_{12} & \cdots & a_{1\,n-1} \\ & & a_{22} & \cdots & a_{2\,n-1} \\ & & & \ddots & \vdots \\ & & & & a_{n-1\,n-1} \end{bmatrix}$$

（a）

0	1	2	3	4	5	6	7	…	$\frac{n(n+1)}{2}-3$	$\frac{n(n+1)}{2}-2$	$\frac{n(n+1)}{2}-1$
a_{00}	a_{01}	a_{02}	a_{03}	a_{04}	a_{05}	a_{06}	a_{07}	…	$a_{n-2\,n-2}$	$a_{n-2\,n-1}$	$a_{n-1\,n-1}$

（b）

图 5–5　对称矩阵及用上三角形式压缩存储
（a）上三角矩阵；（b）上三角矩阵的压缩存储形式

❷ 三角矩阵

1）下三角矩阵

下三角矩阵的压缩存放与对称矩阵用下三角形式存放类似，但下三角矩阵必须要多一个存储单元来存放上三角部分的元素，即使用的存储单元数目为 $n(n+1)/2+1$。因此，可以将 $n\times n$ 的下三角矩阵压缩存放到只有 $n(n+1)/2+1$ 个存储单元的向量中。假设仍按行优先顺序存放，这时 **s**[k]与 $a[i][j]$的对应关系为：

$$k=\begin{cases} i(i+1)/2+j, & i\geqslant j \\ n(n+1)/2, & i<j \end{cases}$$

2）上三角矩阵

和下三角矩阵的存储类似，上三角矩阵也需要 $n(n+1)/2+1$ 个存储单元。假设仍按行优先顺序存放，这时 **s**[k]与 $a[i]\,[j]$的对应关系为：

$$k=\begin{cases} i\cdot n-\dfrac{i(i+1)}{2}+j+1, & i\leqslant j \\ n(n+1)/2, & i>j \end{cases}$$

❸ 对角矩阵

前面仅讨论了三对角矩阵的压缩存储，其实五对角矩阵和七对角矩阵等也可以做类似分析。

在一个 $n\times n$ 的三对角矩阵中，只有 $n+n-1+n-1$ 个非零元素，所以只需 $3n-2$ 个存储单元即可，零元已不占用存储单元。因此，可将 $n\times n$ 的三对角矩阵 $\boldsymbol{A}$ 压缩存放到只有 $3n-2$ 个存储单元的 **s** 向量中。假设仍按行优先顺序存放，则 **s**[k]与 $a[i][j]$的对应关系为：

$$k=\begin{cases} 3i-1\text{或}3j+2, & i=j+1 \\ 3i\quad\text{或}3j, & i=j \\ 3i+1\text{或}3j-2, & i=j-1 \end{cases}$$

任务四　稀疏矩阵

在前面提到的特殊矩阵中，元素的分布呈现了某种规律，所以可以找到一种合适的方法将它们进行压缩存储。但是，在实际应用中，还经常遇到一类矩阵，其矩阵阶数很大，非零元个数较少，零元很多，但非零元的排列没有呈现某种规律，因此称这一类矩阵为稀疏矩阵。

按照压缩存储的概念，要存放稀疏矩阵的元素，由于没有呈现某种规律，所以除存放非零元的值外，还必须存储适当的辅助信息，只有这样才能迅速确定一个非零元是矩阵中的哪一个位置上的元素。下面将介绍稀疏矩阵的几种存储方法及一些算法的实现。

一、稀疏矩阵的存储

❶ 三元组表

若在压缩存放稀疏矩阵非零元的同时，还存放此非零元所在的行号和列号，则称为三元组表法，即称稀疏矩阵可用三元组表来进行压缩存储，但这种存储是一种顺序存储（按行优先顺序存放）。一个非零元有行号、列号和值，为一个三元组，所以整个稀疏矩阵中非零元的三元组合起来就称为三元组表。

非零元的三元组 Java 类定义代码如下：

```
public class Node {
```

```
    // 非零元行号
    private int i;
    // 非零元列号
    private int j;
    // 非零元值
    private int v;
    public int getI() {
        return i;
    }
    public void setI(int i) {
        this.i = i;
    }
    public int getJ() {
        return j;
    }
    public void setJ(int j) {
        this.j = j;
    }
    public int getV() {
        return v;
    }
    public void setV(int v) {
        this.v = v;
    } }
```

非零元的三元组表 Java 类定义代码如下：

```
public class Sparmatrix {
    int rows, cols; /* 稀疏矩阵行列数 */
    int terms; /* 稀疏矩阵非零元个数 */
    Node[] nodes; /* 三元组表 */
    public Sparmatrix(int terms) {
        this.terms = terms;
        nodes = new Node[terms];
    } }
```

图 5–6 和图 5–7 所示为两个稀疏矩阵。

$$\begin{bmatrix} 0 & 12 & 9 & 0 & 0 & 0 & 0 \\ 0 & 0 & 0 & 0 & 0 & 0 & 0 \\ -3 & 0 & 0 & 0 & 0 & 14 & 0 \\ 0 & 0 & 24 & 0 & 0 & 0 & 0 \\ 0 & 18 & 0 & 0 & 0 & 0 & 0 \\ 15 & 0 & 0 & -7 & 0 & 0 & 0 \end{bmatrix}$$

图 5–6　稀疏矩阵 $\boldsymbol{M}$

$$\begin{bmatrix} 0 & 0 & -3 & 0 & 0 & 15 \\ 12 & 0 & 0 & 0 & 18 & 0 \\ 9 & 0 & 0 & 24 & 0 & 0 \\ 0 & 0 & 0 & 0 & 0 & -7 \\ 0 & 0 & 0 & 0 & 0 & 0 \\ 0 & 0 & 14 & 0 & 0 & 0 \\ 0 & 0 & 0 & 0 & 0 & 0 \end{bmatrix}$$

图 5–7　稀疏矩阵 $\boldsymbol{N}$（$\boldsymbol{M}$ 的转置）

稀疏矩阵 ***M*** 和 ***N*** 的三元组表如图 5–8 所示（请注意，行和列的下标从 0 开始）。

M 的三元组表

i	*j*	*v*
0	1	12
0	2	9
2	0	–3
2	5	14
3	2	24
4	1	18
5	0	15
5	3	–7

N 的三元组表

i	*j*	*v*
0	2	–3
0	5	15
1	0	12
1	4	18
2	0	9
2	3	24
3	5	–7
5	2	14

图 5–8　稀疏矩阵 ***M*** 和 ***N*** 的三元组表

❷ 带行引用的链表

若把具有相同行号的非零元用一个单链表连接起来，则稀疏矩阵中的若干行可组成若干个单链表，合起来就称为带行引用的链表。例如，图 5–6 所示的稀疏矩阵 ***M*** 的带行指针的链表描述形式如图 5–9 所示。

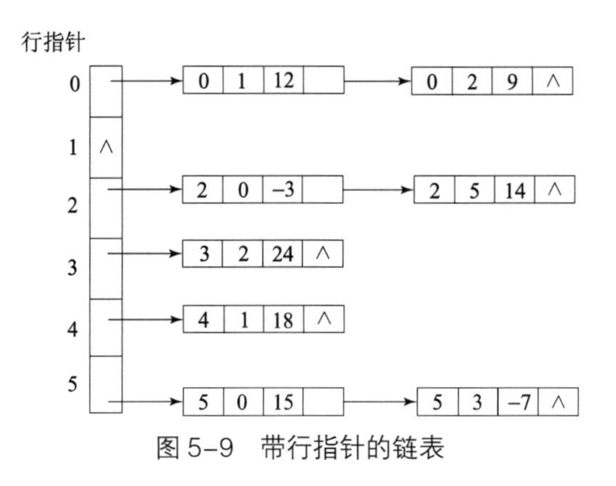

图 5–9　带行指针的链表

❸ 十字链表

当稀疏矩阵中非零元的位置或个数经常变动时，三元组表就不再适合作稀疏矩阵的存储结构，此时采用链表作为稀疏矩阵的存储结构更为恰当。

十字链表是稀疏矩阵中链接存储中的一种较好的存储方法。在该方法中，每一个非零元用一个结点表示，结点中除了表示非零元所在的行、列和值的三元组（*i*，*j*，*v*）外，还需增加两个链域：行引用域（rptr），用来指向本行中下一个非零元素；列引用域（cptr），用来指向本列中下一个非零元素。在稀疏矩阵中，同一行的非零元通过向右的 rptr 行引用域链接成一个带表头结点的循环链表。同一列的非零元也通过 cptr 列引用域链接成一个带表头结点的循环链表。因此，每个非零元既是第 *i* 行循环链表中的一个结点，又是第 *j* 列循环链表中的一个结点，即相当于处在一个十字交叉路口，故称此链表为十字链表。

另外，为了运算方便，规定行、列循环链表的表头结点和表示非零元的结点一样，也定为五个域，规定行、列域的值为 0（因此，为了使表头结点和表示非零元的结点不发生混淆，在三元组中输入行和列的下标不能从 0 开始，而必须从 1 开始），并且还将所有的行、列链表和表头结点一起链接成一个循环链表。

在行（列）表头结点中，行、列域的值都为 0，所以两组表头结点可以共用，即第 i 行链表和第 i 列链表可共用一个表头结点，这些表头结点本身又可以通过 V 域（非零元值域，但在表头结点中为 next，即指向下一个表头结点）相链接。另外，再增加一个附加结点（由引用 hm 指示，行、列域分别为稀疏矩阵的行、列数目），附加结点指向第一个表头结点，所以整个十字链表可由 hm 引用唯一确定。

例如，图 5-6 所示的稀疏矩阵 ***M*** 的十字链表描述形式如图 5-10 所示。

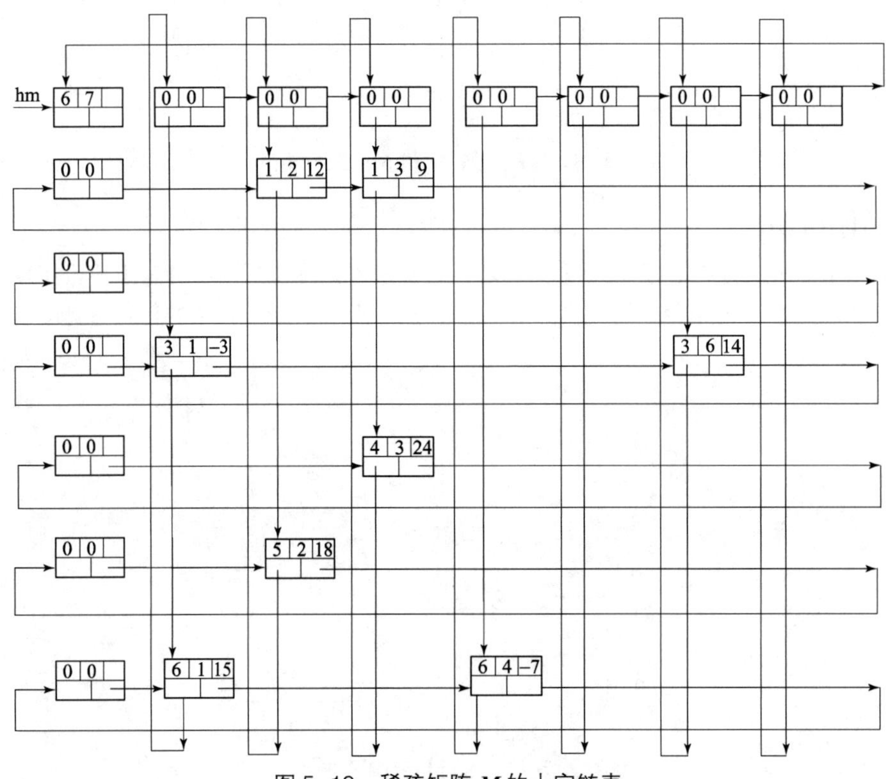

图 5-10　稀疏矩阵 ***M*** 的十字链表

十字链表的数据类型描述如下：

```
public class LinkNode {
    // 非零元行号
    private int i;
    // 非零元列号
    private int j;
    // 非零元值
    private int v;
    //行引用域，用来指向本行中下一个非零元素
    private LinkNode rptr;
    //列引用域，用来指向本列中下一个非零元素
    private LinkNode cptr;
```

```
    //若当前结点为头结点，则指向下一个头结点
    private LinkNode next;

    public int getI() {
        return i;
    }
    public void setI(int i) {
        this.i = i;
    }
    public int getJ() {
        return j;
    }
    public void setJ(int j) {
        this.j = j;
    }
    public int getV() {
        return v;
    }
    public void setV(int v) {
        this.v = v;
    }
    public LinkNode getRptr() {
        return rptr;
    }
    public void setRptr(LinkNode rptr) {
        this.rptr = rptr;
    }
    public LinkNode getCptr() {
        return cptr;
    }
    public void setCptr(LinkNode cptr) {
        this.cptr = cptr;
    }
    public LinkNode getNext() {
        return next;
    }
    public void setNext(LinkNode next) {
        this.next = next;
    }
}
```

二、稀疏矩阵的运算

❶ 稀疏矩阵的转置运算

下面将讨论在三元组表中如何实现稀疏矩阵的转置运算。

转置是矩阵中最简单的一种运算。对于一个 $m\times n$ 的矩阵 $\boldsymbol{A}$，它的转置矩阵 $\boldsymbol{B}$ 是一个 $n\times m$ 矩阵，且 $\boldsymbol{B}[i][j]=\boldsymbol{A}[j][i]$，$0\leqslant i<n$，$0\leqslant j<m$。例如，图 5–6 所示的 $\boldsymbol{M}$ 矩阵和图 5–7 所示的 $\boldsymbol{N}$ 矩阵互为转置矩阵。

在三元组表表示的稀疏矩阵中，怎样求得它的转置呢？由转置的性质知道，将 $\boldsymbol{A}$ 转置为 $\boldsymbol{B}$，就是将 $\boldsymbol{A}$ 的三元组表 a.data 变为 $\boldsymbol{B}$ 的三元组表 b.data。这时可以将 a.data 中 i 和 j 的值互换，则得到的 b.data 是一个按列优先顺序排列的三元组表，然后再将三元组表的顺序适当调整，变成按行优先顺序排列，即得到转置矩阵 $\boldsymbol{B}$。下面将用两种方法进行处理：

1）按照 $\boldsymbol{A}$ 的列序进行转置

由于 $\boldsymbol{A}$ 的列即为 $\boldsymbol{B}$ 的行，所以当在 a.data 中按列进行扫描时，得到的 b.data 必按行优先顺序存放。但为了找到 $\boldsymbol{A}$ 的每一列中所有的非零元素，每次必须都从头到尾扫描 $\boldsymbol{A}$ 的三元组表（有多少列，则扫描多少遍），这时算法描述如下：

```
public Sparmatrix transpose() {
        Sparmatrix b = new Sparmatrix(terms);
        b.rows = this.cols;
        b.cols = this.rows;
        int bno = 0;
        if (b.terms > 0) {
            for (int col = 0; col < this.cols; col++) {
                for (int ano = 0; ano < this.terms; ano++) {
                    if (col == nodes[ano].getJ()) {
                        b.nodes[bno].setI(this.nodes[ano].getJ());
                        b.nodes[bno].setJ(this.nodes[ano].getI());
                        b.nodes[bno].setV(this.nodes[ano].getV());
                        bno++;
                    }
                }
            }
        }
        return b;
    }
```

分析这个算法可知，主要工作是在 col 和 ano 的二重循环上，所以算法时间复杂度为 $O(\text{a.cols*a.terms})$。而通常的 $m\times n$ 阶矩阵转置算法可描述为：

```
for(col=0; col<n; col++)
for (row=0;row<m;row++)
b[col][row]=a[row][col];
```

它的时间复杂度为 $O(m \times n)$。一般的稀疏矩阵中的非零元个数 a.terms 远大于行数 m，所以在压缩存储时进行转置运算，虽然节省了存储单元，但却增加了时间复杂度。因此，此算法仅适应于 a.terns<<a.rows× a.cols 的情形。

2）按照 ***A*** 的行序进行转置

即按 a.data 中三元组的次序进行转置，并将转置后的三元组放入 b 中恰当的位置。若能在转置前求出矩阵 ***A*** 的每一列 col(即 ***B*** 中每一行)的第一个非零元转置后在 b.data 中的正确位置 pot[col]（0≤col<a.cols），那么在对 a.data 的三元组依次进行转置时，只要将三元组按列号 col 放置到 b.data[pot[col]]中，之后将 pot[col]的内容加 1，以指示第 col 列的下一个非零元的正确位置。为了求得位置向量 pot，只需先求出 ***A*** 的每一列中非零元个数 num[col]，然后利用下面的公式计算即可。

$$\begin{cases} pot[0]=0 \\ pot[col]=pot[col-1]+num[col-1], \quad 1 \leqslant col < a.cols \end{cases}$$

为了节省存储单元，记录每一列非零元个数的向量 num 可直接放入 pot 中，那么上面的式子可改为 pot[col]=pot[col–1]+pot[col]，其中 1≤col<acols。

因此，可用上面公式进行迭代，依次求出其他列的第一个非零元转置后在 b.data 中的正确位置 pot[col]。例如，对如图 5–6 所示的稀疏矩阵 ***M***，有：

每一列的非零元个数为：

pot[1]=2　　第 0 列非零元个数
pot[2]=2　　第 1 列非零元个数
pot[3]=2　　第 2 列非零元个数
pot[4]=1　　第 3 列非零元个数
pot[5]=0　　第 4 列非零元个数
pot[6]=1　　第 5 列非零元个数
pot[7]=0　　第 6 列非零元个数

每一列的第一个非零元的位置为：

pot[0]=0　　第 0 列第一个非零元位置
pot[1]=pot[0]+pot[1]=2　　第 1 列第一个非零元位置
pot[2]=pot[1]+pot[2]=4　　第 2 列第一个非零元位置
pot[3]=pot[2]+pot[3]=6　　第 3 列第一个非零元位置
pot[4]=pot[3]+pot[4]=7　　第 4 列第一个非零元位置
pot[5]=pot[4]+pot[5]=7　　第 5 列第一个非零元位置
pot[6]=pot[5]+pot[6]=8　　第 6 列第一个非零元位置

则稀疏矩阵 ***M*** 的转置矩阵 ***N*** 的三元组表很容易写出（图 5–8），算法描述如下：

```
public Sparmatrix fasttrans() {
        Sparmatrix b = new Sparmatrix(terms);
        b.rows = this.cols;
        b.cols = this.rows;
        int bno = 0;
        int[] pot = new int[this.cols + 1];
        if (b.terms > 0) {
```

```
        /*求出每一列的非零元个数*/
        for (int t = 0; t < this.terms; t++) {
            int col = this.nodes[t].getJ();
            pot[col] = pot[col] + 1;
        }
        /*求出每一列的第一个非零元转置后的位置*/
        for (int col = 1; col < this.cols; col++) {
            pot[col] = pot[col - 1] + pot[col];
        }
        for (int ano = 0; ano < this.terms; ano++) {
            int col = this.nodes[ano].getJ();
            bno = pot[col];
            b.nodes[bno].setI(this.nodes[ano].getJ());
            b.nodes[bno].setJ(this.nodes[ano].getI());
            b.nodes[bno].setV(this.nodes[ano].getV());
            pot[col] = pot[col] + 1;
        }
    }
    return b;
}
```

该算法比按列转置多用了辅助向量空间 pot，但它的时间为四个单循环，所以总的时间复杂度为 O(a.cols+a.terms)，比按列转置算法效率要高。

❷ 稀疏矩阵的相加运算

当稀疏矩阵用三元组表进行相加时，有可能出现非零元的位置变动，这时就不宜再采用三元组表作存储结构了，而应该采用十字链表。

1）十字链表的建立

下面分两步讨论十字链表的建立算法。

第一步，建立表头的循环链表。

依次输入矩阵的行数、列数和非零元的个数：m，n 和 t。由于行、列链表共享一组表头结点，因此，表头结点的个数应该是矩阵中行数、列数中较大的一个。假设用 s 表示个数，即 s=max{m，n}，然后依次建立总表头结点（由 hm 指针指向）和 s 个行、列表头结点，并用 next 域使 s+1 个头结点组成一个循环链表，从而使总表头结点的行、列域分别为稀疏矩阵的行、列数目，s 个表头结点的行、列域分别都为 0。并且在开始时，每一个行、列链表均是一个空的循环链表，即 s 个行、列表头结点中的行、列指针域 rptr 和 cptr 均指向头结点本身。

第二步，生成表中结点。

依次输入 t 个非零元的三元组（i，j，v），生成一个结点，并将它插入第 i 行链表和第 j 列链表中的正确位置，从而使第 i 个行链表和第 j 个列链表变成一个非空的循环链表。

算法描述如下：

```
public class SmatrixLink {
    private final int maxsize=100;
```

```
    private int m;
    private int n;
    private int t;
    private int s;
    private LinkNode[] cp = new LinkNode[maxsize];
    private LinkNode hm;
    byte[] bs =new byte[30] ;
    public void initial(){
        System.out.println("请输入稀疏矩阵的行、列数及非零元的个数，并用空格
隔开");
        read();
        //构建头结点循环链表
        s = m>n? m:n;
        hm = new LinkNode();
        hm.setI(m);
        hm.setJ(n);
        cp[0]=hm;
        for(int i=1;i<=s;i++){
            LinkNode p = new LinkNode();
            p.setRptr(p);
            p.setCptr(p);
            cp[i]=p;
            cp[i-1].setNext(p);
        }
        cp[s].setNext(hm);
        //创建 t 个非零元结点，并将其放到十字链表中
        for(int i=1;i<=t;i++){
            createNode();
        }
    }
    private void read(){
        try {
            System.in.read(bs);
        } catch (IOException e) {
            e.printStackTrace();
        }
        String inputstr = new String(bs).trim();
        StringTokenizer st = new StringTokenizer(inputstr);
        m = Integer.parseInt(st.nextToken());
        n = Integer.parseInt(st.nextToken());
        t = Integer.parseInt(st.nextToken());
```

```
    }
    //根据用户输入创建结点，并将其放到十字链表中
    private void createNode(){
        System.out.println("请输入稀疏矩阵非零元的行、列数及值，并用空格隔开
");
        LinkNode p = new LinkNode();
        try {
            System.in.read(bs);
        } catch (IOException e) {
            e.printStackTrace();
        }
        String inputstr = new String(bs).trim();
        StringTokenizer st = new StringTokenizer(inputstr);
        p.setI(Integer.parseInt(st.nextToken()));
        p.setJ(Integer.parseInt(st.nextToken()));
        p.setV(Integer.parseInt(st.nextToken()));
        /*以下是将p插入第i行链表中 */
        LinkNode q = cp[p.getI()];
        /*当q不是此行的最后一个结点且引用q当前的行序号小于新结点的序号,
          则引用q向后移动*/
        while(q.getRptr()!=cp[p.getI()]&&q.getI()<p.getI())
            q = q.getRptr();
        p.setRptr(q.getRptr());
        q.setRptr(p);
        /*以下是将P插入第j列链表中*/
        q = cp[p.getJ()];
        while(q.getCptr()!=cp[p.getJ()]&&q.getJ()<p.getJ())
            q = q.getCptr();
        p.setCptr(q.getCptr());
        q.setCptr(p);
    }
}
```

由于在十字链表的建立算法中建表头结点的时间复杂度为 $O(s)$，而插入 t 个非零元结点到相应的行、列链表的时间复杂度为 $O(t\times s)$，所以算法的总时间复杂度为 $O(t\times s)$。

2）用十字链表实现稀疏矩阵的相加运算

假设原来有两个稀疏矩阵 $\boldsymbol{A}$ 和 $\boldsymbol{B}$，那么如何实现运算 $\boldsymbol{A}=\boldsymbol{A}+\boldsymbol{B}$ 呢？假设原来的稀疏矩阵 $\boldsymbol{A}$ 和 $\boldsymbol{B}$ 都用十字链表作存储结构，现要求将 $\boldsymbol{B}$ 中结点合并到 $\boldsymbol{A}$ 中，合并后的结果有三种可能：

（1）结果为 $a_{ij}+b_{ij}$；

（2）结果为 a_{ij}（$b_{ij}=0$）；

（3）结果为 b_{ij}（$a_{ij}=0$）。

由此可知，当将 $\boldsymbol{B}$ 加到 $\boldsymbol{A}$ 中去时，对 $\boldsymbol{A}$ 矩阵的十字链表来说，或者是改变结点的 V 域值

（$a_{ij}+b_{ij}\neq 0$），或者不变（$b_{ij}=0$），或者是插入一个新结点（$a_{ij}=0$），还可能是删除一个结点（$a_{ij}+b_{ij}=0$）。

因此，整个运算过程可以从矩阵的第一行起逐行进行，对每一行都从行表头出发，分别找到 ***A*** 和 ***B*** 在该行中的第一个非零元结点后开始比较，然后再按上述四种不同情况分别处理。若 pa 和 pb 分别指向 ***A*** 和 ***B*** 的十字链表中行值相同的两个结点，则 4 种情况可描述为：

（1）pa–>*j*=pb–>*j* 且 pa–>k.v+pb–>k.v≠0，则只要将 $a_{ij}+b_{ij}$ 的值送到 pa 所指结点的值域中即可，其他所有域的值都不变化。

（2）pa–>*j*=pb–>*j* 且 pa–>k.v+pb–>k.v=0，则需在 ***A*** 矩阵的链表中删除 pa 所指的结点。这时，需改变同一行中前一结点的 rptr 域值，以及同一列中前一结点的 cptr 域值。

（3）pa–>*j*<pb–>*j* 且 pa–>*j*≠0，则只要将 pa 指针往右推进一步，并重新进行比较即可。

（4）pa–>*j*>pb–>*j* 或 pa–>*j*=0，则需在 ***A*** 矩阵的链表中插入 pb 所指的结点。

另外，为了插入和删除结点时方便，还需设立一些辅助指针。其一是，在 ***A*** 的每一行的行链表上设 qa，以指示 pa 所指结点的直接前驱；其二是，在 ***A*** 的每一列的列链表上设一个指针 hl[*j*]，它的初值是指向每一列的列链表的表头结点 cp[*j*]。

将矩阵 ***B*** 加到矩阵 ***A*** 的操作过程大致描述如下：

设 ha 和 hb 分别为表示矩阵 ***A*** 和 ***B*** 的十字链表的总表头，ca 和 cb 分别为指向 ***A*** 和 ***B*** 的行链表的表头结点，其初始状态为：ca=ha–>k.next，cb=hb–>k.next。

pa 和 pb 分别为指向 ***A*** 和 ***B*** 的链表中结点的指针。开始时，pa=ca–>rptr，pb=cb–>rptr，然后按下列步骤执行：

① 当 ca–>*i*=0 时，重复执行第②③④步，否则算法结束。

② 当 pb–>*j*≠0 时，重复执行第③步，否则转第④步。

③ 比较两个结点的列序号，分三种情形：

a. 若 pa–>*j*<pb–>*j* 且 pa–>*j*≠0，则令 pa 指向本行的下一个结点，即 qa=pa，pa=pa–>rptr，并转第②步。

b. 若 pa–>*j*>pb–>*j* 或 pa–>*j*=0，则需在 ***A*** 中插入一个新结点。假设新结点的地址为 p，则 ***A*** 的行表中指针变化为：qa->rptr=p，p->rptr=pa。

同样，***A*** 的列表中指针也应做相应的改变。用 hl[*j*]指向本列中上一个结点，则 ***A*** 的列表中指针变化为：p->cptr=hl[*j*]–>cptr，hl[*j*]–>cptr=p，并转第②步。

c. 若 pa–>*j*=pb–>*j*，则将 ***B*** 的值加上去，即 pa–>k.v=pa–>k.v+bp–>k.v。此时若 pa–>k.v≠0，则指针不变，否则删除 ***A*** 中该结点，因此行表中指针变为 qa–>rptr=pa–>rptr。同时，为了改变列表中的指针，需要先找同列中的上一个结点，并用 hl[*j*]表示，然后令 hl[*j*]–>cptr=pa–>cptr，并转第②步。

④一行中的元素处理完毕后，接着处理下一行，则指针变化为：ca=ca->k.next，cb=cb->k.next，并转第①步。

稀疏矩阵十字链表的相加算法如下：

```
public void add(SmatrixLink hb){
        if(this.m!=hb.m||this.n!=hb.n){
            System.out.println("矩阵不匹配，不能相加");
            return;
        }
        LinkNode p = hm.getNext();
        LinkNode[] hl = new LinkNode[maxsize];
```

```
//构建列头结点数组
for(int i=1;i<=hm.getJ();i++){
    hl[i]=p;
    p=p.getNext();
}
LinkNode ca = hm.getNext();
LinkNode cb = hb.hm.getNext();
while(ca.getI()==0){
    LinkNode pa = ca.getRptr();
    LinkNode pb = cb.getRptr();
    LinkNode qa = ca;
    while(pb.getJ()!=0){
        if(pa.getJ()<pb.getJ()&&pa.getJ()!=0){
            qa = pa; qa = qa.getRptr();
        }
        //插入结点
        else if(pa.getJ()>pb.getJ()||pa.getJ()==0){
            p = new LinkNode();
            p.setI(pb.getI());
            p.setJ(pb.getJ());
            p.setV(pb.getV());
            //插入行链表
            p.setRptr(pa);
            qa.setRptr(p);
            qa=p;
            pb = pb.getRptr();
            //插入列链表
            int j = p.getJ();
            LinkNode q = hl[j].getCptr();
            while(q.getI()<p.getI()&&q.getI()!=0){
                hl[j]=q;
                q=hl[j].getCptr();
            }
            hl[j].setCptr(p);
            p.setCptr(q);
            hl[j]=p;
        }
        else{
            pa.setV(pa.getV()+pb.getV());
            //删除结点
            if(pa.getV()==0){
```

```
                    qa.setRptr(pa.getRptr());
                    int j=pa.getJ();
                    LinkNode q = hl[j].getCptr();
                    while(q.getI()<pa.getI()){
                        hl[j]=q;
                        q=hl[j].getCptr();
                    }
                    hl[j].setCptr(q.getCptr());
                    pa=pa.getRptr();
                    pb=pb.getRptr();
                }
                else{
                    qa=pa;
                    pa = pa.getRptr();
                    pb = pb.getRptr();
                }
            }
        }
        ca = ca.getNext();
        cb = cb.getNext();
    }
}
```

通过算法分析可知，比较和修改指针所需的时间是一个常数，而整个运算过程在于对 $\boldsymbol{A}$ 和 $\boldsymbol{B}$ 的十字链表进行逐行扫描，所以其循环次数主要取决于 $\boldsymbol{A}$ 和 $\boldsymbol{B}$ 矩阵中非零元的个数 na 和 nb，因此算法的时间复杂度为 $O(na+nb)$。

任务五　广义表

一、基本概念

广义表是前面提到的线性表的推广。线性表中的元素仅限于原子项，即不可以再分，而广义表中的元素既可以是原子项，也可以是子表（即另一个线性表）。

❶ 广义表的定义

广义表是 n（$n \geqslant 0$）个元素 $a_1, a_2,\cdots, a_n$ 的有限序列，其中每一个 a_i 或者是原子，或者是一个子表。广义表通常记为 LS=（a_1, a_2,$\cdots$, a_n），其中 LS 为广义表的名字，n 为广义表的长度，每一个 a_i 为广义表的元素。但一般用大写字母表示广义表，用小写字母表示原子。

❷ 广义表的举例

（1）A=（　　），A 为空表，长度为 0。

（2）B=（a,（b，c）），B 是长度为 2 的广义表，第一项为原子，第二项为子表。

（3）C=（x，y，z），C 是长度为 3 的广义表，每一项都是原子。

（4）D=（B，C），D 是长度为 2 的广义表，每一项都是上面提到的子表。

（5）E=（a，E），E 是长度为 2 的广义表，第一项为原子，第二项为它本身。

❸ 广义表的表示方法

（1）用 LS=（$a_1, a_2, \cdots, a_n$）的形式表示，其中每一个 a_i 为原子或广义表。

例如：

$$A=(b, c)$$

$$B=(a, A)$$

$$E=(a, E)$$

都是广义表。

（2）将广义表中所有的子表都写成原子形式，并利用圆括号嵌套。

例如，广义表 A，B，E 可以描述为：

$$A(b,c)$$

$$B(a,A(b,c))$$

$$E(a,E(a,E(\ldots)))$$

（3）将广义表用树和图来描述。

上面提到的广义表 A，B，E 的描述如图 5-11 所示。

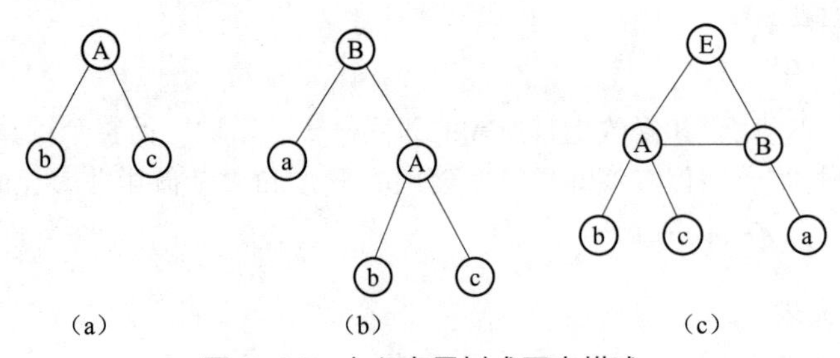

图 5-11　广义表用树或图来描述

（a）A=（b，c）；（b）B=（a，A）；（c）E=（A，B）

❹ 广义表的深度

一个广义表的深度是指该广义表展开后所含括号的层数。

例如，A=（b, c）的深度为 1，B=（A, d）的深度为 2，C=（f, B, h）的深度为 3。

❺ 广义表的分类

（1）线性表：元素全部是原子的广义表。

（2）纯表：与树对应的广义表，如图 5-11（a）和图 5-11（b）所示。

（3）再入表：与图对应的广义表（允许结点共享），如图 5-11（c）所示。

（4）递归表：允许有递归关系的广义表，例如 $E=(a, E)$。

这四种表的关系满足：

递归表⊃再入表⊃纯表⊃线性表

二、存储结构

由于广义表的元素类型不一定相同，所以难以用顺序结构来存储表中的元素。因此，通常采用链接存储方法来存储广义表中的元素，并称之为广义链表。广义链表常见的表示方法有：

❶ 单链表表示法

即模仿线性表的单链表结构，每个原子结点只有一个链域 link，结点结构如图 5–12 所示。

atom	data	slink	link

图 5–12　单链表结点结构

其中，atom 是标志域，若 atom 为 0，则表示为子表，若 atom 为 1，则表示为原子；data 域用来存放原子值；slink 域用来存放子表的地址引用；link 域用来存放下一个元素的地址引用。

结点的数据类型描述如下：

```
public class SNode {
    //标志域，0 表示为子表，1 表示为原子
    int atom;
    //原子值
    char data;
    //子表的地址引用
    SNode slink;
    //存放下一个元素的地址引用
    SNode link;
}
```

广义表的数据类型描述如下：

```
//单链表表示广义表
public class SGList {
    //广义表头结点
    private SNode h;
    //设置广义表头结点的构造方法
    public SGList(SNode h) {
        this.h = h;
    }
}
```

例如，设 $L=(a, b)$

$A=(x, L)=(x, (a, b))$

$B=(A, y)=((x, (a, b)), y)$

$C=(A, B)=((x, (a, b)), ((x, (a, b)), y))$

可用如图 5-13 所示的结构来描述广义表 C，设头指针为 hc。

用单链表表示法存储有两个缺点：其一，在某一个表（或子表）中的开始处插入或删除一个结点，修改的指针较多，耗费大量时间；其二，删除一个子表后，它的空间不能很好地回收。

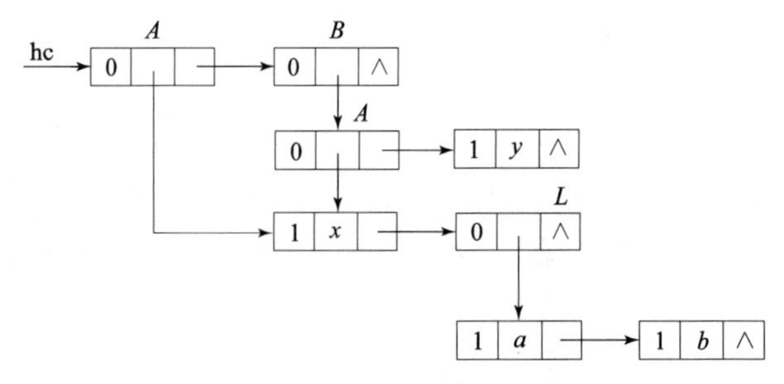

图 5-13　广义表的单链表表示法

❷ 双链表表示法

每个结点都含有两个指针和一个数据域，每个结点的结构如图 5-14 所示。

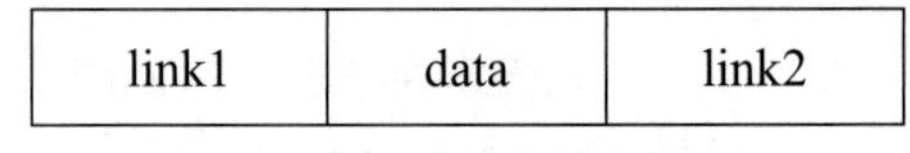

link1	data	link2

图 5-14　双链表结点结构

其中，link1 指向该结点表示的子表的第一个元素，link2 指向该结点的后继。

数据类型描述如下：

```
public class DNode {
    DNode link1;
    char data;
    DNode link2;
}
```

例如，图 5-13 所示的用单链表表示的广义表 C，也可用如图 5-15 所示的双链表方法表示。广义表的双链表表示法较单链表表示法方便。

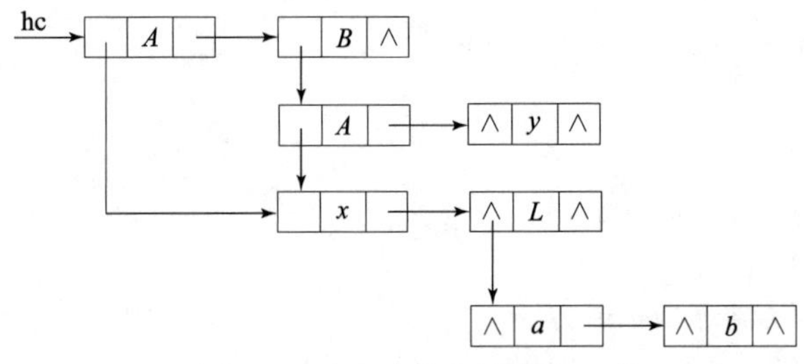

图 5-15　广义表的双链表表示法

三、基本运算

广义表有许多运算，现仅介绍如下几种：

❶ 求广义表的深度

假设广义表以单链表表示法作存储结构，则它的深度可以递归求出，即广义表的深度等于它的所有子表的最大深度加 1。设 depth 表示任一子表的深度，max 表示所有子表中表的最大深度，则广义表的深度为 depth=max+1，算法描述如下：

```
public int depth(SNode ls) {
```

```
        int max = 0, dep;
        while (ls != null) {
            //有子表则递归获取子表的深度
            if (ls.atom == 0) {
                dep = depth(ls.slink);
                if (dep > max)
                    max = dep;
            }
            ls = ls.link;
        }
        return max + 1;
    }
```

该算法的时间复杂度为 $O(n)$。

❷ 广义表的建立

假设广义表以单链表的形式存储，广义表由键盘输入，并假定全部为字母，输入格式为：元素之间用逗号分隔，表元素的起止符号分别为左、右圆括号，最后使用一个分号作为整个广义表的结束。

例如，给定一个广义表如下：LS=(*a*,*b*,(*c*,*d*))，则从键盘输入的数据为：(*a*,*b*,(*c*,*d*));↙，其中“↙”表示回车换行。具体算法描述如下：

```
public void create(SNode ls, String glstr) {
        char c = glstr.charAt(0);
        //获取当前字符类型
        int type = Character.getType(c);
        /*当字符为'('时，表明当前结点为子表，
         *则为当前结点创建一个子结点，递归调用 create 方法*/
        if (c == '(') {
            SNode slink = new SNode();
            ls.atom = 0;
            ls.slink = slink;
            create(ls.slink, glstr.substring(1));
        }
        //当前字符为英文字母时，表明当前结点是一个原子
        else if (type == Character.LOWERCASE_LETTER
                || type == Character.UPPERCASE_LETTER) {
            ls.atom = 1;
            ls.data = c;
        }
        else{
            ls.slink=null;
        }
```

```
        glstr = glstr.substring(1);
        c = glstr.charAt(0);
        if(c==')'){
            glstr = glstr.substring(1);
            c = glstr.charAt(0);
        }
        if (ls == null)   ;
        else if (c == ',') {
            ls.link = new SNode();
            create(ls.link, glstr.substring(1));
        } else if (c == ';') {
            ls.link = null;
        }
    }
```

该算法的时间复杂度为 $O(n)$。

❸ 取表头运算 head

若广义表 LS=($a_1, a_2, \cdots, a_n$)，则 head(LS)=a_1。

取表头运算得到的结果可以是原子，也可以是一个子表。

例如，head((a_1, a_2, a_3,a_4))=a_1，head(((a_1, a_2), (a_3, a_4), a_5))=(a_1, a_2)。

❹ 取表尾运算 tail

若广义表 LS=($a_1, a_2, \cdots, a_n$)，则 tail(LS)=($a_2, a_3, \cdots, a_n$)。

即取表尾运算得到的结果是由除表头以外的所有元素构成的子表，取表尾运算得到的结果一定是一个子表。

例如，tail((a_1, a_2, a_3, a_4))=(a_2, a_3, a_4)，tail(((a_1, a_2),(a_3, a_4), a_5))=((a_3, a_4), a_5)。

值得注意的是，广义表( )和(())是不同的，前者为空表，长度为 0，后者的长度为 1，可得到表头和表尾均为空表，即 head((( )))=( )，tail((( )))=( )。

实训　迷宫问题

❶ 实训说明

迷宫问题最早出现在古希腊神话中。据说，半人半兽的英雄西修斯在克里特的迷宫中勇敢地杀死了半人半牛的怪物，并循着绳索逃出迷宫。希腊史学家希罗多德曾探访过那里，他描述说，整个迷宫由 12 座带顶院落构成，所有的院落都用通道连接，形成了 3 000 个独立的“室”。后来的参观者也说，一旦进入迷宫，如果没有向导，根本无望走出。历史上人们认为迷宫具有魔力，后来迷宫成为游戏。在如今计算机普及的环境下，迷宫又以游戏程序的形式呈现在人们日常使用的电脑上。

求迷宫中从入口到出口的所有路径是一个经典的程序设计问题。由于计算机解迷宫问题时，通常用的是“穷举求解”的方法，即从入口出发，顺着某一方向向前探索，若能走通，则继续往前走；否则沿原路退回，换一个方向再继续探索，直至所有可能的通路都探索到为止。为了保证在任何位置上都能沿原路退回，显然需要用一个后进先出的结构来保存从入口到当前位置的路径，这就用到了栈。

❷ 程序分析

（1）以一个 $M \times N$ 的长方阵表示迷宫，0 和 1 分别表示迷宫中的通路和障碍。设计一个程序，对任意设定的迷宫，求出一条从入口到出口的通路，或得出没有通路的结论。

<!--[if !supportLists]-->（1） <!--[endif]-->根据二维数组，输出迷宫的图形。

<!--[if !supportLists]-->（2） <!--[endif]-->探索迷宫的四个方向：RIGHT 向右，DOWN 向下，LEFT 向左，UP 向上，输出从入口到出口的行走路径。

（2）可使用回溯方法，即从入口出发，顺着某一个方向进行探索，若能走通，则继续往前进；否则沿着原路退回，换一个方向继续探索，直至出口位置，求得一条通路。假如所有可能的通路都探索到但未能到达出口，则所设定的迷宫没有通路。

❸ 程序源代码

```
import java.util.*;
 class Position{
  public Position(){

  }
  public Position(int row, int col){
   this.col = col;
   this.row = row;
  }
  public String toString(){
   return "(" + row + " ," + col + ")";
  }

  int row;
  int col;
}

class Maze{
  public Maze(){
   maze = new int[15][15];
   stack = new Stack<Position>();
   p = new boolean[15][15];
  }

  /*
   * 构造迷宫
   */
  public void init(){
```

```
        Scanner scanner = new Scanner(System.in);
        System.out.println("请输入迷宫的行数");
        row = scanner.nextInt();
        System.out.println("请输入迷宫的列数");
        col = scanner.nextInt();
        System.out.println("请输入" + row + "行" + col + "列的迷宫");
        int temp = 0;
        for(int i = 0; i < row; ++i) {
          for(int j = 0; j < col; ++j) {
            temp = scanner.nextInt();
            maze[i][j] = temp;
            p[i][j] = false;
          }
        }
      }

      /*
       * 回溯迷宫，查看是否有出路
       */
      public void findPath(){
        // 给原始迷宫的周围加一圈围墙
        int temp[][] = new int[row + 2][col + 2];
        for(int i = 0; i < row + 2; ++i) {
          for(int j = 0; j < col + 2; ++j) {
            temp[0][j] = 1;
            temp[row + 1][j] = 1;
            temp[i][0] = temp[i][col + 1] = 1;
          }
        }
        // 将原始迷宫复制到新的迷宫中
        for(int i = 0; i < row; ++i) {
          for(int j = 0; j < col; ++j) {
            temp[i + 1][j + 1] = maze[i][j];
          }
        }
        // 从左上角开始按照顺时针开始查询
        int i = 1;
        int j = 1;
        p[i][j] = true;
        stack.push(new Position(i, j));
        while (!stack.empty() && (!(i == (row) && (j == col)))) {
```

```
  if ((temp[i][j + 1] == 0) && (p[i][j + 1] == false)) {
    p[i][j + 1] = true;
    stack.push(new Position(i, j + 1));
    j++;
  } else if ((temp[i + 1][j] == 0) && (p[i + 1][j] == false)) {
    p[i + 1][j] = true;
    stack.push(new Position(i + 1, j));
    i++;
  } else if ((temp[i][j - 1] == 0) && (p[i][j - 1] == false)) {
    p[i][j - 1] = true;
    stack.push(new Position(i, j - 1));
    j--;
  } else if ((temp[i - 1][j] == 0) && (p[i - 1][j] == false)) {
    p[i - 1][j] = true;
    stack.push(new Position(i - 1, j));
    i--;
  } else {
    stack.pop();
    if(stack.empty()){
      break;
    }
    i = stack.peek().row;
    j = stack.peek().col;
  }

}

Stack<Position> newPos = new Stack<Position>();
if (stack.empty()) {
  System.out.println("没有路径");
} else {
  System.out.println("有路径");
  System.out.println("路径如下: ");
  while (!stack.empty()) {
    Position pos = new Position();
    pos = stack.pop();
    newPos.push(pos);
  }
}
```

```
    /*
     * 图形化输出路径
     * */

    String resault[][]=new String[row+1][col+1];
    for(int k=0;k<row;++k){
      for(int t=0;t<col;++t){
        resault[k][t]=(maze[k][t])+"";
      }
    }
    while (!newPos.empty()) {
      Position p1=newPos.pop();
      resault[p1.row-1][p1.col-1]="#";
    }

    for(int k=0;k<row;++k){
      for(int t=0;t<col;++t){
        System.out.print(resault[k][t]+"\t");
      }
      System.out.println();
    }
  }

  int maze[][];
  private int row = 9;
  private int col = 8;
  Stack<Position> stack;
  boolean p[][] = null;
}

class hello{
  public static void main(String[] args){
    Maze demo = new Maze();
    demo.init();
    demo.findPath();
  }
}
```

小　结

本项目主要介绍的内容简述如下:

多维数组在计算机中有两种存放形式：行优先顺序和列优先顺序。

行优先顺序规则是最左边下标变化最慢，最右边下标变化最快，右边下标变化一遍，与之相邻的左边下标才变化一次；列优先顺序规则是最右边下标变化最慢，最左边下标变化最快，左边下标变化一遍，与之相邻的右边下标才变化一次。

对称矩阵关于主对角线对称。为节省存储单元，可以进行压缩存储，对角线以上的元素和对角线以下的元素可以共用存储单元，所以 $n \times n$ 的对称矩阵只需 $\frac{n(n+1)}{2}$ 个存储单元即可。

三角矩阵有上三角矩阵和下三角矩阵之分，为节省内存单元，可以采用压缩存储，$n \times n$ 的三角矩阵进行压缩存储时，只需 $\frac{n(n+1)}{2}+1$ 个存储单元即可。

稀疏矩阵的非零元素排列无任何规律，为节省内存单元，进行压缩存储时，可以采用三元组表法，即存储非零元素的行号、列号和值。若干个非零元素有若干个三元组，若干个三元组称为三元组表。

广义表为线性表的推广，里面的元素可以为原子，也可以为子表，所以广义表的存储采用动态链表较方便。

习题五

1. 按行优先顺序存储方式，写出三维数组 $\boldsymbol{A}[3][2][4]$在内存中的排列顺序及地址计算公式（假设每个数组元素占用 L 个字节的内存单元，a_{000} 的内存地址为 $\mathrm{Loc}(a_{000})$）。
2. 按列优先顺序存储方式，写出三维数组 $\boldsymbol{A}[3][2][4]$在内存中的排列顺序及地址计算公式（假设每个数组元素占用 L 个字节的内存单元，a_{000} 的内存地址为 $\mathrm{Loc}(a_{000})$）。
3. 试写一个算法，查找十字链表中的某一非零元素 x。
4. 给定矩阵 $\boldsymbol{A}$ 如下所示，写出它的三元组表和十字链表。

$$\boldsymbol{A}=\begin{bmatrix} 1 & 0 & 0 & 0 & 0 \\ 0 & 0 & 2 & 3 & 0 \\ 0 & 4 & 0 & 0 & 5 \\ 0 & 0 & 0 & 0 & 0 \\ 0 & 0 & 0 & 0 & 6 \end{bmatrix}$$

5. 试编写一个以三元组形式输出，用十字链表表示的稀疏矩阵中非零元素及其下标的算法。
6. 给定一个稀疏矩阵如下：

$$\begin{bmatrix} 11 & 0 & 0 & 0 & 0 & -9 & 0 \\ 0 & 23 & 0 & 0 & 7 & 0 & 0 \\ 0 & 0 & 5 & 8 & 0 & 0 & 2 \\ 0 & 0 & 0 & 0 & 0 & 0 & 0 \\ 1 & 6 & 0 & 33 & 88 & 0 & 0 \\ 0 & 0 & 4 & 0 & 0 & 0 & 0 \\ 0 & 0 & 0 & 0 & 0 & 0 & 99 \\ 65 & 0 & 78 & 0 & 0 & 86 & 0 \end{bmatrix}$$

用快速转置实现该稀疏矩阵的转置，并写出转置前后的三元组表及开始的每一列第一个非零元的位置 pot[col]的值。

7. 广义表是线性结构还是非线性结构?为什么?

8. 求下列广义表运算的结果。

（1）head((p,h,w))；

（2）tail ((b,k,p,h))；

（3）head(((a,b),(c,d)))；

（4）tail (((b),(c,d)))；

（5）head (tail(((a,b),(c,d))))；

（6）tail (head (((a,b),(c,d))))；

（7）head (tail (head(((a,b),(c,d)))))；

（8）tail (head (tail (((a,b),(c,d)))))。

9. 画出下列广义表的图形表示。

（1）$A(b,(A,a,C(A)),C(A))$；

（2）$D(A(\ ),B(e),C(a,$L$(b,c,d)))$。

10. 分别画出第 9 题的广义表的单链表表示法和双链表表示法。

项目六

树

职业能力目标与学习要求

树（Tree）结构是一类很重要的非线性数据结构，它和线性结构的最大区别在于，在这类结构中，除去根结点外，每个结点最多只能和上层的一个结点相关，但除叶子结点外，每个结点都可以和下层的多个结点相关，结点间存在着明显的分支和层次关系。树结构在客观世界中广泛存在，例如人类家族关系中的家谱、各种社会组织机构，都可以形象地用树结构表示。在计算机科学中，树结构也有广泛的应用，例如操作系统中的多级文件目录结构、编译程序中用树来表示源程序的语法结构等。本章主要讨论树形结构的相关内容，读者应重点掌握树的概念及相关操作、二叉树的概念、存储结构和遍历运算及二叉排序树、哈夫曼树等典型树结构的应用。

任务一　树结构的定义与基本操作

一、树的定义及相关术语

树是 n（$n \geqslant 0$）个结点的有限集。在任意一棵非空树中，有且仅有一个特定的称为根（Root）的结点，该结点没有前驱。当 $n>1$ 时，其余结点可分为 m（$m>0$）个互不相交的有限集 $T_1, T_2, \cdots, T_m$，其中每一个集合本身又是一棵树，所以称为根的子树（Subtree）。这是一个递归的定义，即在定义树时又用到了树这个术语。

由上述定义可知，图 6–1 所示是一棵含有 13 个结点的树，其中 A 是根，其余的结点分成 3 个互不相交的子集：T_1={B, E, F, K}，T_2={C, G, L, M}，T_3={D, H, I, J}；T_1，T_2 和 T_3 都是 A 的子树，且本身又是一棵树。以 T_1 为例，其根为 B，其余结点又分为两个互不相交的子集：T_{11}={E, K}，T_{12}={F}，而 T_{11} 和 T_{12} 又都是 B 的子树。

与树有关的一些常用术语如下。

结点（node）：树中的元素，包含数据项及若干指向其他子树的分支。

结点的度（node degree）：结点拥有的子树数。在图 6–1 中，结点 A 的度为 3，结点 B 的度为 2，结点 C 的度为 1。

树的度（tree degree）：树内各结点度的最大值。在图 6–1 中，树的度为 3。

叶子（leaf）：度为 0 的结点，又称终端结点。图 6–1 中的结点 K，F，L，M，H，I，J 都是树的叶子。

分支结点（bianch node）：树中度不为 0 的结点，又称非终端结点。

孩子（child）：结点子树的根称为该结点的孩子。

双亲（parents）：对应上述称为孩子结点的上层结点即为这些结点的双亲。例如图 6–1 中，B 是 A 的孩子，A 是 B，C，D 的双亲。

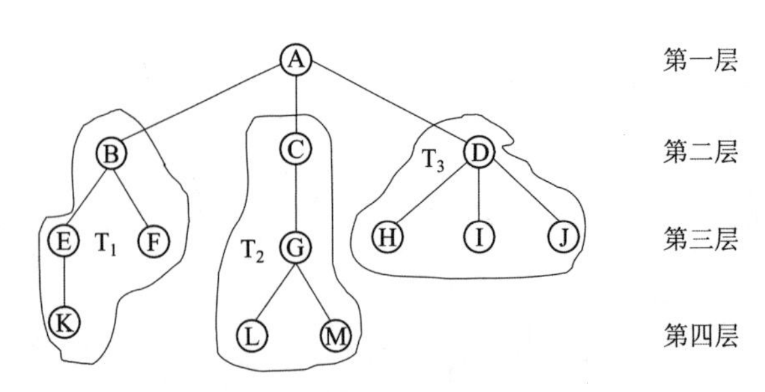

图 6–1　一棵含有 13 个结点的树

兄弟（sibling）：同一双亲的孩子之间互为兄弟。在图 6–1 中，B，C，D 之间互为兄弟。

堂兄弟（cousin）：其双亲在同一层的结点互为堂兄弟。在图 6–1 中，G 和 E，F，H，I，J 互为堂兄弟。

结点的祖先（ancestor）：从根到该结点所经分支上的所有结点。在图 6–1 中，L 的祖先为 A，C，G。

结点的子孙（descendant）：以某结点为根的子树中的任一结点都称为该结点的子孙。在图 6–1 中，C 的子孙为 G，L，M。

结点的层次（level）：从根开始定义，根为第一层，根的孩子为第二层。若某结点在 i 层，则该结点子树的根在 i+1 层。如图 6–1 所示，该树被分为 4 层。

深度（depth）：树中结点的最大层次数。在图 6–1 中，树的深度为 4。

森林（forest）：是 m（$m > 0$）棵互不相交的树的集合。对于树中的每个结点而言，其子树的集合即为森林。

有序树和无序树（ordered tree and unordered tree）：如果各子树依次从左到右排列，不可对换，则称该子树为有序树，且把各子树分别称为第一子树，第二子树……；反之，则称为无序树。

二、树的存储结构

树的存储结构可以有多种形式，但由于树是多分支非线性结构，所以在计算机中通常采用多重链表存储，即每个结点有多个指针域，其中每个指针指向该结点的子树的根结点。

由于树中各结点的度数不同，所需的指针域个数也不同，因此结点一般有两种形式：定长结点型和不定长结点型。

所谓定长结点型，是指每个结点的指针域个数均为树的度数，如图 6–2 所示。这种形式的运算处理方便，但由于树中很多结点的度数都小于树的度数，从而使链表中有很多空指针域，造成空间浪费。

Data	Link1	Link2	…	Link*m*

图 6–2　定长结点型

所谓不定长结点型，是指每个结点的指针域个数为该结点的度数，如图 6–3 所示。由于各结点的度数不同，所以各结点的长度不同。为了处理方便，结点中除数据域和指针域之外，一般还增加一个称为“度（degree）”的域，用于存储该结点的度。这种形式虽然能节省存储空间，但是运算不便。

Data	D(degree)	Link1	Link2	…	Link$d$

图 6–3 不定长结点型

如果把一般树转换成二叉树，用二叉树的方式存储，则可以克服上述存储结构的缺陷。关于二叉树，将会在后面的章节中做详细介绍。

下面给出树的抽象数据类型的定义。

ADT Tree{

数据对象 D：D 是具有相同性质的数据元素的集合。

数据关系 R：若 $D=\phi$，则 $R=\phi$；若 $D\neq\phi$，则 $R=\{H\}$，H 是如下二元关系：

① 在 D 中存在唯一的称为根的元素 root，它在 H 下无前驱；

② 除 root 以外，D 中每个结点在 H 下都有且仅有一个前驱。

基本操作：

}ADT Tree

三、树的基本操作

（1）InitTree(&T)：初始化操作。置 T 为空树。

（2）Root(T)：求根函数。若树 T 存在，则返回该树的根；若树 T 不存在，则函数值为“空”。

（3）Parent(T, x)：求双亲函数。若 x 为树 T 中的某个结点，则返回它的双亲；否则函数值为“空”。

（4）Child(T, x, i)：求孩子结点函数。求树 T 中结点 x 的第 i 个孩子结点，若 x 不是树 T 的结点或 x 无第 i 个孩子，则函数值为“空”。

（5）Right_Sibling(T, x)：求右兄弟函数。若树 T 中的结点 x 有右兄弟，则返回它的右兄弟；否则函数值为“空”。

（6）TreeDepth(T)：求深度函数。若树 T 存在，则返回它的深度；否则函数值为“空”。

（7）Value(T, x)：求结点值函数。若 x 为树 T 中的某个结点，则返回该结点的值；否则函数值为“空”。

（8）Assign(T, x,value)：结点赋值函数。若 x 为树 T 中的某个结点，则将该结点赋值为 value。

（9）InsertChild(y, i, x)：插入子树操作。设以结点 x 为根的树为结点 y 的第 i 棵子树。若原树中无结点 y 或结点 y 的子树棵数小于 i–1，则为空操作。

（10）DeleteChild(x, i)：删除子树操作。删除结点 x 的第 i 棵子树。若无结点 x 或 x 的子树棵数小于 i，则为空操作。

（11）TraverseTree(T)：遍历操作。按某个次序依次访问树中的各个结点，并使每个结点只被访问一次。

（12）ClearTree(&T)：清除结构操作。将树 T 置为空树。

树的应用广泛，在不同的软件系统中，树的基本操作集不尽相同。

任务二　二叉树

二叉树（Binary Tree）又称二分树或二元树，是一种重要的树结构。在下面的章节中，将重点讨论二叉树。

一、二叉树的定义与基本操作

二叉树是一种度小于或等于 2 的有序树，它的特点是，每个结点至多只有两棵子树（即二叉树中不存在度大于 2 的结点），并且二叉树的子树有左右之分，其次序不能任意颠倒。

也可以以递归的形式将二叉树定义为：二叉树是 $n(n\geqslant 0)$个结点的有限集，它或为空树($n=0$)，或由一个根结点与两棵分别称为左子树和右子树的互不相交的二叉树所构成。

二叉树可以有五种基本形态，如图 6–4 所示。请注意，二叉树的左右子树是严格区分，不能颠倒的，图 6–4（c）和图 6–4（d）所示就是两棵不同的二叉树。

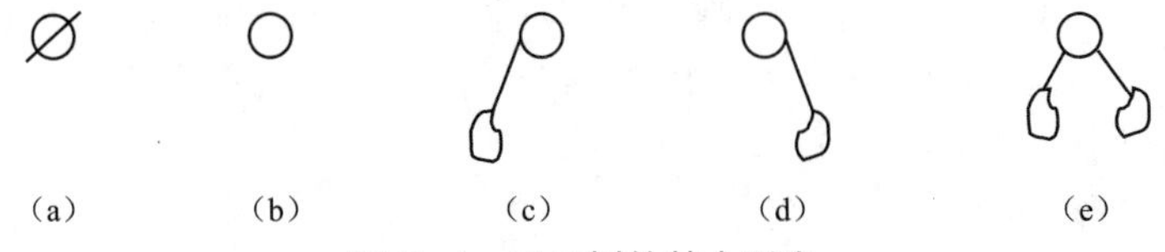

图 6–4　二叉树的基本形态

（a）空二叉树；（b）只有根结点的二叉树；（c）右子树为空的二叉树；
（d）左子树为空的二叉树；（e）左、右子树均非空的二叉树

前面引入的有关树的术语也都适用于二叉树。

与树的基本操作相似，二叉树也有如下一些基本操作。

（1）InitBiTree(&BT)：初始化操作。置 BT 为空树。

（2）Root(BT)：求根函数。若二叉树 BT 存在，则返回该树的根；若不存在，则函数值为“空”。

（3）Parent(BT, *x*)：求双亲函数。若 *x* 为二叉树 BT 中的非根结点，则返回它的双亲；否则函数值为“空”。

（4）LeftChild(BT, *x*)和 RightChild(BT, *x*)：求孩子结点函数。分别求二叉树 BT 中结点 *x* 的左孩子结点和右孩子结点，若无左孩子或右孩子，则函数值为“空”。

（5）LeftSibling(BT, *x*)和 RightSibling(BT, *x*)：求兄弟函数。分别求二叉树 BT 中结点 *x* 的左兄弟和右兄弟结点，若 *x* 无左兄弟或右兄弟，则函数值为“空”。

（6）BiTreeDepth(BT)：求深度函数。若二叉树 BT 存在，则返回它的深度，否则函数值为“空”。

（7）Value(BT, *x*)：求结点值函数。若 *x* 为二叉树 BT 中的某个结点，则返回该结点的值；否则函数值为“空”。

（8）Assign(BT, *x*, value)：结点赋值函数。若 *x* 为二叉树 BT 中的某个结点，则将该结点赋值为 value。

（9）InsertChild(BT,p,LR,c)：插入子树操作。若二叉树 BT 存在，p 指向 BT 中的某个结点，LR 为 0 或 1，非空二叉树 c 与 BT 不相交且根的右子树为空，则根据 LR 为 0 或 1 来插入 BT 中 p 所指向结点的左子树或右子树，p 所指向结点的原有左子树或右子树则成为 c 根结点的右子树。

（10）DeleteChild(BT,p,LR)：删除子树操作。若二叉树 BT 存在，p 指向 BT 中的某个结点，LR 为 0 或 1，则根据 LR 为 0 或 1 来删除 BT 中 p 所指向结点的左子树或右子树。

（11）PreOrderTraverse(BT,Visit())：先序遍历操作。若二叉树 BT 存在，Visit 是对结点操作的应用函数，则先序遍历 BT，对每个结点调用函数 Visit 一次且仅一次，一旦 Visit()失败，则操作失败。

（12）InOrderTraverse(BT,Visit())：中序遍历操作。若二叉树 BT 存在，Visit 是对结点操作的

应用函数，则中序遍历 BT，对每个结点调用函数 Visit 一次且仅一次，一旦 Visit()失败，则操作失败。

（13）PostOrderTraverse(BT,Visit())：后序遍历操作。若二叉树 BT 存在，Visit 是对结点操作的应用函数，则后序遍历 BT，对每个结点调用函数 Visit 一次且仅一次，一旦 Visit()失败，则操作失败。

（14）LevelOrderTraverse(BT,Visit())：层序遍历操作。若二叉树 BT 存在，Visit 是对结点操作的应用函数，则层序遍历 BT，对每个结点调用函数 Visit 一次且仅一次，一旦 Visit()失败，则操作失败。

（15）ClearBiTree(&BT)：清除结构操作。将二叉树 BT 置为空树。

读者也可以自己定义二叉树的基本操作集。

下面介绍两种特殊形式的二叉树。

1）满二叉树（full binary tree）。

深度为 h 且含有 2^h-1 个结点的二叉树称为满二叉树。图 6–5 所示为一棵深度为 4 的满二叉树，结点的编号为自上而下，自左而右。

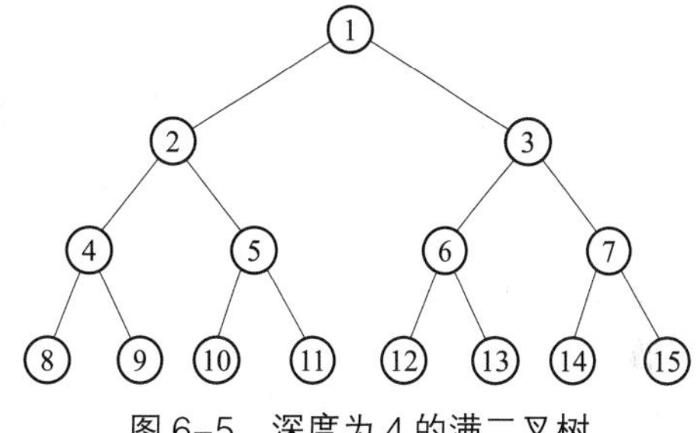

图 6–5　深度为 4 的满二叉树

2）完全二叉树（complete binary tree）。

如果一棵有 n 个结点的二叉树，按满二叉树方式自上而下、自左而右对它进行编号，若树中所有结点和满二叉树 $1\sim n$ 编号完全一致，则称该树为完全二叉树。如图 6–6 所示，图 6-6（a）所示为完全二叉树，而图 6-6（b）所示则为非完全二叉树。

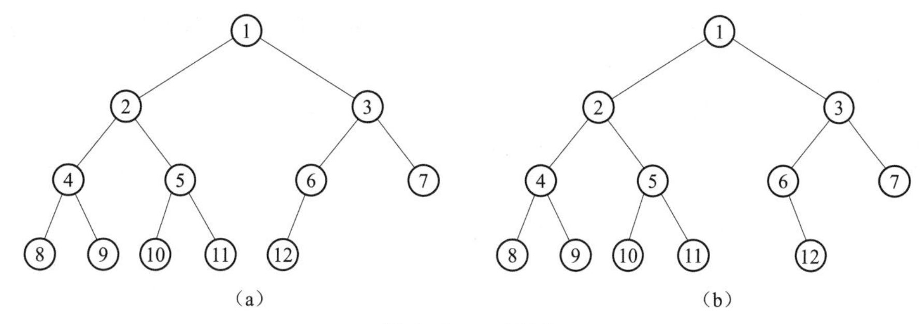

图 6–6　二叉树

（a）完全二叉树；（b）非完全二叉树

二、二叉树的性质

（1）二叉树的第 i 层上至多有 2^{i-1}（$i\geqslant1$）个结点。

证明：用归纳法。

若 i=1，则结点数为 $2^{i-1}=2^0=1$（个）。

若已知 i–1 层上结点数至多有 $2^{(i-1)-1}=2^{i-2}$ 个，而又由于二叉树每个结点的度数最大为 2，因此第 i 层上结点数至多为第 i–1 层上结点数的 2 倍。即

$$2\times2^{i-2}=2^{i-1}$$

证毕。

（2）深度为 h 的二叉树中至多含有 2^h-1 个结点。

证明：利用性质（1）的结论可得，在深度为 h 的二叉树中至多含有的结点数为

$$\sum_{i=1}^{h}(i\text{层上结点最大数}) = \sum_{i=1}^{h}2^{i-1} = 2^h - 1$$

证毕。

（3）若在任意一棵二叉树中，有 n_0 个叶子结点，有 n_2 个度为 2 的结点，则必有 $n_0=n_2+1$。

证明：设 n_1 为度为 1 的结点数，则总结点数 n 为：

$$n=n_0+n_1+n_2 \qquad (1)$$

在二叉树中，除根结点外，其他结点都有一个指针与其双亲相连，若指针数为 b，则满足：

$$n=b+1 \qquad (2)$$

而这些指针又可以看作是由度为 1 和度为 2 的结点与它们孩子之间的联系，因此，b 和 n_1，n_2 之间的关系为：

$$b=n_1+2n_2 \qquad (3)$$

由式（2）、式（3）可得：

$$n=n_1+2n_2+1 \qquad (4)$$

再比较式（1）、式（4）可得：

$$n_0=n_2+1$$

证毕。

（4）具有 n 个结点的完全二叉树的深度为 $\lfloor \log_2 n \rfloor+1$（其中 $\lfloor x \rfloor$ 表示不大于 x 的最大整数）。

（5）若对有 n 个结点的完全二叉树进行顺序编号（$1 \leqslant i \leqslant n$），那么对于编号为 i（$i \geqslant 1$）的结点：

① 当 $i=1$ 时，该结点为根，它无双亲结点。

② 当 $i>1$ 时，该结点双亲结点的编号为 $\lfloor i/2 \rfloor$。

③ 若 $2i \leqslant n$，则有编号为 $2i$ 的左孩子，否则没有左孩子。

④ 若 $2i+1 \leqslant n$，则有编号为 $2i+1$ 的右孩子，否则没有右孩子。

（证明略）

三、二叉树的存储结构

树结构是非线性结构，采用顺序存储有一定的困难。因此，通常采用具有两个指针域的链表作为二叉树的存储结构，其中每个结点由数据域 Data、左指针域 Lchild 和右指针域 Rchild 组成。两个指针域分别指向该结点的左、右孩子。若某结点没有左孩子或右孩子，则对应的指针域为空。当然，还需要一个链表的头指针指向根结点。二叉树的链表存储结构也叫二叉链表，如图 6–7 所示。

Lchild	Data	Rchild

图 6–7　二叉链表

二叉链表的结点类型定义如下：

【代码 6.1　二叉链表的结点类型定义】

```
public class BinTreeNode implements Node {
```

```
    private Object data;    //数据域
    private BinTreeNode parent;  //父结点
    private BinTreeNode lChild;  //左孩子
    private BinTreeNode rChild; //右孩子
    private int height; //以该结点为根的子树的高度
    private int size;   //该结点子孙数（包括结点本身）
    public BinTreeNode() { this(null); }
    public BinTreeNode(Object e) {
    data = e;height = 0; size = 1;
    parent = lChild = rChild = null;
}
/******Node 接口方法******/
public Object getData() { return data; }
public void setData(Object obj) { data = obj;}

/******辅助方法,判断当前结点位置情况******/
//判断是否有父亲
public boolean hasParent(){ return parent!=null;}
//判断是否有左孩子
public boolean hasLChild(){ return lChild!=null;}
//判断是否有右孩子
public boolean hasRChild(){ return rChild!=null;}
//判断是否为叶子结点
public boolean isLeaf(){ return !hasLChild()&&!hasRChild();}
//判断是否为某结点的左孩子
public boolean isLChild(){ return (hasParent()&&this==parent.lChild);}
//判断是否为某结点的右孩子
public boolean isRChild(){ return (hasParent()&&this==parent.rChild);}

/******与 height 相关的方法******/
//取结点的高度,即以该结点为根的树的高度
public int getHeight() { return height; }
//更新当前结点及其祖先的高度
public void updateHeight(){
    int newH = 0;//新高度初始化为 0,高度等于左右子树高度加 1 中的大者
    if (hasLChild())
        newH = Math.max(newH,1+getLChild().getHeight());
    if (hasRChild())
        newH = Math.max(newH,1+getRChild().getHeight());
    if (newH==height) return;  //高度没有发生变化，则直接返回
        height = newH;   //否则更新高度
```

```
        if (hasParent())
            getParent().updateHeight();  //递归更新祖先的高度
}

/******与 size 相关的方法******/
//取以该结点为根的树的结点数
public int getSize() { return size; }
//更新当前结点及其祖先的子孙数
public void updateSize(){
    size = 1;  //初始化为 1,结点本身
    if (hasLChild())
        size += getLChild().getSize(); //加上左子树规模
    if (hasRChild())
        size += getRChild().getSize(); //加上右子树规模
    if (hasParent())
        getParent().updateSize();  //递归更新祖先的规模
}

/******与 parent 相关的方法******/
//取父结点
public BinTreeNode getParent() { return parent; }
//断开与父亲的关系
public void sever(){
if (!hasParent()) return;
if (isLChild())
        parent.lChild = null;
 else
        parent.rChild = null;
        parent.updateHeight();    //更新父结点及其祖先高度
        parent.updateSize();        //更新父结点及其祖先规模
        parent = null;
}

/******与 lChild 相关的方法******/
//取左孩子
public BinTreeNode getLChild() { return lChild; }
//设置当前结点的左孩子,返回原左孩子
public BinTreeNode setLChild(BinTreeNode lc){
      BinTreeNode oldLC = this.lChild;
      if (hasLChild())
      { lChild.sever();} //断开当前左孩子与结点的关系
```

```
        if (lc!=null){
                lc.sever(); //断开 lc 与其父结点的关系
                this.lChild = lc;  //确定父子关系
                lc.parent = this;
                this.updateHeight();   //更新当前结点及其祖先高度
                this.updateSize(); //更新当前结点及其祖先规模
        }
    return oldLC; //返回原左孩子
    }

    /******与 rChild 相关的方法******/
    //取右孩子
    public BinTreeNode getRChild() { return rChild; }
    //设置当前结点的右孩子,返回原右孩子
    public BinTreeNode setRChild(BinTreeNode rc){
        BinTreeNode oldRC = this.rChild;
        if (hasRChild()) {
         rChild.sever();} //断开当前右孩子与结点的关系
        if (rc!=null){
                rc.sever(); //断开 lc 与其父结点的关系
                this.rChild = rc;  //确定父子关系
               rc.parent = this;
              this.updateHeight();//更新当前结点及其祖先高度
              this.updateSize();   //更新当前结点及其祖先规模
        }
        return oldRC;  //返回原右孩子
    }
}
```

代码 6.1 说明，在代码中，判断当前结点位置情况的辅助方法及简单的 get 方法都在常数时间内可以完成，实现也相应非常简单。下面主要讨论 updateHeight ()、updateSize ()、sever()、setLChild(lc)、getRChild(rc)的实现与时间复杂度。

（1）updateHeight ()：若当前结点 v 的孩子发生变化，就需要使用 updateHeight ()方法更新当前结点及其祖先结点的高度。请注意，由于一个结点的高度发生变化，会影响到其祖先结点的高度，所以这里允许直接对任何结点执行这一操作。

因为在二叉树中，任何一个结点的高度都等于其左右子树的高度中大者加 1，而左右子树的高度只需要获取该结点左右孩子的高度即可获得，只需要 $O(1)$的时间。然后从 v 出发，沿 parent 引用逆行向上，依次更新各祖先结点的高度即可。如果在上述过程中发现某个结点的高度没有发生变化，则算法可以直接终止。综上所述，当对一个结点 v 调用 updateHeight ()方法时，若 v 的层数为 level(v)，则最多只需要更新 level(v)+1 个结点的高度。因此算法的时间复杂度 $T(n) = O(\text{level}(v))$。

（2）updateSize ()：同样，如果结点 v 的孩子发生变化，则应该更新当前结点及其祖先的规模。因为在二叉树中任何一个结点的规模都等于其左右子树的规模之和加上结点自身，而左右子树的规模只需要获取该结点左右孩子的规模即可获得，只需要 $O(1)$的时间。因此，算法的时间复杂度 $T(n) = O(\text{level}(v))$。

（3）sever()：切断结点 v 与父结点 p 之间的关系。该算法需要修改 v 与 p 的指针域，需要常数时间。除此之外，由于 p 结点的孩子发生了变化，因此需要调用 updateHeight ()和 updateSize ()来更新父结点 p 及其祖先的高度与规模。因此，算法的时间复杂度 $T(n)=O(\text{level}(v))$。

（4）setLChild(lc)和 getRChild(rc)：两个算法的功能相对，一个是设置结点 v 的左孩子，一个是设置结点 v 的右孩子。两个算法的实现是类似的，以 setLChild()为例进行说明。首先，如果 v 有左孩子 oldLC，则应当调用 oldLC.sever()，断开 v 与其左孩子的关系。其次，调用 lc.sever()，断开其与父结点的关系。最后，建立 v 与 lc 之间的父子关系，并调用 v. updateSize ()与 v. updateHeight ()来更新 v 及其祖先的规模与高度。

图 6–8 所示是二叉树的图形表示及其存储结构。

在二叉链表中，可以很方便地得到某结点的孩子结点的信息，但却不能得到该结点的双亲信息，因此也可用三叉链表的形式来存储二叉树。三叉链表的结点比二叉链表多了一个指向结点双亲的指针。图 6–8（b）所示为该树的三叉链表表示。

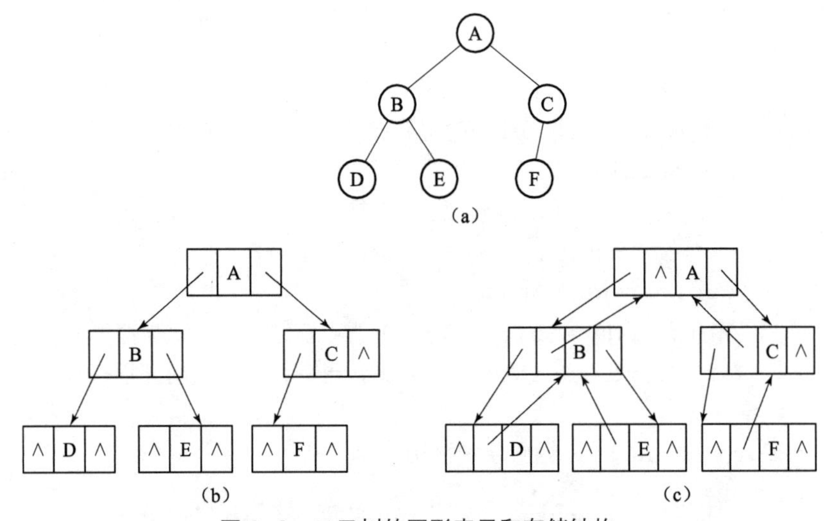

图 6–8　二叉树的图形表示和存储结构

（a）二叉树的图形表示；（b）二叉链表；（c）三叉链表

四、树与二叉树的相互转换

由于二叉树可以用二叉链表来表示，所以，为了使一般树也用二叉链表表示，必须找出树与二叉树之间的对应关系。这样，给定一棵树，就可以找到唯一的二叉树与之对应。这里首先介绍将一般树转换成二叉树的方法。

第一步：加线。在各兄弟结点之间加一条虚线。

第二步：抹线。对于每个结点，除了其最左的一个孩子外，抹掉该结点原先与其余孩子之间的连线。

第三步：旋转。将新加上的虚线改为实线，并沿水平方向向下旋转 45°，成右斜向下方向，从而使原有的连线均向左斜。

图 6–9（a）所示为一般树转换为二叉树的三个步骤。

这样转换成的二叉树有两个特点：

（1）根结点没有右子树。

（2）在转换生成的二叉树中，各结点的右孩子是原来树中该结点的兄弟，而该结点的左孩子还是原来树中该结点的左孩子。

如何将二叉树还原成一般树呢？并非所有的二叉树都能还原成一般树，必须是由某树经过转换而得到的没有右子树的二叉树才可以还原成一般树。还原的过程也分为三步：

第一步：加线。若某结点 i 是其双亲结点的左孩子，则将该结点 i 的右孩子及当且仅当连续地沿着右孩子的右链不断搜索到的所有右孩子，都分别与结点 i 的双亲结点用虚线连接。

第二步：抹线。将原二叉树中所有双亲结点与其右孩子的连线抹去。

第三步：整理。把虚线改为实线，并将结点按层次排列。

二叉树还原成一般树的过程如图 6–9（b）所示。

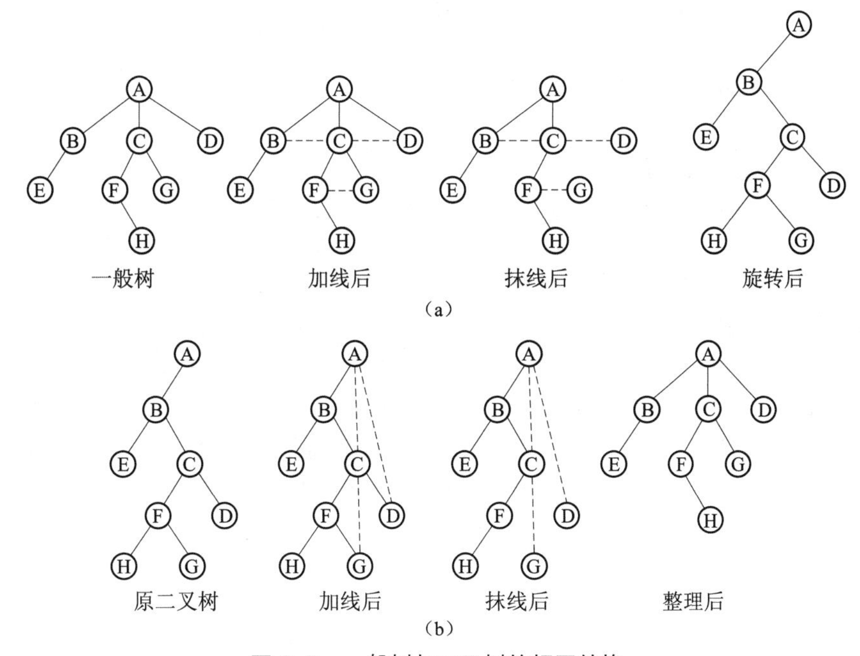

图 6–9　一般树与二叉树的相互转换

（a）一般树转换为二叉树；（b）二叉树还原为一般树

任务三　遍历二叉树

在二叉树的应用中，常常需要在树中搜索具有某种特征的结点，或是对树中全部的结点逐一进行处理，这就涉及遍历二叉树（Traversing binary tree）的问题。遍历（Traversing）是指循着某条搜索路线巡查某数据结构中的结点，并且每个结点只被访问一次。对于线性结构来说，遍历很容易实现，只需顺序扫描结构中的每个数据元素即可。但二叉树是非线性结构，遍历时是先访问根结点还是先访问子树，是先访问左子树还是先访问右子树，必须有所规定，这就是遍历规则。采用不同的遍历规则会产生不同的遍历结果，因此必须人为设定遍历规则。

由于一棵非空二叉树是由根结点、左子树和右子树三个基本部分组成的，所以遍历二叉树时，只要依次遍历这三部分即可。假定以 D，L，R 分别表示访问根结点、遍历左子树和遍历右子树，则有六种遍历形式：DLR，LDR，LRD，DRL，RDL，RLD。若规定先左后右，则上述六种形式可归并为三种形式，即：

DLR：先序（根）遍历。

LDR：中序（根）遍历。

LRD：后序（根）遍历。

下面将分别具体介绍这三种形式的遍历规则。

一、先序遍历

当二叉树非空时，按以下顺序遍历，否则结束操作：

（1）访问根结点。

（2）按先序遍历规则遍历左子树。

（3）按先序遍历规则遍历右子树。

例如，对如图 6–10 所示的二叉树按先序遍历规则遍历，则遍历结果为：

A，B，D，E，C，F，G

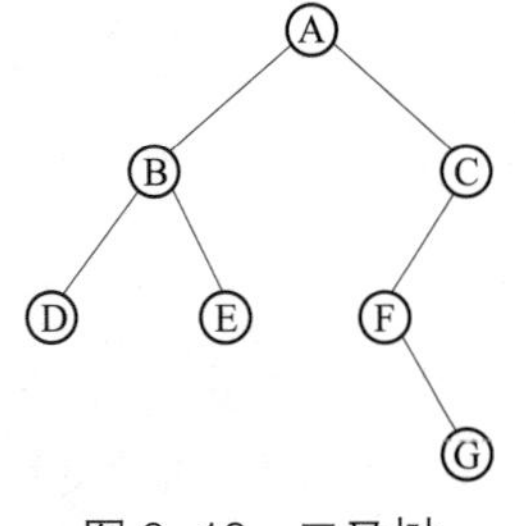

图 6–10　二叉树

遍历操作让二叉树中的各结点按指定的顺序线性排列，从而使非线性的二叉树线性化。由于先序遍历规则是一种递归定义的规则，所以可以很容易写出 Java 语言的先序遍历算法。

【代码 6.2　先序遍历二叉树】

```
//preOrder 输入：无，输出：迭代器对象，先序遍历二叉树的结果代码：
public Iterator preOrder() {
      LinkedList list = new LinkedListDLNode();
      preOrderTraverse (this.root,list);
      return list.elements();
}
//先序遍历的非递归算法
private void preOrderTraverse(BinTreeNode rt, LinkedList list){
      if (rt==null) return;
      BinTreeNode p = rt;
      Stack s = new StackSLinked();
      while (p!=null){
            while (p!=null){ //向左走到尽头
                  list.insertLast(p);   //访问根
                  if (p.hasRChild()) {
                        s.push(p.getRChild())};    //右子树根结点入栈
                  p = p.getLChild();
            }
      if (!s.isEmpty()) {
                  p = (BinTreeNode)s.pop()};   //右子树根退栈遍历右子树
```

```
        }
    }
```

代码 6.2 说明，preOrderTraverse 方法以一棵树的根结点 rt 及链接表 list 作为参数。如果 rt 为空，则直接返回，否则 p 指向 rt，并先序遍历以 p 为根的树。在 preOrderTraverse 内层循环中，沿着根结点 p 一直向左走，沿途访问经过的根结点，并将这些根结点的非空右子树入栈，直到 p 为空。此时应当取出沿途最后碰到的非空右子树的根，即栈顶结点（以 p 指向），然后在外层循环中继续先序遍历这棵以 p 指向的子树。如果堆栈为空，则表示再也没有右子树需要遍历，此时结束外层循环，完成对整棵树的先序遍历。如果以 rt 为根的树的结点数为 n，由于每个结点访问且仅被访问一次，并且每个结点最多入栈一次和出栈一次，因此 preOrderTraverse 的时间复杂度 $T(n) = O(n)$。

二、中序遍历

当二叉树非空时，按以下顺序遍历，否则结束操作：

（1）按中序遍历规则遍历左子树。

（2）访问根结点。

（3）按中序遍历规则遍历右子树。

例如，对如图 6–10 所示的二叉树按中序遍历规则遍历，则遍历结果为：

D，B，E，A，F，G，C

中序遍历的 Java 语言算法可描述如下：

【代码 6.3　中序遍历二叉树】

```
//中序遍历二叉树 inOrder 输入：无，输出：迭代器对象，中序遍历二叉树的结果代码：
public Iterator inOrder(){
      LinkedList list = new LinkedListDLNode();
      inOrderTraverse (this.root,list);
      return list.elements();
}
//中序遍历的非递归算法
private void inOrderTraverse(BinTreeNode rt, LinkedList list){
     if (rt==null) return; BinTreeNode p = rt;
     Stack s = new StackSLinked();
     while (p!=null||!s.isEmpty()){
     while (p!=null){
            //一直向左走
            s.push(p);
            //将根结点入栈
            p = p.getLChild();
     }
if (!s.isEmpty()){
     p = (BinTreeNode)s.pop();//取出栈顶根结点，并访问之
     list.insertLast(p);
     p = p.getRChild();  //转向根的右子树进行遍历
```

```
        }//if
    }//out while
    }
```

代码 6.3 说明，inOrderTraverse 方法以一棵树的根结点 rt 及链接表 list 作为参数。如果 rt 为空，则直接返回，否则 p 指向 rt，并中序遍历以 p 为根的树。在 inOrderTraverse 内层循环中，沿着根结点 p 一直向左走，沿途将根结点入栈，直到 p 为空。此时应当取出上一层根结点进行访问，然后转向该根结点的右子树进行中序遍历。如果堆栈和 p 都为空，则说明没有更多的子树需要遍历，此时结束外层循环，完成对整棵树的遍历。inOrderTraverse 的时间复杂度与 preOrderTraverse 一样，$T(n)=O(n)$。

三、后序遍历

当二叉树非空时，按以下顺序遍历，否则结束操作：

（1）按后序遍历规则遍历左子树。

（2）按后序遍历规则遍历右子树。

（3）访问根结点。

例如，对如图 6–10 所示的二叉树按后序遍历规则遍历，则遍历结果为：

D，E，B，G，F，C，A

后序遍历的 Java 语言算法可描述如下：

【代码 6.4　后序遍历二叉树】

```
//后序遍历二叉树 postOrder 输入：无，输出：迭代器对象，后序遍历二叉树的结果代码：
public Iterator postOrder(){
      LinkedList list = new LinkedListDLNode();
      postOrderTraverse (this.root,list);
      return list.elements();
}
//后序遍历的非递归算法
private void postOrderTraverse(BinTreeNode rt, LinkedList list){
      if (rt==null) return; BinTreeNode p = rt;
      Stack s = new StackSLinked();
      while(p!=null||!s.isEmpty()){
           while (p!=null){  //先左后右不断深入
                s.push(p);   //将根结点入栈
       if (p.hasLChild()) p = p.getLChild();else p = p.getRChild();
                }
           if (!s.isEmpty()){
                p = (BinTreeNode)s.pop(); //取出栈顶根结点并访问之
                list.insertLast(p);
                }
 //满足条件时，说明栈顶根结点右子树已访问，应出栈访问之
       while(!s.isEmpty()&&((BinTreeNode)s.peek()).getRChild()==p){
```

```
            p = (BinTreeNode)s.pop();
            list.insertLast(p);
            }
    //转向栈顶根结点的右子树继续后序遍历
        if (!s.isEmpty())
            p = ((BinTreeNode)s.peek()).getRChild();
        else
             p = null;
        }
    }
```

代码 6.4 说明，postOrderTraverse 方法以一棵树的根结点 rt 及链接表 list 作为参数。如果 rt 为空，则直接返回，否则 p 指向 rt，并后序遍历以 p 为根的树。在 postOrderTraverse 内层第一个 while 循环中，沿着根结点 p 先向左子树深入，如果左子树为空，则向右子树深入，沿途将根结点入栈，直到 p 为空。第一个 if 语句说明应当取出栈顶根结点访问，此时栈顶结点为叶子或无右子树的单分支结点。访问 p 之后，说明以 p 为根的子树访问完毕，然后判断 p 是否为其父结点的右孩子（当前栈顶即为其父结点），如果是，则说明只要访问其父亲就可以完成对以 p 的父结点为根的子树的遍历，即内层第二个 while 循环完成；如果不是，则转向其父结点的右子树继续后序遍历。如果堆栈和 p 都为空，则说明没有更多的子树需要遍历，此时结束外层循环，完成对整棵树的遍历。postOrderTraverse 的时间复杂度分析和先序、中序遍历算法一样，其时间复杂度 $T(n)=O(n)$。

对二叉树进行遍历的搜索路径，除了上述按先序、中序和后序外，还可以从上到下、从左到右按层进行。层次遍历可以通过一个队列来实现，代码 6.5 实现了这一操作。

以上给出了三种不同遍历二叉树的方法。下面再看一个例子。

对于如图 6–11 所示的二叉树，采用先序遍历得到的结果为：

–+a*b–cd/(ef)

采用中序遍历得到的结果为：

a+b*c–d–e/f

采用后序遍历得到的结果为：

abcd–*+ef/–

以上三个结果恰好为表达式的前缀表达式、中缀表达式和后缀表达式。

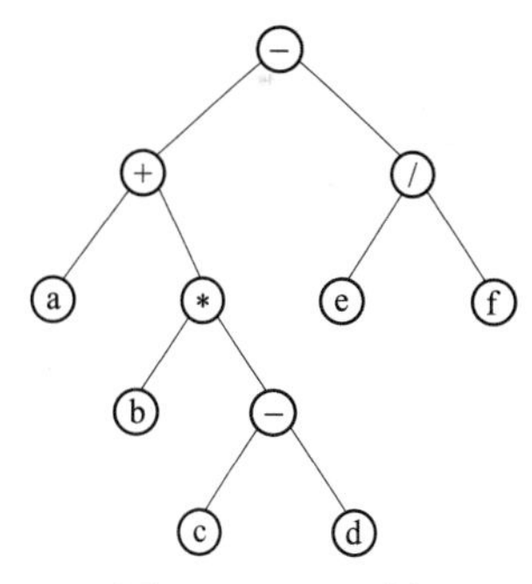

图 6–11　二叉树

四、层次遍历

其实也可按二叉树的层次对其进行遍历。例如对图 6–10 所示的二叉树按层次遍历的结果为：A，B，C，D，E，F，G。如果引入队列作为辅助存储工具，则按层次遍历二叉树的算法可描述如下：

【代码 6.5　层次遍历二叉树】

```
/*按层遍历二叉树 levelOrder 输入：无，输出：层次遍历二叉树，结果由迭代器对象输出。 */
public Iterator levelOrder(){
```

```
        LinkedList list = new LinkedListDLNode();
        levelOrderTraverse(this.root,list);
        return list.elements();
    }
    //使用队列完成二叉树的按层遍历
    private void levelOrderTraverse(BinTreeNode rt, LinkedList list){
        if (rt==null) return;
        Queue q = new QueueArray();
        q.enqueue(rt); //根结点入队
        while (!q.isEmpty()){
            BinTreeNode p = (BinTreeNode)q.dequeue();//取出队首结点 p 并访问
            list.insertLast(p);
            if (p.hasLChild()) {
                q.enqueue(p.getLChild());}//将 p 的非空左右孩子依次入队
            if (p.hasRChild()) {
                q.enqueue(p.getRChild())};
        }
    }
```

在代码 6.5 中，每个结点依次入队一次、出队一次并访问一次，因此，算法的时间复杂度 $T(n)=O(n)$，n 为以 rt 为根的树的结点数。

任务四　线索二叉树

一、线索二叉树的基本概念

从前面关于二叉树遍历的讨论可以看出，遍历二叉树是以一定的规则将二叉树中的结点排列成一个线性序列，这实质是对一个非线性结构进行的线性化操作，使每个结点（除第一个和最后一个外）在这个线性序列中有且仅有一个直接前驱和直接后继。换句话说，二叉树的结点之间隐含着一个线性关系，不过这个关系要通过遍历才能显示出来。例如对如图 6–12 所示的二叉树进行中序遍历，可得到中序序列 a+b*c–d/e，其中 b 的直接前驱为“+”，直接后继为“*”。

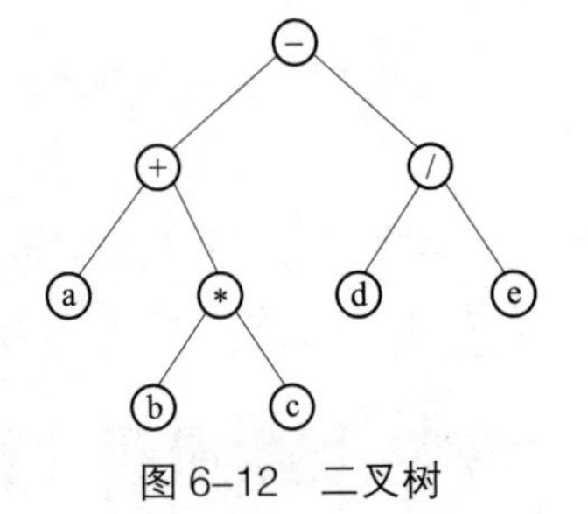

图 6–12　二叉树

但是当以二叉链表作为二叉树的存储结构时，要找到结点的线性前驱或后继就不方便了。那么能否在不增加存储空间的前提下保留结点的线性前驱和后继信息呢？这里引入线索二叉树。

含有 n 个结点的二叉树中有 n–1 条边指向其左右孩子，这意味着在二叉链表中的 $2n$ 个孩子指针域中只用到了 n–1 个指针域，还有 n+1 个指针域是空的。因此，可以充分利用这些空指针域来存放结点的线性前驱和后继信息。

试做如下规定：若结点有左子树，则其 Lchild 域指示其左孩子，否则，令 Lchild 域指示其直接前驱；若结点有右子树，则其 Rchild 域指示其右孩子，否则，令 Rchild 域指示其直接后继。但是，在计算机存储中如何区分结点的指针是指向其孩子还是指向其线性关系的前驱和后继呢？为此，结点中还需要增加两个标志域，用于标识结点指针的性质。因为标志域长度很小，增加的存储开销不大。修改后的二叉链表结点结构如图 6–13 所示。

Lchild	Ltag	Data	Rtag	Rchild

图 6–13　修改后的二叉链表结点结构

其中，Ltag=0 时，表示 Lchild 指示结点的左孩子；Ltag=1 时，表示 Lchild 指示结点的直接前驱；Rtag=0 时，表示 Rchild 指示结点的右孩子；Ltag=1 时，表示 Rchild 指示结点的直接后继。

以这种结构的结点构成的二叉链表作为二叉树的存储结构，叫作线索链表；指向结点直接前驱和后继的指针叫线索；加上线索的二叉树则称为线索二叉树；对二叉树以某种次序遍历，将其变为线索二叉树的过程叫作线索化。

对二叉树进行不同顺序的遍历，得到的结点序列不同，由此产生的线索二叉树也不同，所以有前序线索二叉树、中序线索二叉树和后序线索二叉树之分。图 6–14 所示为中序线索二叉树，与其对应的中序线索链表如图 6–15 所示，其中实线为指向子树的指针，虚线为指向线索直接前驱和后继的指针。

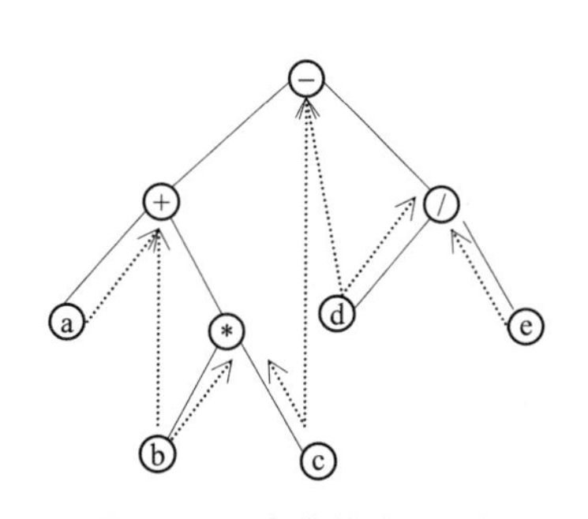

图 6–14　中序线索二叉树

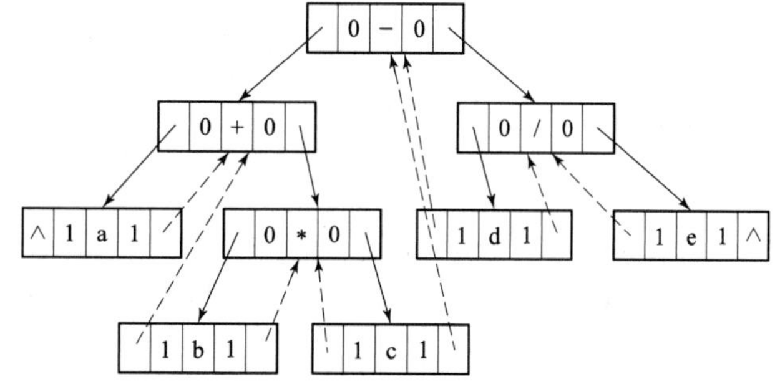

图 6–15　与中序线索二叉树对应的中序线索链表

线索二叉树的结点类型定义如下：

```
class Node  {
    int item;     // 记录结点保存的数据
    Node leftNode;     // 左子结点
    Node rightNode;     // 右子结点
    boolean leftFlag;    /* 记录左指针域的类型,true 时为第二种指针域类型,false 时为第一种指针域类型,并把它初始化为 false*/
    boolean rightFlag;     // 记录右指针域的类型
};
```

读者应能熟练地画出另外两种遍历方式下的线索链表。

二、中序次序线索化算法

中序次序线索化是指按照前面定义的结点形式（每个结点有 5 个域）来建立某二叉树的二叉链表，然后按中根遍历的方式在访问结点时建立线索，具体算法描述如下：

二叉树是一种非线性结构，对二叉树进行遍历时，实际上是将二叉树这种非线性结构按某种需要转化成线性序列，但每次遍历二叉树时，都要用递归对其进行遍历，当二叉树的结点较多时，这样的效率是很低的。所以有没有办法把遍历的二叉树保存，从而方便以后遍历呢?

在一棵只有 n 个结点的二叉树中，假设有 n 个结点，那么就有 $2n$ 个指针域。因为二叉树只用到了其中的 $n-1$ 个结点，所以只要利用剩下的 $n+1$ 个结点，就能把中序遍历时所得到的中序二叉树保存下来，以便下次访问。

中序二叉树的指针域有两种类型：第一种用于链接二叉树本身；第二种用于链接中序遍历序列，这种类型的指针，左指针指向中序遍历时结点顺序的前件，右指针指向中序遍历时结点顺序的后件。为了区别这两种指针域类型，在树的结点中要加上两个标志，分别标志左右指针域的类型。

对于中序二叉树的结点，定义如下:

```
class Node
{
        int item;     // 记录结点保存的数据
        Node leftNode;     // 左子结点
        Node rightNode;     // 右子结点
        boolean leftFlag;     /* 记录左指针域的类型,true 时为第二种指针域类型,false 时为第一种指针域类型,并把它初始化为 false*/
        boolean rightFlag;     // 记录右指针域的类型
};
```

创造中序线索二叉树的具体过程:

递归实现，函数的参数为当前结点 curNode 和上次访问的结点 preNode。

（1）若 preNode 的右指针为空，则把 preNode 的右指针指向 curNode，并把 preNode 的 rightFlag 设置为 true。

（2）若 curNode 的左指针为空，则把 curNode 的左指针指向 preNode，并把 curNode 的 leftFlag 设置为 true。

由于中序遍历的第一个结点为二叉树的最左子结点，因此该结点的左指针仍为空，代码如下：

【代码 6.6　中序线索二叉树】

```
import java.util.Scanner;
public class InThreadedBinaryTreeDemo
{
    public static void main(String[] args)
    {
        InThreadedBinaryTree tbTree = new InThreadedBinaryTree();
        tbTree.initTBinaryTree();
        tbTree.createInThreadBTree();
        tbTree.traversalInorder();
```

```
    }
}

class InThreadedBinaryTree
{
    private class Node
    {
        int item;
        Node leftNode;
        Node rightNode;
        boolean leftFlag;
        boolean rightFlag;

        // the default constructor
        public Node()
    {
      leftNode = null;
      rightNode = null;
      leftFlag = false;
      rightFlag = false;
    }

    // the constructor
    public Node(int item)
    {
      super();
      this.item = item;
    }
}
private Node head;
private int size;
public static final int FLAG = -1;     // 结束输入标记
// the default constructor
public ThreadedBinaryTree()
{
    size = 0;
    head = null;
}

// 初始化线索二叉树
public void initTBinaryTree()
```

```
{
    Scanner input = new Scanner(System.in);
    int item;
    System.out.print("Input the value of the root(-1 to exit):");
    item = input.nextInt();

    if(item != FLAG)
    {
        head = new Node(item);
        init(head);
    }   // end of if
}

//初始化方法
private void init(Node head)
{
    Scanner input = new Scanner(System.in);
    int item;
    System.out.print("Input the left child of the node
(" + head.item + "): ");
    item = input.nextInt();

    if(item != FLAG)
    {
        head.leftNode = new Node(item);
        init(head.leftNode);
    }   // end of if

    System.out.print("Input the right child of the node
(" + head.item + "): ");
    item = input.nextInt();

    if(item != FLAG)
    {
        head.rightNode = new Node(item);
        init(head.rightNode);
    }   // end of if
}   // end of the class Node

//建立中序线索二叉树
public void createInThreadBTree()
```

```
{
    createIn(head, null);
}

//建立方法
private Node createIn(Node curNode, Node preNode)
{
    if(curNode != null)
    {
        Node tempNode = createIn(curNode.leftNode, preNode);
        if((!curNode.leftFlag) && (curNode.leftNode == null))
        {
            curNode.leftFlag = true;
            curNode.leftNode = preNode;
        }   // end of if
        preNode = tempNode;
        if((preNode != null) && (preNode.rightNode == null))
        {
            preNode.rightFlag = true;
            preNode.rightNode = curNode;
        }   // end of if
        preNode = curNode;
        preNode = createIn(curNode.rightNode, preNode);
        return preNode;
    }   // end of if
    return preNode;
}   // end of the recursive function

//中序遍历线索二叉树
public void traversalInorder()
{
   Node walker = head;

   if(head != null)
   {
      while(!walker.leftFlag)
          walker = walker.leftNode;

      System.out.print(walker.item + " ");

      while(walker.rightNode != null)
```

```
            {
                if(walker.rightFlag)
                    walker = walker.rightNode;
                else
                {
                    walker = walker.rightNode;
                    while((walker.leftNode!=null) &&(!walker.leftFlag))
                        walker = walker.leftNode;
                }    // end of else
                System.out.print(walker.item + " ");
            }    // end of while
        }    // end of if
    }
}    // end of the class InThreadedTree
```

任务五　二叉排序树

所谓排序，是指把一组无序的数据元素按指定的关键字值重新组织起来，形成一个有序的线性序列。二叉排序树是一种特殊结构的二叉树，它利用二叉树的结构特点来实现排序。

一、二叉排序树的定义

二叉排序树或是空树，或是具有下述性质的二叉树：若其左子树非空，则其左子树上的所有结点的数据值均小于根结点的数据值；若其右子树非空，则其右子树上的所有结点的数据值均大于或等于根结点的数据值，左子树和右子树又各是一棵二叉排序树。图 6–16 所示就是一棵二叉排序树。

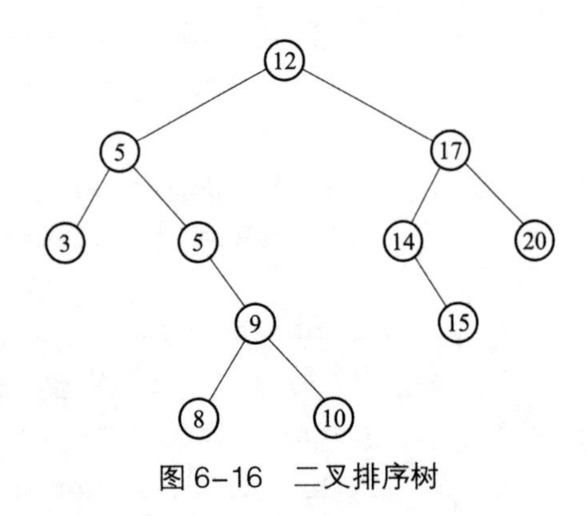

图 6–16　二叉排序树

对如图 6–16 所示的二叉排序树进行中序遍历，会发现{3，5，5，8，9，10，12，14，15，17，20}是一个递增的有序序列。因此，为使一个任意序列变成一个有序序列，可以通过将这些序列构成一棵二叉排序树来实现。

二、二叉排序树的生成

生成二叉排序树的过程是将一系列结点连续插入的过程。对于任意一组数据元素序列{R_1, R_2 ,…, R_n}，生成一棵二叉排序树的过程为：

（1）令 R_1 为二叉树的根。

（2）若 $R_2<R_1$，则令 R_2 为 R_1 左子树的根结点，否则，R_2 为 R_1 右子树的根结点。

（3）R_3，…，R_n 结点的插入方法同上。

算法程序用 Java 语言描述如下：

【代码 6.7　生成二叉排序树】

```
public class TreeNode
{
      public TreeNode left;
      public TreeNode right;
      public Integer value;
     TreeNode (Integer value){
          this.value = value;
          System.out.println(value);
     }
}
public class SortTree
{
 SortTree(Integer  integers)
 {
  createSortTree(integers);
 }
  private TreeNode root;
//生成二叉排序树
 private void createSortTree(Integer[] integers)
 {
  for(Integer nodeValue:integers)
  {
   if(root == null)
   {
    System.out.println("Create Root");
    root = new TreeNode(nodeValue);
   }
   else if(root.value > nodeValue)
   {
    insertLeft(root , nodeValue);
   }
   else
   {
    insertRight(root , nodeValue);
   }
  }
 }
//插入左子树
 private void insertLeft(TreeNode root2, Integer nodeValue)
 {
```

```
 if(root2.left == null)
 {
  System.out.println("Create Left");
  root2.left = new TreeNode(nodeValue);
 }
 else if(root2.left.value > nodeValue)
 {
  insertLeft(root2.left,nodeValue);
 }
 else
 {
  insertRight(root2.left,nodeValue);
 }

}
//插入右子树
private void insertRight(TreeNode root2, Integer nodeValue)
{
 if(root2.right == null)
 {
  System.out.println("Create Right");
  root2.right = new TreeNode(nodeValue);
 }
 else if(root2.right.value > nodeValue)
 {
  insertLeft(root2.right,nodeValue);
 }
 else
 {
  insertRight(root2.right,nodeValue);
 }
}
//中序遍历
private void middleTraversing(TreeNode root)
{
 if(root.left !=null)    /** 第一步访问左子树 */
  middleTraversing(root.left);
 System.out.println(root.value);  /** 第二步访问根结点*/
 if(root.right !=null)
  middleTraversing(root.right);  /** 第三步访问右子树*/
}
```

```
    public TreeNode getRoot()
    {
     return root;
    }
    public static void main (String[] args)
    {
     SortTree tree = new SortTree(new Integer(12),new Integer(5), new
Integer(17),  new  Integer(3),  new  Integer(5),new  Integer(14),new
Integer(20),new  Integer(9),new  Integer(15),  new  Integer(8),  new
Integer(10));
     System.out.println("MiddleTraversing:");
     tree.middleTraversing(tree.getRoot());
    }
   }
```

图 6–17 所示为将序列{12，5，17，3，5，14，20，9，15，8，10}构成一棵二叉排序树的过程。

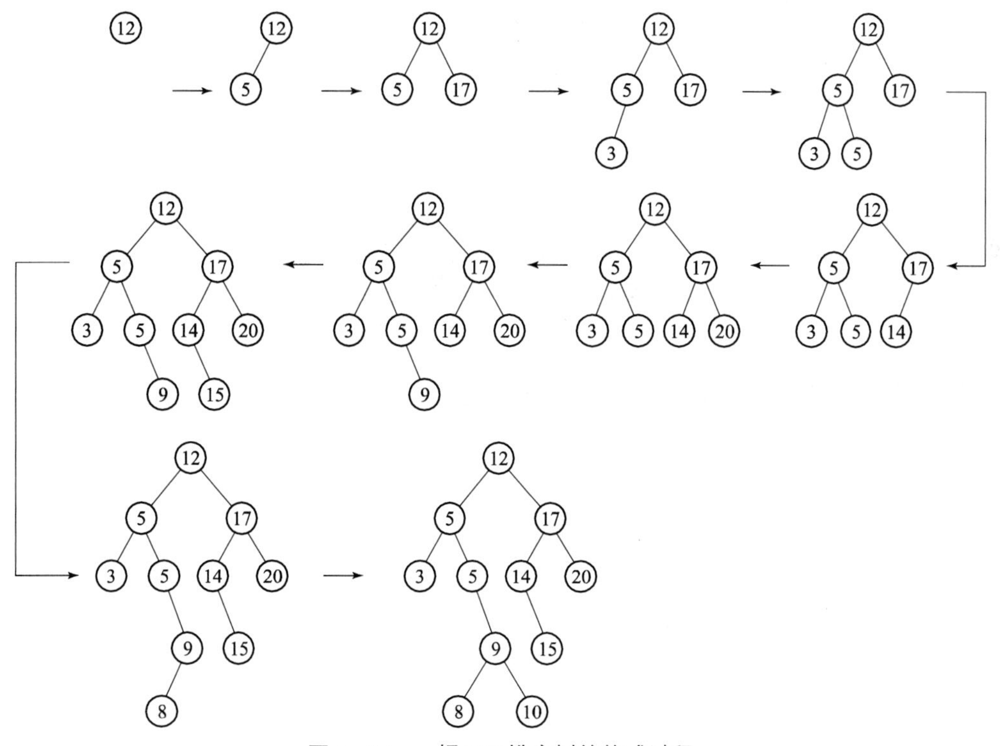

图 6-17　一棵二叉排序树的构成过程

由以上插入过程可以看出，每次插入的新结点都是二叉排序树的叶子结点，所以，在插入操作中不必移动其他结点。这一特性可以用于需要经常插入和删除有序表的场合。

三、删除二叉排序树上的结点

若从二叉排序树上删除一个结点后，还能保持二叉排序树的特征，则应使删除一个结点后的二叉排序树仍是一棵二叉排序树。

算法思想：

根据被删除结点在二叉排序树中的位置，删除操作应按以下四种不同情况分别处理：

（1）若被删除结点是叶子结点，则只需修改其双亲结点的指针，并令其 lch 或 rch 域为 NULL。

（2）若被删除结点 P 有一个儿子，即只有左子树或右子树时，应将其左子树或右子树直接成为其双亲结点 F 的左子树或右子树即可，如图 6–18（a）所示。

（3）若被删除结点 P 的左、右子树均非空，则要循着 P 结点左子树根结点 C 的右子树分支找到结点 S，S 结点的右子树为空。然后将 S 的左子树成为 Q 结点的右子树，将 S 结点取代被删除的 P 结点。图 6–18（b）所示为删除 P 前的情况，图 6–18（c）所示为删除 P 后的情况。

（4）若被删除结点为二叉排序树的根结点，则 S 结点成为根结点。

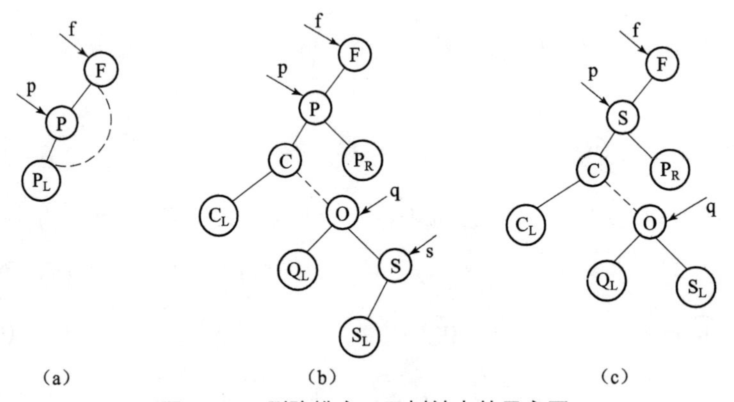

图 6–18　删除排序二叉树结点的示意图

（a）被删除结点 P 有一个儿子；（b）删除结点 P 前；（c）删除结点 P 后

二叉排序树结点删除算法的 Java 语言描述如下：

【代码 6.8　二叉排序树结点删除】

```
public boolean delete(long value) {
        //引用当前结点，从根结点开始
        Node current = root;
         //应用当前结点的父结点
        Node parent = root;
        //是否为左结点
        boolean isLeftChild = true;
        while(current.data != value) {
              parent = current;
              //进行比较，比较查找值和当前结点的大小
              if(current.data > value) {
                    current = current.leftChild;
```

```
                isLeftChild = true;
            } else {
                current = current.rightChild;
                isLeftChild = false;
            }
            //如果查找不到
            if(current == null) {
            return false;
        }
    }
    //删除叶子结点，也就是该结点没有子结点
    if(current.leftChild == null && current.rightChild == null) {
        if(current == root) {
            root = null;
        } else if(isLeftChild) {
            parent.leftChild = null;
        } else {
            parent.rightChild = null;
        }
    } else if(current.rightChild == null) {
        if(current == root) {
            root = current.leftChild;
        }else if(isLeftChild) {
            parent.leftChild = current.leftChild;
        } else {
            parent.rightChild = current.leftChild;
        }
    } else if(current.leftChild == null) {
        if(current == root) {
            root = current.rightChild;
        } else if(isLeftChild) {
            parent.leftChild = current.rightChild;
        } else {
            parent.rightChild = current.rightChild;
        }
    } else {
        Node successor = getSuccessor(current);
        if(current == root) {
            root = successor;
        } else if(isLeftChild) {
            parent.leftChild = successor;
```

```
            } else{
                parent.rightChild = successor;
            }
            successor.leftChild = current.leftChild;
        }
        return true;
    }
```

任务六　哈夫曼树和哈夫曼算法

哈夫曼树（Huffman）又称最优树，是一类带权路径最短的树，这类树在信息检索中能发挥很大的作用。作为树结构的应用实例之一，下面将具体介绍它。

一、哈夫曼树的定义

首先学习与哈夫曼树有关的一些术语。

路径长度：树中一个结点到另一个结点之间的分支数目称为这对结点之间的路径长度。

树的路径长度：指树的根结点到树中每一结点的路径长度之和。如果用 PL 表示路径长度，则如图 6–19（a）和图 6–19（b）所示的两棵二叉树的路径长度分别为：

图 6–19（a）：PL=0+1+2+2+3+4+5=17；

图 6–19（b）：PL=0+1+1+2+2+2+2+3=13。

任何二叉树中都存在如下情况：

路径为 0 的结点至多有 1 个；路径为 1 的结点至多有 2 个；……；路径为 k 的结点至多有 2^k 个。因此，n 个结点的二叉树路径长度满足：

$$PL \geqslant \sum_{k=1}^{n} \lfloor \log_2 k \rfloor$$

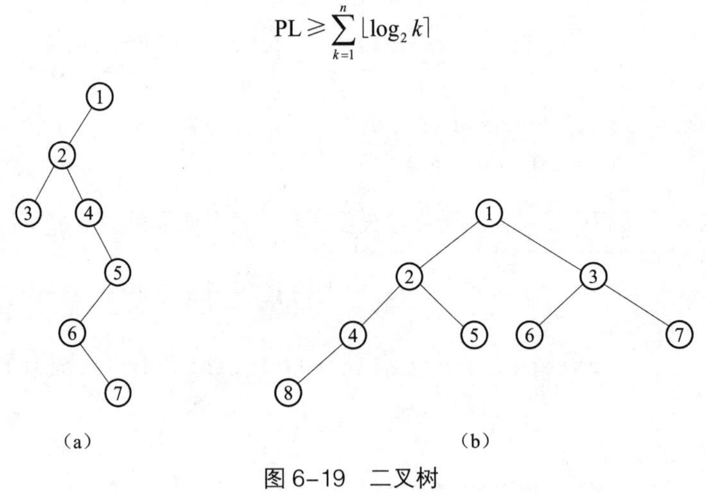

图 6–19　二叉树

（a）PL 为 17 的二叉树；（b）PL 为 13 的二叉树

从以上关系可以看出，要达到最小路径长度，即 $PL \geqslant \sum_{k=1}^{n} \lfloor \log_2^k \rfloor$ 的二叉树为完全二叉树。

现在进一步考虑带权的情况：

带权路径长度：从根结点到某结点的路径长度与该结点上权的乘积。

树的带权路径长度：树中所有叶子结点的带权路径长度之和，用 WPL 表示，记作：

$$WPL=\sum_{k=1}^{n} W_k L_k$$

其中，n 为二叉树中叶子结点的个数；W_k 为树中叶结点 k 的权；L_k 为从树结点到叶结点 k 的路径长度。

因此，哈夫曼树是指 WPL 为最小的二叉树。

如图 6–20 所示的三棵二叉树，每棵二叉树都有 4 个叶子结点 a，b，c，d，且分别带权 9，5，2，3，则它们的带权路径长度分别为：

图 6–20（a）：WPL=9×2+5×2+2×2+3×2=38；

图 6–20（b）：WPL=3×2+9×3+5×3+2×1=50；

图 6–20（c）：WPL=9×1+5×2+2×3+3×3=34。

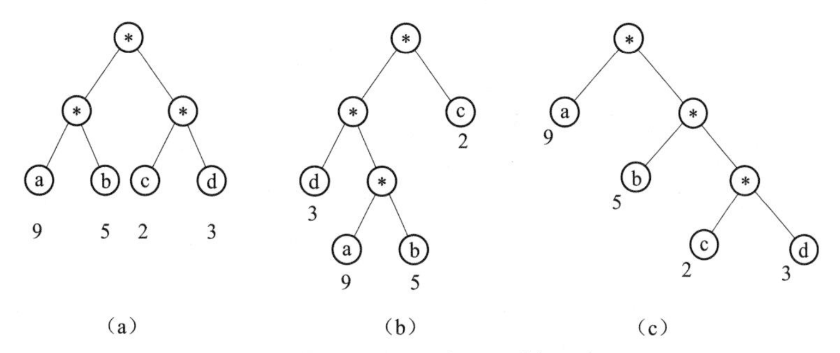

图 6–20　三棵二叉树

（a）WPL 为 38 的二叉树；（b）WPL 为 50 的二叉树；（c）WPL 为 34 的二叉树

其中，图 6–20（c）所示的二叉树带权路径长度最小。路径长度最小的二叉树，其带权路径长度不一定最小；结点权值越大、离根越近的二叉树，是带权路径最短的二叉树。

因此，可以验证图 6–20（c）所示的二叉树为哈夫曼树。

二、构造哈夫曼树——哈夫曼算法

如何由已知的 n 个带权叶子结点构造出哈夫曼树呢？哈夫曼最早给出了一个带有一般规律的算法，俗称哈夫曼算法，现介绍如下：

（1）根据给定的 n 个权值$\{W_1, W_2, \cdots, W_n\}$构成 n 棵二叉树的集合 $F=\{T_1, T_2, \cdots, T_n\}$，其中每棵二叉树中只有一个带权为 W_i 的根结点，如图 6–21（a）所示。

（2）在 F 中选择两棵根结点权值最小的树作为左、右子树来构造一棵新的二叉树，并且置新的二叉树根结点的权值为其左、右子树上根结点的权值之和，如图 6–21（b）所示。

（3）将新的二叉树加入 F 中，除去原来两棵根结点权值最小的树，如图 6–21（c）所示。

（4）重复第（2）和（3）步，直到 F 中只含有一棵树为止，则这棵树就是哈夫曼树，如图 6–21（d）所示。

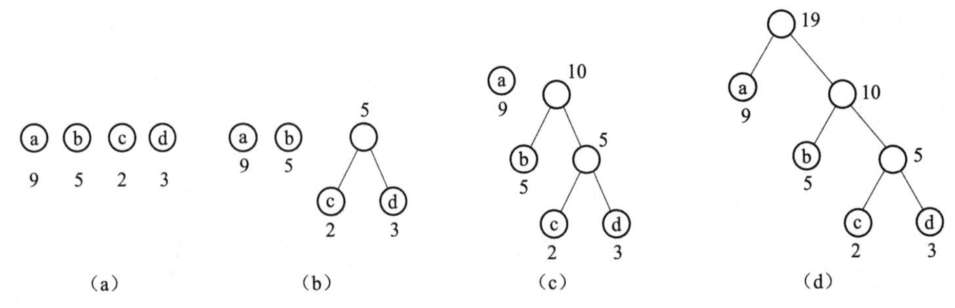

图 6–21　构造哈夫曼树

（a）构造二叉树的集合；（b）构造新的二叉树；

（c）将新的二叉树加入 F 中；（d）哈夫曼树构造完成

三、哈夫曼树的应用

❶ 判定问题

在解决某些判定问题时，利用哈夫曼树可以得到最佳判定算法。例如，要编制一个将学生百分成绩按分数段分级的程序，其中 90 分以上为‘A’，80~89 分为‘B’，70~79 分为‘C’，60~69 分为‘D’，0~59 分为‘E’。假定理想状况为学生各分数段成绩分布均匀，则可用如图 6–22（a）中所示的二叉树来实现。但实际情况中学生各分数段成绩分布是不均匀的，假设其分布关系见表 6–1。

表 6–1　学生各分数段成绩分布

分数段	0~59	60~69	70~79	80~89	90~100
比例/%	5	15	40	30	10

这个问题如果利用哈夫曼树的特征，则可得到如图 6–22（b）所示的判定过程，它使得大部分数据经过较少的比较次数就能得到结果。然后再将每一框中的两次比较改为一次比较，则得到如图 6–22（c）所示的判定树，可以按此编制响应的程序。上例中假定有 10 000 个输入数据，若按图 6–22（a）所示的过程进行判定，则总共要进行 31 500 次比较，而按图 6–22（c）所示的过程进行判定，则仅需 22 000 次比较。

❷ 哈夫曼编码

当前，在主要的远距离通信手段——电报通信中，需要将要传送的文字转换成由二进制位 0，1 组成的字符串，才能传送出去，这称为编码。接收方收到一系列由 0，1 组成的字符串后，再把它还原成文字，即为译码。

例如，需传送的电文为“ACDACAB”，其间只用到了四个字符，则只需两个字符的串便足以分辨。令“A, B, C, D”的编码分别为 00, 01, 10, 11，则电文的二进制代码串为 00101100100001，总码长 14 位。接收方按两位一组进行分割，便可以进行译码。

但是在传送电文时，总希望总码长尽可能短。所以，如果对每个字符设计长度不等的编码，并且让电文中出现次数较多的字符采用尽可能短的编码，则传送电文的总码长便可以减少。在上例电文中，A 和 C 出现的次数较多，所以可以再设计一套编码方案，即 A，B，C，D 的编码分别为 0，01，1，11，此时电文“ACDACAB”的二进制代码串为 011101001，总码长 9 位，显然是缩短了。

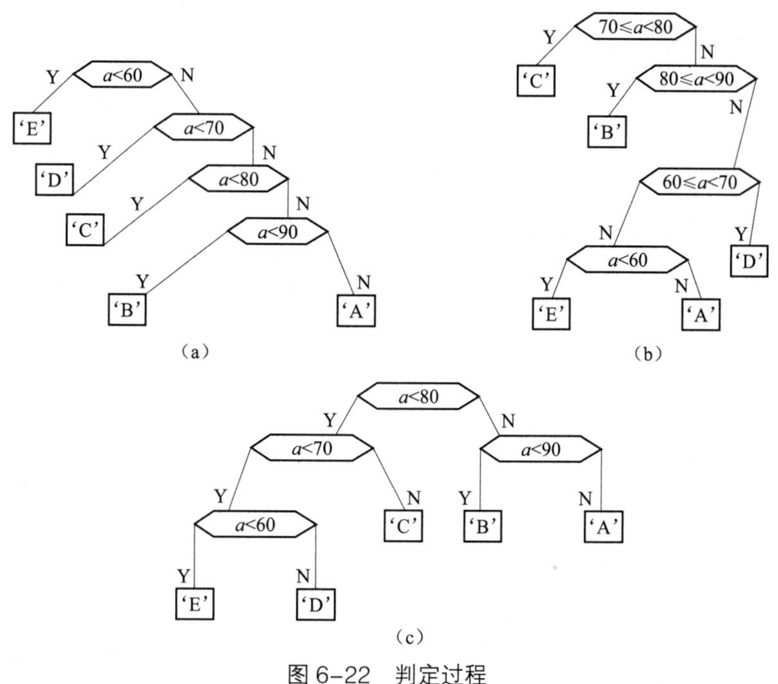

图 6–22　判定过程

（a）判定过程一；（b）判定过程二；（c）判定过程三

但是接收方收到该代码串后仍然无法进行译码，因为比如代码串中的“01”是代表 B 还是代表 AC 呢？因此，若要设计长度不等的编码，必须是任一个字符的编码都不是另一个字符编码的前缀，这种编码称为前缀码。电话号码就是前缀码，例如 110 是报警电话的号码，所以其他的电话号码就不能以 110 开头了。

利用哈夫曼树不仅能构造出前缀码，还能使电文编码的总长度最短，其方法如下：

假定电文中共使用了 n 种字符，每种字符在电文中出现的次数为 W_i（i=1~n）。以 W_i 作为哈夫曼树叶子结点的权值，用前面所介绍的哈夫曼算法构造出哈夫曼树，然后再将每个结点的左分支标上“0”，右分支标上“1”，则从根结点到代表该字符的叶子结点之间，沿途路径上的分支号组成的代码串就是该字符的编码。

例如，在电文“ACDACAB”中，A，B，C，D 四个字符出现的次数分别为 3，1，2，1，构造一棵以 A，B，C，D 为叶子结点，且其权值分别为 3，1，2，1 的哈夫曼树，按上述方法对分支进行标号，如图 6–23 所示，则可得到 A，B，C，D 的前缀码分别为 0，110，10，111。

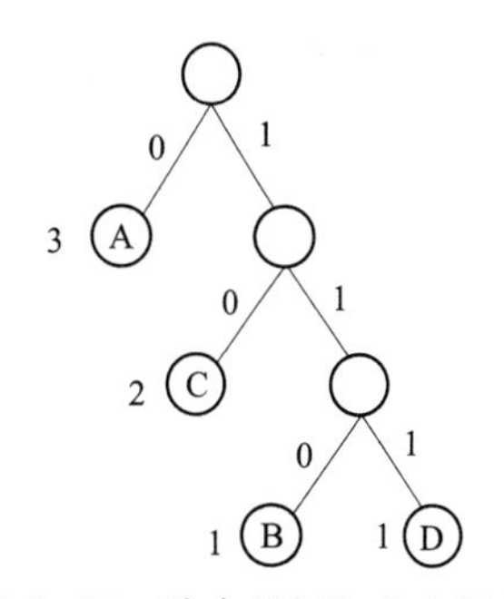

图 6–23　哈夫曼树与分支标号

此时，电文“ACDACAB”的二进制代码串为 0101110100110。

译码也是根据图 6–23 所示的哈夫曼树来实现的，即从根结点出发，按代码串中“0”为左子树、“1”为右子树的规则进行译码，直到叶子结点，路径扫描到的二进制位串就是叶子结点对应的字符的编码。例如，对上述二进制代码串进行译码：0 为左子树的叶子结点 A，故 0 是 A 的编码；接着 1 为右子树，0 为左子树到叶子结点 C，所以 10 是 C 的编码；接着

1 是右子树，1 继续右子树，1 再右子树到叶子结点 D，所以 111 是 D 的编码……如此继续，即可正确译码。

实训　哈夫曼编码

❶ 实训说明

普通编码都是定长的，而哈夫曼编码是一种压缩算法的技术，它研究如何根据使用频率得到最优的编码方案，从而整体上缩短信息的长度。

实现了二叉树的存储结构和基本算法后，可以借助构造哈夫曼树得到实际问题的最优编码。本实训是有关二叉树算法应用的实例。

❷ 程序分析

本程序主要分为两个部分：首先建立哈夫曼树，然后根据叶结点所处的位置得到哈夫曼编码。

1）建立哈夫曼树

主要思想：

（1）对 List 集合中的所有结点进行排序。

（2）找出 List 集合中权值最小的两个结点。

（3）以权值最小的两个结点作为子结点创建新结点。

（4）从 List 集合中删除权值最小的两个结点，并将新结点添加到 List 集合中。

2）进行哈夫曼编码

求叶结点编码的过程实质上就是在已建立的哈夫曼树中，从叶结点开始，沿结点的双亲链域回退到根结点，每回退一步，就走过了哈夫曼树的一个分支，从而得到一位哈夫曼码值。由于一个字符的哈夫曼编码是从根结点到相应叶结点所经过的路径上各分支所组成的 0，1 序列，因此先得到的分支代码为所求编码的低位码，后得到的分支代码为所求编码的高位码。

程序实现过程：先通过哈夫曼树方法构造哈夫曼树，然后在哈夫曼编码中自底部开始（也就是从数组序号为零的结点开始）向上层层判断。若在父结点左侧，则置码为 0；若在父结点右侧，则置码为 1。最后，通过输出生成编码。

❸ 程序源代码

```
import java.util.*;
public class HuffmanTree
{
    public static class Node<E>
    {
        E data;
        double weight;
        Node leftChild;
        Node rightChild;
        public Node(E data , double weight)
        {
            this.data = data;
```

```
        this.weight = weight;
    }
    public String toString()
    {
        return "Node[data=" + data
            + ", weight=" + weight + "]";
    }
}
public static void main(String[] args)
{
    List<Node> nodes = new ArrayList<Node>();
    nodes.add(new Node("A" , 40.0));
    nodes.add(new Node("B" , 8.0));
    nodes.add(new Node("C" , 10.0));
    nodes.add(new Node("D" , 30.0));
    nodes.add(new Node("E" , 10.0));
    nodes.add(new Node("F" , 2.0));
    Node root = HuffmanTree.createTree(nodes);
    System.out.println(breadthFirst(root));
}
/**
 * 构造哈夫曼树
 * @param nodes 结点集合
 * @return 构造出来的哈夫曼树的根结点
 */
private static Node createTree(List<Node> nodes)
{
    //只要nodes数组中还有两个以上的结点
    while (nodes.size() > 1)
    {
        quickSort(nodes);
        //获取权值最小的两个结点
        Node left = nodes.get(nodes.size() - 1);
        Node right = nodes.get(nodes.size() - 2);
        //生成新结点，新结点的权值为两个子结点的权值之和
        Node parent = new Node(null , left.weight + right.weight);
        //让新结点作为权值最小的两个结点的父结点
        parent.leftChild = left;
        parent.rightChild = right;
        //删除权值最小的两个结点
        nodes.remove(nodes.size() - 1);
```

```
            nodes.remove(nodes.size() - 1);
            //将新生成的父结点添加到集合中
            nodes.add(parent);
        }
        //返回 nodes 集合中唯一的结点，也就是根结点
        return nodes.get(0);
    }
    //将指定数组的 i 和 j 索引处的元素交换
    private static void swap(List<Node> nodes, int i, int j)
    {
        Node tmp;
        tmp = nodes.get(i);
        nodes.set(i , nodes.get(j));
        nodes.set(j , tmp);
    }
    //实现快速排序算法，用于对结点进行排序，按从大到小的顺序进行排序
    private static void subSort(List<Node> nodes
        , int start , int end)
    {
        //需要排序
        if (start < end)
        {
            //以第一个元素作为分界值
            Node base = nodes.get(start);
            //i 从左边开始搜索，搜索大于分界值的元素的索引
            int i = start;
            //j 从右边开始搜索，搜索小于分界值的元素的索引
            int j = end + 1;
            while(true)
            {
                //找到大于分界值的元素的索引，或 i 已经到了 end 处
                while(i < end && nodes.get(++i).weight >= base.weight);
                //找到小于分界值的元素的索引，或 j 已经到了 start 处
                while(j > start && nodes.get(--j).weight <= base.weight);
                if (i < j)
                {
                    swap(nodes , i , j);
                }
                else
                {
                    break;
```

```
            }
        }
        swap(nodes , start , j);
        //递归左子序列
        subSort(nodes , start , j - 1);
        //递归右边子序列
        subSort(nodes , j + 1, end);
    }
}
public static void quickSort(List<Node> nodes)
{
    subSort(nodes , 0 , nodes.size() - 1);
}
//广度优先遍历
public static List<Node> breadthFirst(Node root)
{
    Queue<Node> queue = new ArrayDeque<Node>();
    List<Node> list = new ArrayList<Node>();
    if(root != null)
    {
        //将根元素入"队列"
        queue.offer(root);
    }
    while(!queue.isEmpty())
    {
        //将该队列的"队尾"元素添加到 List 中
        list.add(queue.peek());
        Node p = queue.poll();
        //如果左子结点不为 null，则将它加入"队列"
        if(p.leftChild != null)
        {
            queue.offer(p.leftChild);
        }
        //如果右子结点不为 null，则将它加入"队列"
        if(p.rightChild != null)
        {
            queue.offer(p.rightChild);
        }
    }
    return list;
}
```

```
}

import java.util.ArrayDeque;
import java.util.ArrayList;
import java.util.Collections;
import java.util.HashSet;
import java.util.List;
import java.util.Queue;
import java.util.Scanner;

public class HuffmanCoding {
    public static String writeString;

    public static class HNode {
        String data = "";
        String coding = "";

        @Override
        public String toString() {
            return "HNode [coding=" + coding + ", data=" + data + "]";
        }

        public HNode(String data) {
            super();
            this.data = data;
        }

        @Override
        public int hashCode() {
            final int prime = 31;
            int result = 1;
            result=prime * result + ((data == null) ? 0 : data.hashCode());
            return result;
        }

        @Override
        public boolean equals(Object obj) {
            if (this == obj)
                return true;
            if (obj == null)
                return false;
```

```
                if (getClass() != obj.getClass())
                        return false;
                HNode other = (HNode) obj;
                if (data == null) {
                        if (other.data != null)
                              return false;
                } else if (!data.equals(other.data))
                        return false;
                return true;
        }

    }

    public static class Node {
        HNode data;
        int weight;
        Node leftChild;
        Node rightChild;

        public Node(HNode data, int weight) {
            this.data = data;
            this.weight = weight;
        }

        public String toString() {
            return "Node[data=" + data + ", weight=" + weight + "]";
        }

        @Override
        public int hashCode() {
            final int prime = 31;
            int result = 1;
            result=prime * result+((data==null) ? 0 : data.hashCode());
            return result;
        }

        @Override
        public boolean equals(Object obj) {
            if (this == obj)
                  return true;
            if (obj == null)
```

```
                return false;
            if (getClass() != obj.getClass())
                return false;
            Node other = (Node) obj;
            if (data == null) {
                if (other.data != null)
                    return false;
            } else if (!data.equals(other.data))
                return false;
            return true;
        }

    }

    public static void main(String[] args) {
        System.out.println("请输入字符串：");
        Scanner scanner = new Scanner(System.in);
        HuffmanCoding.writeString = scanner.nextLine();
        char[] chars = writeString.toCharArray();
        List<Node> nodes = new ArrayList<Node>();
        for (int i = 0; i < chars.length; i++) {
            Node t = new Node(new HNode(String.valueOf(chars[i])), 1);
            if (nodes.contains(t)) {
                nodes.get(nodes.indexOf(t)).weight++;
            } else {
                nodes.add(t);
            }
        }
        // System.out.println(nodes);
        Node root = HuffmanCoding.createTree(nodes);
        breadthFirst(root, nodes);

        for (int i = 0; i < chars.length; i++) {
            Node t = new Node(new HNode(String.valueOf(chars[i])), 1);
            System.out.print(nodes.get(nodes.indexOf(t)).data.coding);
        }
    }

    private static Node createTree(List<Node> nodess) {
        List<Node> nodes = new ArrayList<Node>(nodess);
        // 只要nodes数组中还有两个以上的结点
```

```
        while (nodes.size() > 1) {
            quickSort(nodes);
            // 获取权值最小的两个结点
            Node left = nodes.get(nodes.size() - 1);
            Node right = nodes.get(nodes.size() - 2);
            // 生成新结点，新结点的权值为两个子结点的权值之和
            Node parent = new Node(new HNode(null), left.weight +
right.weight);
            // 让新结点作为权值最小的两个结点的父结点
            parent.leftChild = left;
            parent.rightChild = right;
            // 删除权值最小的两个结点
            nodes.remove(nodes.size() - 1);
            nodes.remove(nodes.size() - 1);
            // 将新生成的父结点添加到集合中
            nodes.add(parent);
        }
        // 返回 nodes 集合中唯一的结点，也就是根结点
        return nodes.get(0);
    }

    public static void quickSort(List<Node> nodes) {
        subSort(nodes, 0, nodes.size() - 1);
    }

    private static void subSort(List<Node> nodes, int start, int end) {
        if (start < end) {
            Node base = nodes.get(start);
            int i = start;
            int j = end + 1;
            while (true) {
                while (i < end && nodes.get(++i).weight >= base.weight)
                    ;
                while(j> start && nodes.get(--j).weight<=base.
weight)
                    ;

                if (i < j) {
                    swap(nodes, i, j);
                } else {
                    break;
```

```
                }
            }
            swap(nodes, start, j);
            // 递归左子序列
            subSort(nodes, start, j - 1);
            // 递归右子序列
            subSort(nodes, j + 1, end);
        }
    }

    private static void swap(List<Node> nodes, int i, int j) {
        Node tmp;
        tmp = nodes.get(i);
        nodes.set(i, nodes.get(j));
        nodes.set(j, tmp);
    }

    // 广度优先遍历
    public static void breadthFirst(Node root, List<Node> nodes) {
        // System.out.println("我  "+nodes);
        Queue<Node> queue = new ArrayDeque<Node>();
        List<Node> list = new ArrayList<Node>();
        if (root != null) {
            // 将根元素入"队列"
            queue.offer(root);
        }
        while (!queue.isEmpty()) {
            // 将该队列的"队尾"元素添加到 List 中
            list.add(queue.peek());
            Node p = queue.poll();
            // 如果左子结点不为 null，则将它加入"队列"
            if (p.leftChild != null) {
                queue.offer(p.leftChild);
                p.leftChild.data.coding = p.data.coding + "0";
            } else {
                // System.out.println(p+" "+p.data+" "+p.data.data+
                // " "+p.data.coding);

              //  System.out.println("nodes.indexOf(p)"+nodes.contains
(p));
              ((Node)  nodes.get(nodes.indexOf(p))).data.coding =
```

```
p.data.coding;
                }
                // 如果右子结点不为null，则将它加入"队列"
                if (p.rightChild != null) {
                     queue.offer(p.rightChild);
                     p.rightChild.data.coding = p.data.coding + "1";
                }
                // else {
                // nodes.get(nodes.indexOf(p)).data.coding=p.data.coding;
                // System.out.println("you "+p.data.coding);
                // }
            }
        }
    }
```

小　结

树结构是一类非常重要的非线性结构，具有十分广泛的用途。本项目主要介绍了如下一些基本概念。

树（Tree）：是 n（$n \geqslant 0$）个结点的有限集。在任意一棵非空树中，有且仅有一个特定的称为根（Root）的结点，该结点没有前驱。当 $n>1$ 时，其余结点可分为 m（$m>0$）个互不相交的有限集 T_1，T_2，…，T_m，其中每一个集合本身又是一棵树，所以称为根的子树（Subtree）。

结点（node）：树中的元素，包含数据项及若干指向其他子树的分支。

度（degree）：结点拥有的子树数。

树的度（tree degree）：树内各结点度的最大值。

叶子（leaf）：树中度为 0 的结点，又称为终端结点。

分支结点（branch node）：树中度不为 0 的结点，又称为非终端结点。

孩子（child）：结点子树的根称为该结点的孩子。

双亲（parents）：对应上述称为孩子结点的上层结点即为这些结点的双亲。

兄弟（sibling）：同一双亲的孩子之间互为兄弟。

堂兄弟（cousin）：其双亲在同一层的结点互为堂兄弟。

结点的祖先（ancestor）：从根到该结点所经分支上的所有结点。

结点的子孙（descendant）：以某结点为根的子树中的任一结点都称为该结点的子孙。

层次（level）：从根开始定义，根为第一层，根的孩子为第二层。若某结点在第 i 层，则该结点子树的根在第 $i+1$ 层。

深度（depth）：树中结点的最大层次数。

森林（forest）：是 m（$m>0$）棵互不相交的树的集合。对于树中的每个结点而言，其子树的集合即为森林。

有序树和无序树（ordered tree and unordered tree）：如果各子树依次从左到右排列，不可对换，则称该子树为有序树，并且把各子树分别称为第一子树，第二子树，……；反之，则称为无序树。

二叉树（binary tree）：是 n（$n \geqslant 0$）个结点的有限集，它或为空树（$n=0$），或由一个根结点和两棵分别称为左子树和右子树的互不相交的二叉树所构成。

满二叉树（full binary tree）：深度为 h 且含有 2^h-1 个结点的二叉树。

完全二叉树（complete binary tree）：如果一棵有 n 个结点的二叉树，按满二叉树方式自上而下、自左而右对它进行编号，若树中所有结点和满二叉树 $1 \sim n$ 编号完全一致，则称该树为完全二叉树。

遍历（traversing）：指循着某条搜索路线巡查某数据结构中的结点，并且每个结点只被访问一次。

二叉排序树：或是空树，或是具有下述性质的二叉树：若其左子树非空，则其左子树上的所有结点的数据值均小于根结点的数据值；若其右子树非空，则其右子树上的所有结点的数据值均大于或等于根结点的数据值，左子树和右子树又各是一棵二叉排序树。

路径长度：树中一个结点到另一个结点之间的分支数目称为这对结点之间的路径长度。

树的路径长度：指树的根结点到树中每一结点的路径长度之和。

带权路径长度：从根结点到某结点的路径长度与该结点上权的乘积。

树的带权路径长度：树中所有叶子结点的带权路径长度之和。

哈夫曼树（最优二叉树）：带权路径长度最小的二叉树。

读者应在掌握以上概念的基础上重点学习对二叉树进行的各种操作及相关算法描述。

习题六

1. 已知如图 6–23 所示的树，请回答下列问题：

（1）哪些结点是叶子结点？

（2）树的度是多少？

（3）找出所有层次为 4 的结点。

（4）画出该树的不定长结点表示。

2. 给定结点 A，B，C，试问可以构成多少种不同形状的树？多少种不同形状的二叉树？

3. 请将如图 6–24 所示的树转换成一棵二叉树，并分别按先序、中序、后序三种方式遍历之。

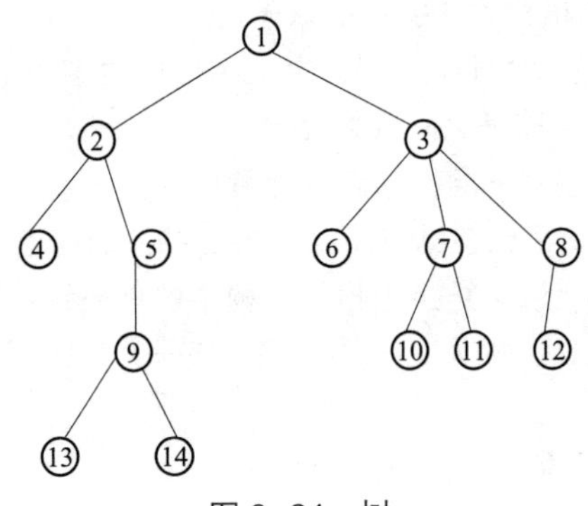

图 6–24　树

4. 若一棵二叉树的先序遍历和中序遍历的结果分别为 ABDEHCFGI 和 DBEHAFCIG，试画出该二叉树。

5. 写出按层次遍历二叉树的方法，并要求同一层次按自左到右的次序排列。

6. 写出统计一棵二叉树中叶子结点个数的算法。

7. 写出计算一棵二叉树深度的算法。

8. 一份成绩单见表 6–2，试将其构造成一棵二叉排序树，并写出其中序遍历的结果。

表 6–2　成绩单

学号	1	2	3	4	5	6	7	8	9
成绩	60.5	47.0	80.3	76.0	90.6	53.2	83.3	93.0	75.5

9. 给定一组权值：3，3，7，7，11，13，17，试构造一棵哈夫曼树，并计算带权路径长度。

10. 给定字符串：ABCD BD CB DB ACB，请按此信息构造哈夫曼树，并求出每一个字符的哈夫曼编码。

项目七

图

职业能力目标与学习要求

图（Graph）是一种比线性表和树更为复杂的非线性结构。在线性结构中，结点之间的关系是线性关系，除开始结点和终端结点外，每个结点只有一个直接前驱和直接后继。在树结构中，结点之间的关系实质上是层次关系，同层上的每个结点可以和下一层的零个或多个结点（即孩子）相关，但只能和上一层的一个结点（即双亲）相关（根结点除外）。然而，在图结构中，对结点（图中常称为顶点）的前驱和后继个数都是不加限制的，即结点之间的关系是任意的，图中任意两个结点之间都可能相关。因此，图的应用极为广泛，特别是近年来，图已渗透到诸如语言学、逻辑学、物理、化学、电信工程、计算机科学及数学等学科中。

本项目首先介绍图的概念，然后介绍图的存储方法及有关图的算法。

任务一　基本定义和术语

一、基本定义和术语

图 G 由两个集合 V 和 E 组成，记为 $G=(V, E)$，其中 V 是顶点的有穷非空集合，E 是 V 中顶点偶对（称为边）的有穷集。通常也将图 G 的顶点集和边集分别记为 $V(G)$和 $E(G)$。$E(G)$可以是空集，若 $E(G)$为空，则图 G 只有顶点而没有边，称为空图。

若图 G 中的每条边都是有方向的，则称 G 为有向图（Digraph）。在有向图中，一条有向边是由两个顶点组成的有序对，有序对通常用尖括号表示。例如，$<v_i, v_j>$表示一条有向边，v_i是边的始点（起点），v_j是边的终点。因此，$<v_i, v_j>$和$<v_j, v_i>$是两条不同的有向边。有向边也称为弧（Arc），边的始点称为弧尾（Tail），终点称为弧头（Head）。例如，图 7–1 所示的 G_1是一个有向图，图中边的方向是用从始点指向终点的箭头表示的，该图顶点集和边集分别为：

$V(G_1)=\{v_1, v_2, v_3\}$

$E(G_1)=\{<v_1, v_2>, <v_2, v_1>, <v_2, v_3>\}$

若图 G 中的每条边都是没有方向的，则称 G 为无向图（Undigraph）。无向图中的边均是顶点的无序对，无序对通常用圆括号表示。因此，无序对(v_i, v_j)和(v_j, v_i)表示同一条边。例如，图 7–1 中所示的 G_2和 G_3均是无向图，它们的顶点集和边集分别为：

$V(G_2)=\{v_1, v_2, v_3, v_4\}$

$E(G_2)=\{(v_1, v_2), (v_1, v_3), (v_1, v_4), (v_2, v_3), (v_2, v_4), (v_3, v_4)\}$

$V(G_3)=\{v_1, v_2, v_3, v_4, v_5, v_6, v_7\}$

$E(G_3)=\{(v_1, v_2), (v_1, v_3), (v_2, v_4), (v_2, v_5), (v_3, v_6), (v_3, v_7)\}$

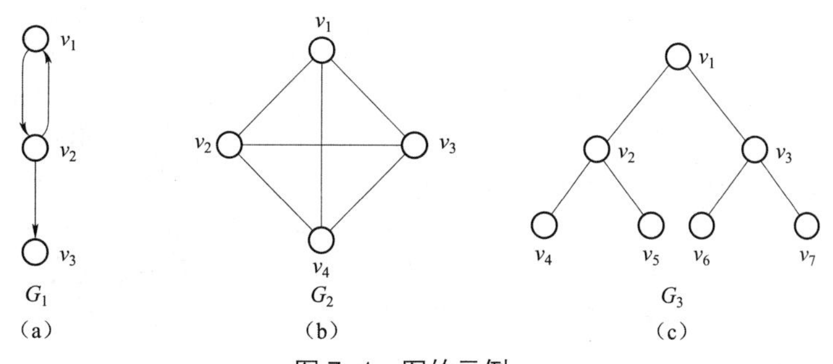

图 7–1 图的示例

（a）有向图 G_1；（b）无向图 G_2；（c）无向图 G_3

在以下的讨论中，不考虑顶点到其自身的边，即若(v_1, v_2)或$<v_1, v_2>$是 $E(G)$中的一条边，则要求 $v_1 \neq v_2$。此外，不允许一条边在图中重复出现。因此，只讨论简单的图。

根据上述规定可知，图 G 的顶点数 n 和边数 e 满足下述关系：若 G 是无向图，则 $0 \leqslant e \leqslant n(n-1)/2$；若 G 是有向图，则 $0 \leqslant e \leqslant n(n-1)$。恰好有 $n(n-1)/2$ 条边的无向图称为无向完全图（Undirected Complete Graph），恰好有 $n(n-1)$条边的有向图称为有向完全图（Directed Complete Graph）。

显然，完全图具有最多的边数，且任意一对顶点间均有边相连。例如，图 7–1 所示的 G_2 是具有 4 个顶点的无向完全图。

若(v_i, v_j)是一条无向边，则称顶点 v_i 和 v_j 互为邻接点（Adjacent），或称 v_i 和 v_j 相邻接，或称(v_i, v_j)关联（Incident）于顶点 v_i 和 v_j，或称(v_i, v_j)与顶点 v_i 和 v_j 相关联。如图 7–1 所示的 G_2，与顶点 v_1 相邻接的顶点是 v_2，v_3 和 v_4，而关联于顶点 v_2 的边是(v_1, v_2)，(v_2, v_3)和(v_2, v_4)。若$<v_i, v_j>$是一条有向边，则称顶点 v_i 邻接到 v_j，顶点 v_j 邻接于顶点 v_i，或称$<v_i,v_j>$关联于 v_i 和 v_j，或称$<v_i, v_j>$与顶点 v_i 和 v_j 相关联。如图 7–1 所示的 G_1，关联于顶点 v_2 的边是$<v_1, v_2>$，$<v_2, v_1>$和$<v_2,v_3>$。

在无向图中，顶点 v 的度（Degree）关联于该顶点边的数目，记为 $D(v)$。若 G 为有向图，则把以顶点 v 为终点的边的数目称为 v 的入度（Indegree），记为 $\mathrm{ID}(v)$；把以顶点 v 为始点的边的数目称为 v 的出度（Outdegree），记为 $\mathrm{OD}(v)$；顶点 v 的度则定义为该顶点的入度和出度之和，即 $D(v)=\mathrm{ID}(v)+\mathrm{OD}(v)$。

例如，在图 G_2 中，顶点 v_1 的度为 3；在图 G_1 中，顶点 v_2 的入度为 1、出度为 2，所以顶点 v_2 的度为 3。因此，无论是有向图还是无向图，顶点数 n、边数 e 和度数之间有如下关系：

$$e=\sum_{i=1}^{n} D(v_i)/2$$

设 $G=(V, E)$是一个图，若 V'是 V 的子集，E'是 E 的子集，且 E'中的边所关联的顶点均在 V'中，则 $G'=(V', E')$也是一个图，并称其为 G 的子图（Subgraph）。例如图 7–2 所示的有向图 G_1 的若干子图，图 7–3 所示的无向图 G_2 的若干子图。

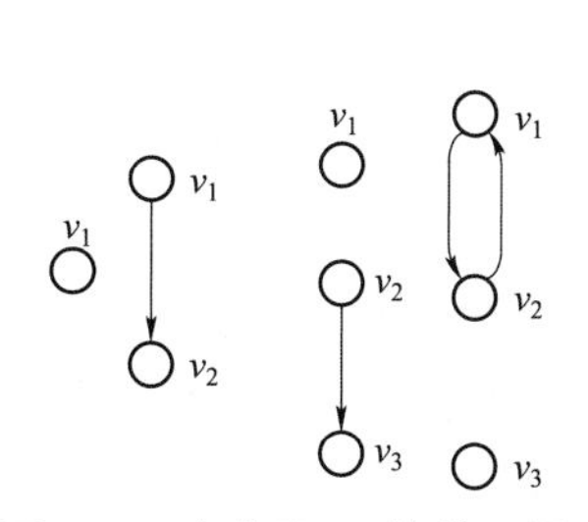

图 7–2 有向图 G_1 的若干子图

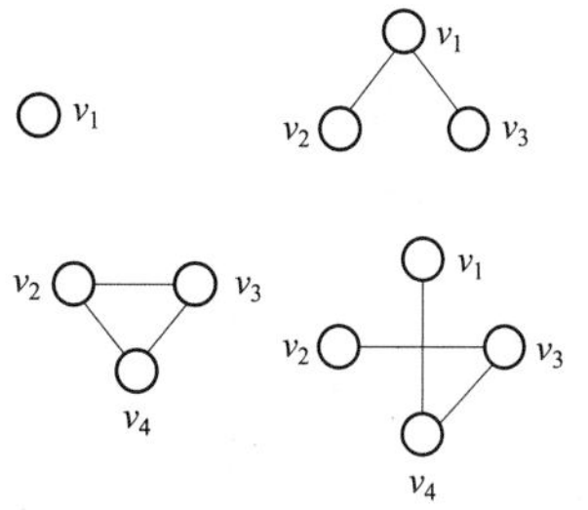

图 7–3 无向图 G_2 的若干子图

设 $V' = (v_1, v_2, v_3)$，$E' = \{(v_1, v_2), (v_2, v_4)\}$，显然 $V' \subseteq V(G), E' \subseteq E(G)$，但因为 E'中偶对(v_2, v_4)所关联的顶点 v_4 不在 V'中，所以(V', E')不是图，也就不可能是 G_2 的子图。

在无向图 G 中，若存在一个顶点序列 v_p，v_{i1}，v_{i2}，…，v_{in}，v_q，使得(v_p, v_{i1})，(v_{i1},v_{i2})，…，(v_{in}, v_q)均属于 $E(G)$，则称顶点 v_p 到 v_q 存在一条路径（Path）。若 G 是有向图，则路径也是有向的，它由 $E(G)$中的有向边$<v_p, v_{i1}>$，$<v_{i1}, v_{i2}>$，…，$<v_{in}, v_q>$组成，路径长度定义为该路径上边的数目。若一条路径上除了 v_p 和 v_q 可以相同外，其余顶点均不相同，则称此路径为一条简单路径。起点和终点相同（$v_p = v_q$）的简单路径称为简单回路或简单环（Cycle）。例如，在图 G_2 中，顶点序列 v_1，v_2，v_3，v_4 是一条从顶点 v_1 到顶点 v_4 的长度为 3 的简单路径；顶点序列 v_1，v_2，v_4，v_1，v_3 是一条从顶点 v_1 到顶点 v_3 的长度为 4 的路径，但不是简单路径；顶点序列 v_1，v_2，v_4，v_1 是一个长度为 3 的简单环。在有向图 G_1 中，顶点序列 v_1，v_2，v_1 是一个长度为 2 的有向简单环。

在一个有向图中，若存在一个顶点 v，使从该顶点有路径可以到达图中其他所有的顶点，则称此有向图为有根图，v 称作图的根。

在无向图 G 中，若从顶点 v_i 到顶点 v_j 有路径（当然，从 v_j 到 v_i 也一定有路径），则称 v_i 和 v_j 是连通的。若 $V(G)$中任意两个不同的顶点 v_i 和 v_j 都连通（即有路径），则称 G 为连通图（Connected Graph）。例如，图 7–1 所示的 G_2 是连通图。

无向图 G 的极大连通子图称为 G 的连通分量（Connected Component）。显然，任何连通图的连通分量只有一个，即是其自身，而非连通的无向图有多个连通分量。例如，图 7–4 所示的 G_4 是非连通图，它有两个连通分量 H_1 和 H_2。

图 7–4 具有两个连通分量的非连通图 G_4

在有向图 G 中，若对于 $V(G)$中任意两个不同的顶点 v_i 和 v_j，都存在从 v_i 到 v_j 及从 v_j 到 v_i 的路径，则称 G 是强连通图。有向图 G 的极大强连通子图称为 G 的强连通分量。显然，强连通图只有一个强连通分量，即是其自身，而非强连通的有向图有多个强连通分量。例如图 7–1 所示的 G_1 不是强连通图，因为 v_3 到 v_2 没有路径，但它有两个强连通分量，如图 7–5 所示。

若将图的每条边都赋上一个权，则称这种带权图为**网络**（Network）。通常权是具有某种意义的数，比如，它们可以表示两个顶点之间的距离和耗费等。图 7–6 所示就是一个网络示例。

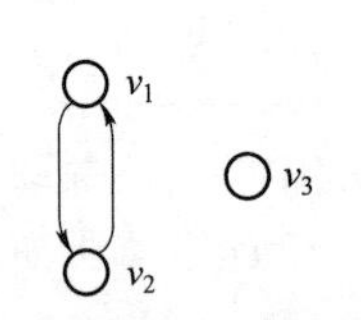

图 7–5 G_1 的两个强连通分量

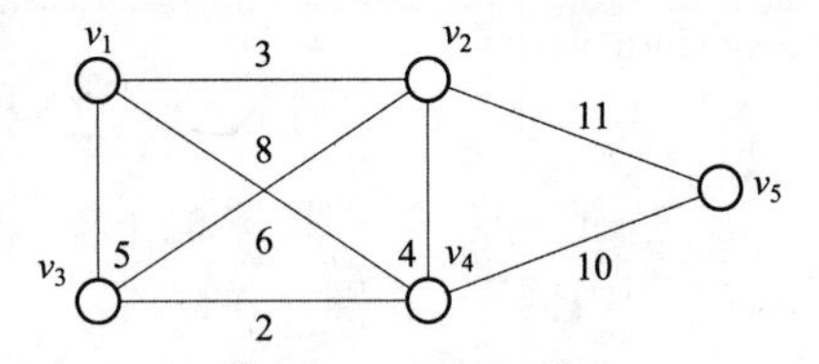

图 7–6 网络示例

二、抽象数据类型

与其他数据结构一样，在介绍图的存储结构之前，先给出图的抽象数据类型和 Java 接口。在这里与前面介绍的数据结构不同的是，图有无向图和有向图之分，所以有些操作是无向图支持的，例如只求无向图的最小生成树；而有些操作是只有有向图才支持的，例如拓扑排序和求关键路径。

下面给出图的抽象数据类型定义。

ADT Graph{

数据对象 D：D 是具有相同性质的数据元素的集合。

数据关系 R：$R = \{<u, v>| P(u, v) \wedge (u, v \in D)\}$。

基本操作：

}ADT Graph

图的基本操作见表 7–1。

表 7–1　图的基本操作

序号	方法	功能描述
1	getType()	输入参数：无 返回参数：整数、图的类型 功能：返回图的类型
2	getVexNum() getEdgeNum()	输入参数：无 返回参数：整数 功能：返回图的顶点数，返回图的边数
3	getVertex() getEdge()	输入参数：无 返回参数：迭代器 功能：返回图中所有顶点的迭代器，返回图中所有边的迭代器
4	remove(v) remove(e)	输入参数：顶点 v，边 e 返回参数：无 功能：在图中删除特定的顶点 v，在图中删除特定的边
5	insert(v) insert(e)	输入参数：顶点 v、边 e 返回参数：无 功能：在图的顶点集中添加一个新顶点，在图的边集中添加一条新边
6	areAdjacent(u, v)	输入参数：顶点 u，v 返回参数：boolean 功能：判断顶点 v 是否为顶点 u 的邻接顶点
7	edgeFromTo(u, v)	输入参数：顶点 u，v 返回参数：边 功能：返回从顶点 u 到顶点 v 的边，如果不存在，则返回空
8	adjVertexs(u)	输入参数：顶点 u 返回参数：迭代器 功能：返回顶点 u 的所有邻接点
9	DFSTraverse(v)	输入参数：顶点 v 返回参数：迭代器 功能：从顶点 v 开始深度优先搜索遍历图
10	BFSTraverse(v)	输入参数：顶点 v 返回参数：迭代器 功能：从顶点 v 开始广度优先搜索遍历图
11	shortestPath(v)	输入参数：顶点 v 返回参数：迭代器 功能：求顶点 v 到图中所有顶点的最短路径

对应于上述抽象数据类型，下面给出图的 Java 接口。

【代码 7.1　图的接口定义】

```
public interface Graph {
      public static final int UndirectedGraph = 0;//无向图
      public static final int DirectedGraph   = 1;//有向图
      //返回图的类型
      public int getType();
      //返回图的顶点数
      public int getVexNum();
      //返回图的边数
      public int getEdgeNum();
      //返回图的所有顶点
      public Iterator getVertex();
      //返回图的所有边
      public Iterator getEdge();
      //删除一个顶点 v
      public void remove(Vertex v);
      //删除一条边 e
      public void remove(Edge e);
      //添加一个顶点 v
      public Node insert(Vertex v);
      //添加一条边 e
   public Node insert(Edge e);
   //判断顶点 u，v 是否邻接，即是否有边从 u 到 v
   public boolean areAdjacent(Vertex u, Vertex v);
   //返回从 u 指向 v 的边，若不存在，则返回 null
   public Edge edgeFromTo(Vertex u, Vertex v);
   //返回从 u 出发可以直接到达的邻接顶点
      public Iterator adjVertexs(Vertex u);
      //对图进行深度优先遍历
      public Iterator DFSTraverse(Vertex v);
      //对图进行广度优先遍历
      public Iterator BFSTraverse(Vertex v);
      //求顶点 v 到其他顶点的最短路径
      public Iterator shortestPath(Vertex v);
      //求无向图的最小生成树,如果是有向图则不支持此操作
      public void generateMST() throws UnsupportedOperation;
      //求有向图的拓扑序列,无向图不支持此操作
      public Iterator toplogicalSort() throws UnsupportedOperation;
      //求有向无环图的关键路径,无向图不支持此操作
      public void criticalPath() throws UnsupportedOperation;
```

```
}
```

其中 UnsupportedOperation 是调用图不支持的操作时抛出的异常，定义如下：

【代码 7.2　UnsupportedOperation 异常】

```
public class UnsupportedOperation extends RuntimeException {
    public UnsupportedOperation(String err) {
        super(err);
    }
}
```

任务二　图的存储结构

图的存储表示方法很多，本任务中仅介绍两种常用的方法，至于具体选择哪一种表示法，主要取决于具体的应用和施加的操作。

一、邻接矩阵

邻接矩阵（Adjacency Matrix）是表示顶点之间相邻关系的矩阵。设 $G=(V, E)$是具有 n 个顶点的图，则 G 的邻接矩阵是具有如下性质的 n 阶方阵：

$$A[i,j]=\begin{cases}1,(v_i,v_j)\text{ 或 }<v_i,v_j>\text{是}E(G)\text{ 中的边}\\0,(v_i,v_j)\text{ 或 }<v_i,v_j>\text{不是}E(G)\text{ 中的边}\end{cases}$$

如图 7–7 所示，无向图 G_5 和有向图 G_6 的邻接矩阵分别为 $\boldsymbol{A}_1$ 和 $\boldsymbol{A}_2$。

$$\boldsymbol{A}_1=\begin{bmatrix}0&1&1&1\\1&0&1&1\\1&1&0&0\\1&1&0&0\end{bmatrix}\qquad \boldsymbol{A}_2=\begin{bmatrix}0&1&0&0&0\\1&0&0&0&1\\0&1&0&1&0\\1&0&0&0&0\\0&0&0&1&0\end{bmatrix}$$

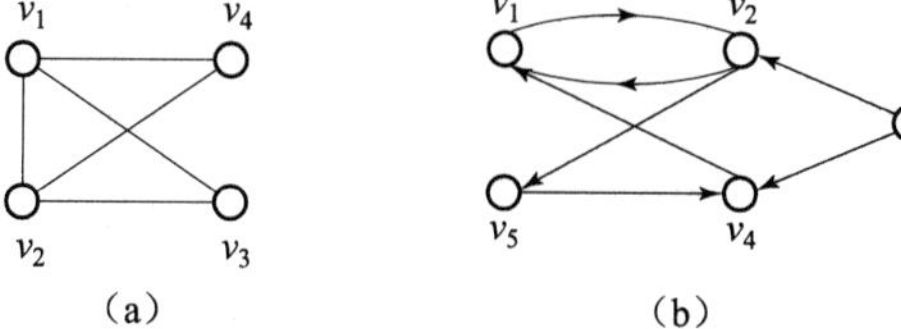

图 7–7　无向图 G_5 和有向图 G_6

（a）无向图 G_5；（b）有向图 G_6

若 G 是网络，则邻接矩阵可定义为：

$$A[i,j]=\begin{cases}w_{ij}, & (v_i,v_j)\text{ 或 }<v_i,v_j>\in E(G)\\0\text{或}\infty, & (v_i,v_j)\text{ 或 }<v_i,v_j>\notin E(G)\end{cases}$$

其中，w_{ij} 表示边上的权值；∞ 表示一个计算机允许的、大于所有边上权值的数。例如，图 7–7 所示的带权图的两种邻接矩阵分别为 $\boldsymbol{A}_3$ 和 $\boldsymbol{A}_4$。

$$\boldsymbol{A}_3=\begin{bmatrix}0&3&5&8&0\\3&0&6&4&11\\5&6&0&2&0\\8&4&2&0&10\\0&11&0&10&0\end{bmatrix}\qquad \boldsymbol{A}_4=\begin{bmatrix}\infty&3&5&8&\infty\\3&\infty&6&4&11\\5&6&\infty&2&\infty\\8&4&2&\infty&10\\\infty&11&\infty&10&\infty\end{bmatrix}$$

从图的邻接矩阵存储方法容易看出：首先，无向图的邻接矩阵一定是一个对称矩阵。因此，在具体存放邻接矩阵时，只需存放上（或下）三角矩阵的元素即可。其次，对于无向图来说，邻接矩阵的第 i 行（或第 i 列）非∞元素的个数正好是第 i 个顶点的度 $TD(v_i)$。再次，对于有向图，邻接矩阵的第 i 行（或第 i 列）非∞元素的个数正好是第 i 个顶点的出度 $OD(v_i)$（或入度 $ID(v_i)$）。最后，通过邻接矩阵很容易确定图中任意两个顶点之间是否有边相连。但是，要确定图中有多少条边，则必须按行或列对每个元素进行检测，所以所花费的时间代价很大。

从空间上看，不论顶点 u，v 之间是否有边，在邻接矩阵中都需预留存储空间，这是因为每条边所需的存储空间为常数，邻接矩阵需要占用 $O(n^2)$的空间，这一空间效率较低。具体来说，邻接矩阵的不足主要表现在两个方面：首先，尽管由 n 个顶点构成的图中最多可以有 n^2 条边，但是在大多数情况下，边的数目远远达不到这个量级，因此，在邻接矩阵中大多数单元都是闲置的。其次，矩阵结构是静态的，其大小 N 需要预先估计，然后才能创建 $N\times N$ 的矩阵。然而，图的规模往往是动态变化的，若 N 估计得过大，则会造成更多的空间浪费；但若估计得过小，则经常会出现空间不够用的情况。

二、邻接表

邻接表表示法类似于树的孩子链表表示法。

对于图 G 中的每个顶点 v_i，邻接表表示法把所有邻接于 v_i 的顶点 v_j 链成一个单链表，这个单链表就称为顶点 v_i 的邻接表（Adjacency List）。邻接表中每个表结点均有两个域，其一是邻接点域（Adjvex），用于存放与 v_i 相邻接的顶点 v_j 的序号；其二是链域（Next），用来将邻接表的所有表结点链在一起。此外，还为每个顶点 v_i 的邻接表都设置了一个具有两个域的表头结点：一个是顶点域（Vertex），用于存放顶点 v_i 的信息；另一个是指针域（Link），用于存入指向 v_i 的邻接表中第一个表结点的头指针。为了便于随机访问任一顶点的邻接表，应将所有邻接表的表头结点顺序存储在一个向量中，这样图 G 就可以由这个表头向量来表示。

显然，对于无向图而言，v_i 的邻接表中每个表结点都对应于与 v_i 相关联的一条边；对于有向图来说，v_i 的邻接表中每个表结点都对应于以 v_i 为始点射出的一条边。因此，将无向图的邻接表称为边表，将有向图的邻接表称为出边表，将邻接表的表头向量称为顶点表。例如，对于如图 7–7 所示的无向图 G_5，其邻接表表示如图 7–8 所示，其中顶点 v_1 的邻接表上三个表结点中的顶点序号分别为 2，3 和 4，它们分别表示关联于 v_1 的三条边(v_1, v_2)，(v_1, v_3)和(v_1, v_4)。而图 7–7 所示的有向图 G_6 的邻接表表示如图 7–9（a）所示，其中顶点 v_2 的邻接表上两个表结点中的顶点序号分别为 1 和 5，它们分别表示从 v_2 射出的两条边(v_2, v_1)和(v_2, v_5)。

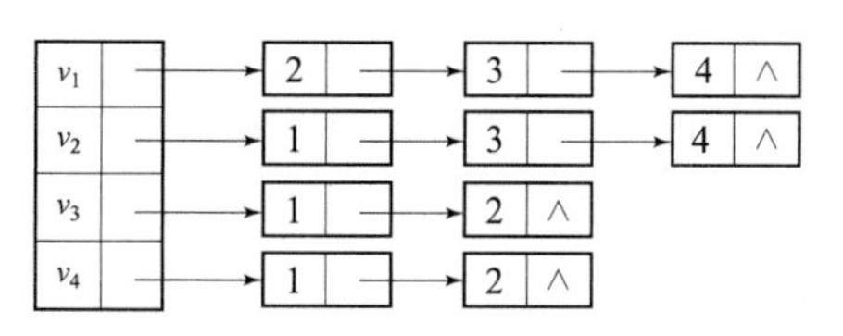

图 7–8　无向图 G_5 的邻接表表示

有向图还有一种被称为逆邻接表的表示法。该方法为图中每个顶点 v_i 建立一个入边表，入边表中的每个表结点均对应一条以 v_i 为终点（即射入 v_1）的边。例如，G_6 的逆邻接表如图 7–9（b）所示，其中 v_1 的入边表上的两个表结点 2 和 4 分别表示射入 v_1 的两条边$<v_2, v_1>$和$<v_4, v_1>$。

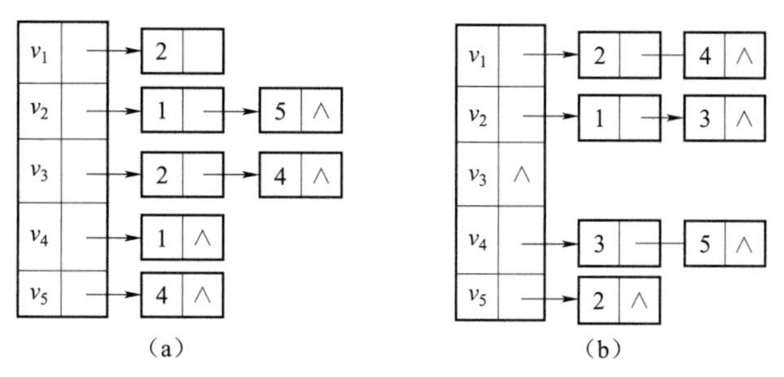

图 7–9　有向图 G_6 的邻接表表示

（a）G_6 的邻接表；（b）G_6 的逆邻接表

值得注意的是，一个图的邻接矩阵表示是唯一的，但其邻接表表示不唯一，这是因为在邻接表表示中，各边表结点的链接次序取决于建立邻接表的算法及边的输入次序。

邻接矩阵和邻接表是图的两种最常用的存储结构，它们各有所长。下面从空间及执行某些常用操作的时间两方面来对这两个存储结构进行比较。

在邻接表（或逆邻接表）表示中，每个边表对应于邻接矩阵的一行（或一列），边表中结点个数等于一行（或一列）中非零元素的个数。对于一个具有 n 个顶点、e 条边的图 G，若 G 是无向图，则它的邻接表表示中有 n 个顶点表结点和 $2e$ 个边表结点；若 G 是有向图，则它的邻接表表示或逆邻接表表示中均有 n 个顶点表结点和 e 个边表结点。因此，邻接表或逆邻接表表示的空间复杂度为 $S(n, e)=O(n+e)$。若图中边的数目远远小于 n^2（即 $e<<n^2$），则此类图称作稀疏图（Sparse Graph），这时用邻接表表示比用邻接矩阵表示更节省存储空间；若 e 接近于 n^2（准确地说，无向图 e 接近于 $n(n-1)/2$，有向图 e 接近于 $n(n-1)$），则此类图称作稠密图（Dense Graph）。考虑到邻接表中要附加链域，则应采用邻接矩阵表示法。

在无向图中求顶点的度，邻接矩阵及邻接表两种存储结构都很容易做到：邻接矩阵中第 i 行（或第 i 列）中非零元素的个数即为顶点 v_i 的度；在邻接表表示中，顶点 v_i 的度则是第 i 个边表中的结点个数。在有向图中求顶点的度，采用邻接矩阵表示比邻接表表示更方便：邻接矩阵中的第 i 行中非零元素的个数是顶点 v_i 的出度 $OD(v_i)$，第 i 列中非零元素的个数是顶点 v_i 的入度 $ID(v_i)$，顶点 v_i 的度即是二者之和；在邻接表表示中，第 i 个边表（即出边表）中的结点个数是顶点 v_i 的出度，但求 v_i 的入度较困难，需遍历各顶点的边表。若有向图采用逆邻接表表示，则与邻接表表示相反，求顶点的入度容易，而求顶点的出度较难。

在邻接矩阵表示中，很容易判定(v_i, v_j)或$<v_i, v_j>$是否是图的一条边，只要判定矩阵中的第 i 行第 j 列的那个元素是否为零即可；但是在邻接表表示中，需扫描第 i 个边表，最坏情况下要耗费时间 $O(n)$。

若在邻接矩阵中求边的数目 e，则必须检测整个矩阵，其所耗费的时间是 $O(n^2)$，时间与 e 的大小无关；而在邻接表表示中，只要对每个边表的结点个数计数即可求得 e，所耗费的时间是 $O(e+n)$。因此，当 $e<n^2$ 时，采用邻接表表示更节省时间。

任务三　图的遍历

和树的遍历类似，图的遍历也是从某个顶点出发，沿着某条搜索路径对图中的所有顶点各做一次访问。若给定的图是连通图，则从图中任一顶点出发，顺着边就可以访问到该图的所有顶点。然而，图的遍历比树的遍历要复杂得多，这是因为图中的任一顶点都可能和其余顶点相邻接，所以在访问了某个顶点之后，可能顺着某条回路又回到了该顶点。为了避免重复访问同一个顶点，必须记住每个顶点是否被访问过。为此，可设置一个布尔向量 visited[n]，它的初值为 false。一旦访问了顶点 v_i，便将 visited[i–1]置为 true。

根据搜索路径的方向不同，有两种常用的遍历图的方法：深度优先搜索遍历和广度优先搜索遍历。

一、深度优先搜索遍历

深度优先搜索（Depth–First–Search）遍历类似于树的前序遍历。假设给定图 G 的初态是所有顶点均未访问过，在 G 中任选一顶点 v_i 作为初始出发点，则深度优先搜索的基本思想是：首先访问初始出发点 v_i，并将其标记为已访问过，然后依次从 v_i 出发，搜索 v_i 的每一个邻接点 v_j，若 v_j 未曾访问过，则以 v_j 为新的初始出发点继续进行深度优先搜索。

显然，上述搜索法是递归定义的，它的特点是尽可能先对纵深方向进行搜索，所以称之为深度优先搜索。例如，设 x 是刚访问过的顶点，按深度优先搜索方法，下一步将选择一条从 x 出发的未检测过的边(x, y)。若发现顶点 y 已被访问过，则重新选择另一条从 x 出发的未检测过的边。若发现顶点 y 未曾访问过，则沿此边从 x 到达 y，访问 y 并将其标记为已访问过，然后再从 y 开始搜索，直到搜索完从 y 出发的所有路径，才回溯到顶点 x，然后再选择一条从 x 出发的未检测过的边。上述过程直至从 x 出发的所有边都已检测过为止。此时，若 x 不是初始出发点，则回溯到在 x 之前被访问过的顶点；若 x 是初始出发点，则整个搜索过程结束。显然这时的图 G 中所有和初始出发点有路径相通的顶点都已被访问过。因此，若 G 是连通图，则从初始出发点开始的搜索过程结束，也就意味着完成了对图 G 的遍历。

因为深度优先搜索是递归定义的，所以很容易写出其递归算法。下面分别以邻接矩阵和邻接表作为图的存储结构给出具体算法。算法中，g，g1 和 visited 为全程量，visited 的各分量初始值均为 false。

【代码 7.3　图的深度优先遍历】

```
//DFSTraverse 输入：顶点 v，输出：图深度优先遍历结果
public Iterator DFSTraverse(Vertex v) {
      LinkedList traverseSeq = new LinkedListDLNode();//遍历结果
      resetVexStatus();            //重置顶点状态 DFSRecursion
      (v,traverseSeq);             //从 v 点出发的深度优先搜索
        Iterator it = getVertex();
  //从图未曾访问的其他顶点重新搜索（调用图操作③）
        for(it.first(); !it.isDone(); it.next()){
```

```
        Vertex u = (Vertex)it.currentItem();
            if (!u.isVisited()) {
                DFSRecursion(u, traverseSeq)};
    }
        return traverseSeq.elements();
    }
    //从顶点 v 出发的深度优先搜索的递归算法
    private void DFSRecursion(Vertex v, LinkedList list){
        v.setToVisited(); //设置顶点 v 为已访问
        list.insertLast(v);  //访问顶点 v
        Iterator it = adjVertexs(v);
//取得顶点 v 的所有邻接点（调用图操作⑧）
      for(it.first(); !it.isDone(); it.next()){
          Vertex u = (Vertex)it.currentItem();
          if (!u.isVisited()) {
               DFSRecursion(u,list)};
        }
    }
```

在代码 7.3 中对图进行深度优先搜索遍历时，对图中每个顶点最多调用一次 DFSRecursion 方法，因为一旦某个顶点已被访问，就不用再从该顶点出发进行搜索。因此，遍历图的过程实际就是查找每个顶点的邻接点的过程。当图采用双链式存储结构时，查找所有顶点的邻接点所需时间为 $O(|E|)$；除此之外，初始化顶点状态，判断每个顶点是否访问过及访问图中的所有顶点一次需要的时间 $O(|V|)$。因此，当以双链式结构作为图的存储结构时，深度优先搜索遍历图的时间复杂度为 $O(|V|+|E|)$。

图的深度优先搜索算法也可以使用堆栈以非递归的形式来实现。使用堆栈来实现深度优先搜索的思想如下：

（1）将初始顶点 v 入栈；

（2）当堆栈不为空时，重复以下处理：栈顶元素出栈，若未访问，则访问之并设置访问标志，然后将其未曾访问的邻接点入栈；

（3）如果图中还有未曾访问的邻接点，则选择一个邻接点重复以上过程。

算法前两步的具体实现见代码 7.4，第三步与代码 7.3 中的 DFSTraverse 方法实现类似，仅需要将从某个顶点 v 出发开始深度优先搜索的调用由原来的 DFSRecursion 改为调用 DFS。

【代码 7.4　图的深度优先遍历非递归算法】

```
//输入：顶点 v、链接表 list，输出：从顶点 v 出发的深度优先搜索
//从顶点 v 出发的深度优先搜索的非递归算法
private void DFS(Vertex v, LinkedList list){
          Stack s = new StackSLinked();
          s.push(v);
          while (!s.isEmpty()){
          Vertex u = (Vertex)s.pop();  //取栈顶元素
          if (!u.isVisited()){   //如果没有访问过
                u.setToVisited(); //访问之
```

```
                list.insertLast(u);
                    Iterator it = adjVertexs(u);//未访问的邻接点入栈
                    for(it.first(); !it. isDone(); it.next()){
                        Vertex adj = (Vertex)it.currentItem();
                        if (!adj.isVisited()) s.push(adj);
                    }//for
                }//if
            }//while
            }
```

对图进行深度优先搜索遍历时，按访问顶点的先后次序所得到的顶点序列，称为该图的深度优先搜索遍历序列，简称 DFS 序列。一个图的 DFS 序列不一定唯一，它与算法、图的存储结构及初始出发点有关。在 DFS 算法中，当从 v_i 出发搜索时，是在邻接矩阵的第 i 行中从左至右选择下一个未曾访问过的邻接点作为新的出发点。若这种邻接点多于一个，则选中的是序号较小的那一个。因为图的邻接矩阵表示是唯一的，所以对于指定的初始出发点，由 DFS 算法所得的 DFS 序列是唯一的。例如图 7–10（a）所示的连通图 G_7，其邻接矩阵如下：

$$\begin{bmatrix} 0 & 1 & 1 & 0 & 0 & 0 & 0 & 0 \\ 1 & 0 & 0 & 1 & 1 & 0 & 0 & 0 \\ 1 & 0 & 0 & 0 & 0 & 1 & 1 & 0 \\ 0 & 1 & 0 & 0 & 0 & 0 & 0 & 1 \\ 0 & 1 & 0 & 0 & 0 & 0 & 0 & 1 \\ 0 & 0 & 1 & 0 & 0 & 0 & 1 & 0 \\ 0 & 0 & 1 & 0 & 0 & 1 & 0 & 0 \\ 0 & 0 & 0 & 1 & 1 & 0 & 0 & 0 \end{bmatrix}$$

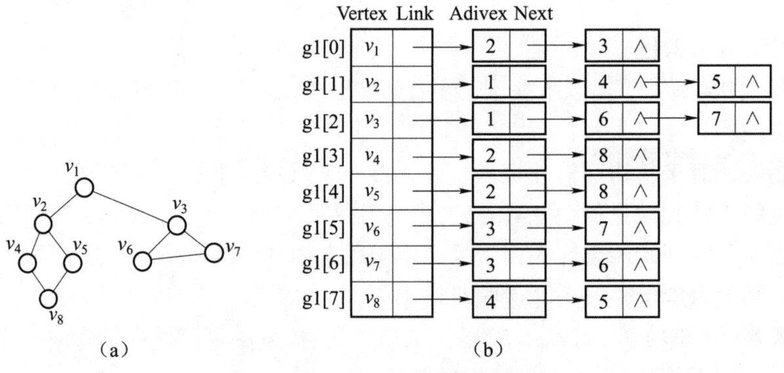

图 7–10　无向图 G_7 及其邻接表

（a）连通图 G_7；（b）G_7 的邻接表

在该存储结构上执行 DFS 算法的过程如下：设初始出发点是 v_1，则 DFS(0)的执行结果是访问 v_1，并将其置上已访问标记，然后从 v_1 搜索到的第 1 个邻接点是 v_2，因 v_2 未曾访问过，所以调用 DFS(1)。执行 DFS(1)，首先访问 v_2，并将其标记为已访问过，从 v_2 搜索到的第 1 个邻接点是 v_1，但 v_1 已访问过，所以继续搜索，搜索到第 2 个邻接点 v_4，v_4 未曾访过，因此调用 DFS(3)。进行类似分析，访问 v_4 后调用 DFS(7)，访问 v_5 后调用 DFS(4)。执行 DFS(4)时，在访问 v_5 并做标记后，从 v_5 搜索到的两个邻接点

依次是 v_2 和 v_8，因为它们均已被访问过，所以 DFS(4)执行结束返回，回溯到 v_8。又因为 v_8 的两个邻接点已搜索过，所以 DFS(7)也结束返回，回溯到 v_4。类似地，由 v_4 回溯到 v_2。v_2 的邻接点 v_1 和 v_4 已搜索过，但 v_2 的第 3 个邻接点 v_5 还未搜索，所以接下来由 v_2 搜索到 v_5，但因为 v_5 已访问过，所以 DFS(1)也结束返回，回溯到 v_1。v_1 的第 1 个邻接点已搜索过，所以继续从 v_1 搜索到第 2 个邻接点 v_3，因为 v_3 未曾访问过，所以调用 DFS(2)。类似地，依次访问 v_3，v_6，v_7 后，又由 v_7 依次回溯到 v_6，v_3，v_1。此时 v_1 的所有邻接点都已搜索过，所以 DFS(0)执行完毕。

图 7–11 所示为 DFS(0)的执行过程，图中的包络线是执行该算法的搜索路线，搜索路径第一次经过某顶点 v_i 时表示调用 DFS(i–1)，以后各次经过 v_i 时都表示回溯到 v_1。图中两顶点之间的连线表示搜索时所经过的边。沿搜索路线将图中所有第一次经过的顶点列表即得图的 DFS 序列，例如图 7–11 对应的 DFS 序列是：

$$v_1,v_2,v_4,v_8,v_5,v_3,v_6,v_7$$

因为图的邻接表表示不唯一，所以对于指定的初始出发点，由算法 DFSL 所得到的 DFS 序列也不唯一，它取决于邻接表表示中边表结点的链接次序。

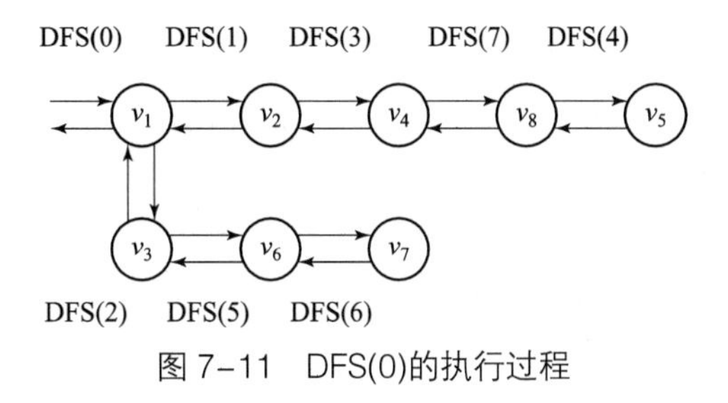

图 7–11　DFS(0)的执行过程

对于具有 n 个顶点、e 条边的连通图，算法 DFS 和 DFSL 均递归调用 n 次。在每次递归调用时，除访问顶点及做标记外，主要时间耗费在从该顶点出发搜索它的所有邻接点上。用邻接矩阵表示图时，搜索一个顶点的所有邻接点需花费 $O(n)$时间来检查矩阵相应行中所有的 n 个元素，所以从 n 个顶点出发搜索所需的时间是 $O(n^2)$，即 DFS 算法的时间复杂度是 $O(n^2)$。用邻接表表示图时，搜索 n 个顶点的所有邻接点即是对各边表结点扫描一遍，所以算法 DFSL 的时间复杂度为 $O(n+e)$。算法 DFS 和 DFSL 所用的辅助空间是标志数组和实现递归所用的栈，因此它们的空间复杂度为 $O(n)$。

二、广度优先搜索遍历

广度优先搜索（Breadth–First–Search）遍历类似于树的按层次遍历。设图 G 的初态是所有顶点均未访问过，在 G 中任选一顶点 v_i 作为初始出发点，则广度优先搜索的基本思想是：首先访问出发点 v_i，接着依次访问 v_i 的所有邻接点 w_1，w_2，…，w_t，然后再依次访问与 w_1，w_2，…，w_t 邻接的所有未曾访问过的顶点。依此类推，直至图中所有和初始出发点 v_i 有路径相通的顶点都已访问到为止。此时，从 v_i 开始的搜索过程结束。若 G 是连通图，则遍历完成。

显然，上述搜索法的特点是尽可能先对横向进行搜索，所以称之为广度优先搜索。设 x 和 y 是两个相继被访问过的顶点，若当前以 x 为初始出发点进行搜索，则在访问 x 的所有未曾访问过的邻接点之后，紧接着是以 y 为初始出发点进行横向搜索，并对搜索到的 y 的邻接点中尚未被访问的顶点进行访问。也就是说，先访问的顶点，其邻接点也先被访问。因此，需引进队列来保存已访问过的顶点。现在以邻接矩阵和邻接表作为图的存储结构来分别给出广度优先搜索算法。

【代码 7.5　图的广度优先遍历】

```
//BFSTraverse 输入：顶点 v，输出：图的广度优先遍历结果
public Iterator BFSTraverse(Vertex v) {
            LinkedList traverseSeq=new LinkedListDLNode();//遍历结果
            resetVexStatus(); //重置顶点状态
            BFS(v, traverseSeq); //从 v 点出发的广度优先搜索
            Iterator it = getVertex();  //从图中未访问的顶点重新搜索
          for(it.first(); !it.isDone(); it.next())
            { Vertex u = (Vertex)it.currentItem();
               if (!u.isVisited()) BFS(u, traverseSeq);
            }
            return traverseSeq.elements();
      }
public void BFS(Vertex v, LinkedList list){
private void BFS(Vertex v, LinkedList list){
        Queue q = new QueueSLinked();
        v.setToVisited();          //访问顶点 v list.insertLast(v);
            q.enqueue(v);              //顶点 v 入队
            while (!q.isEmpty()){
                  Vertex u = (Vertex)q.dequeue();   //队首元素出队
                  Iterator it = adjVertexs(u);
    //访问其未曾访问的邻接点，并入队
                  for(it.first(); !it.isDone(); it.next()){
                       Vertex adj = (Vertex)it.currentItem();
                  if (!adj.isVisited()){
                       adj.setToVisited();
                       list.insertLast(adj);
                       q.enqueue(adj);
                       }//if
                  }//for
        }//while
  }
```

在代码 7.5 中，每个顶点最多入队和出队一次。遍历图的过程实际上就是寻找队列中顶点的邻接点的过程，当图采用双链式存储结构时，查找所有顶点的邻接点所需时间为 $O(|E|)$。因此，代码 7.5 的时间复杂度为 $O(|V|+|E|)$。

和定义图的 DFS 序列类似，也可以将广度优先搜索遍历图所得的顶点序列定义为图的广度优先搜索遍历序列，简称为 BFS 序列。一个图的 BFS 序列也不是唯一的，它与算法、图的存储结构及初始出发点有关。例如，对于图 7-10（a）所示的无向图 G_7，BFS（0）的执行过程是：首先访问出发点 v_1，并将顶点 v_1 的序号 0 入队。第一个出队的元素序号是 0，从 v_1 出发，搜索到的两个邻接点依次是 v_2 和 v_3，然后对它们进行访问并将其序号入队；第二个出队的元素序号是 1，从 v_2 出发搜索到的邻接点依次是 v_1，v_4 和 v_5，然后对其中未曾访问过的顶点 v_4 和 v_5 进行访问，并将其序号入队；第三个出队的元素序号是 2，然后访问 v_3 的邻接点 v_6 和 v_7，并将序号 5 和 6 入队；第

四个出队的元素序号是 3，然后访问 v_4 的邻接点 v_8，并将 7 入队；以后依次出队的是 v_5，v_6，v_7 和 v_8 的序号，因为从这些顶点出发搜索到的邻接点均已访问过，所以没有元素入队了，因此，当 7 出队后，队列为空，搜索过程结束。

由此得到的 BFS 序列是：

$$v_1,v_2,v_3,v_4,v_5,v_6,v_7,v_8$$

若图的存储结构如图 7–10（b）所示，则由 BFSL(0)得到的 BFS 序列是：

$$v_1,v_3,v_2,v_7,v_6,v_5,v_4,v_8$$

对于具有 n 个顶点和 e 条边的连通图，因为每个顶点均入队一次，所以算法 BFS 和 BFSL 外循环次数为 n，而算法 BFS 的内循环是 n 次，所以算法 BFS 的时间复杂度为 $O(n^2)$。算法 BFSL 的内循环次数取决于各顶点的边表结点个数，内循环执行的总次数是边表结点的总个数 $2e$，所以算法 BFSL 的时间复杂度是 $O(n+e)$。由于算法 BFS 和 BFSL 所用的辅助空间是队列和标志数组，所以它们的空间复杂度为 $O(n)$。

任务四　最小生成树

在图论中，常常将树定义为一个无回路的连通图。例如，图 7–12 所示的两个图就是无回路的连通图。乍一看它们似乎不是树，但只要选定某个顶点做根，以树根为起点对每条边定向，就可以将它们变为通常的树。

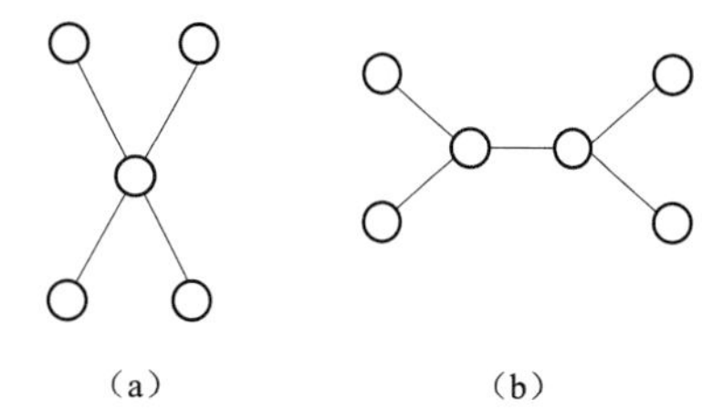

图 7–12　两个无回路的连通图

（a）连通图一；（b）连通图二

连通图 G 的一个子图如果是一棵包含 G 所有顶点的树，则该子图称为 G 的生成树（Spanning Tree）。由于 n 个顶点的连通图至少有 n–1 条边，而包含 n–1 条边及 n 个顶点的连通图都是无回路的树，所以生成树是连通图的极小连通子图。所谓极小，是指边数最少。若在生成树中去掉任何一条边，都会使之变为非连通图；若在生成树上任意添加一条边，就必定会出现回路。

对给定的连通图，如何求得其生成树呢?

设图 $G=(V, E)$是一个具有 n 个顶点的连通图，则从 G 的任一顶点出发，做一次深度优先搜索或广度优先搜索，就可以将 G 中的所有 n 个顶点都访问到。显然，在这两种搜索方法中，从一个已访问过的顶点 v_i 搜索到一个未曾访问过的邻接点 v_j，必定要经过 G 中的一条边(v_i,v_j)。而这两种方法对图中的 n 个顶点都仅访问过一次，因此，除初始出发点外，对其余 n–1 个顶点的访问一共要经过 G 中的 n–1 条边。这 n–1 条边将 G 中的 n 个顶点连接成 G 的极小连通子图，所以，它是 G 的一棵生成树。

回顾一下算法 DFS（或 DFSL）可知，当 DFS(i–1)直接调用 DFS(j–1)时，v_i 是已访问过的顶点，v_j 是邻接于 v_i 的未曾访问过且正待访问的顶点。因此，只要在 DFS 算法的 if 语句中，在递归调用语句 DFS 之前插入适当的语句，将边(v_i,v_j)打印或保存起来，即可得到求生成树的算法。

类似地，在算法 BFS（或 BFSL）中，若当前出队的元素是 v_i，待入队的元素是 v_j，则 v_i 是已访问过的顶点，v_j 是待访问而未曾访问过的邻接于 v_i 的顶点。因此，也只要在 BFS 算法的 if 语句中插入适当语句，即可得到求生成树的算法。

通常，由深度优先搜索得到的生成树称为深度优先生成树，简称为 DFS 生成树；由广度优先搜索得到的生成树称为广度优先生成树，简称为 BFS 生成树。例如从图 7–10 所示的 G_7 顶点 v_1 出发所得的 DFS 生成树和 BFS 生成树，如图 7–13 所示。

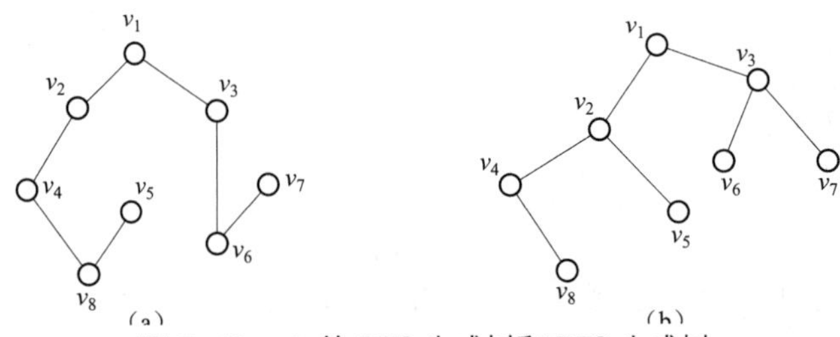

图 7–13　G_7 的 DFS 生成树和 BFS 生成树

（a）DFS 生成树；（b）BFS 生成树

上面给出的生成树定义是从连通图的观点出发且针对无向图而言的。由于从图的遍历可求得生成树，因此也可以将生成树定义为：若从图的某顶点出发，可以系统地访问到图中所有的顶点，则遍历时经过的边和图的所有顶点所构成的子图称作该图的生成树。此定义不但适用于无向图，而且对有向图也同样适用。显然，若 G 是强连通的有向图，则从其中任一顶点 v 出发，都可以访问图 G 中的所有顶点，从而得到以 v 为根的生成树。若 G 是有根的有向图，设根为 v，则从根 v 出发，也可以完成对 G 的遍历，因而也能得到 G 的以 v 为根的生成树。例如，图 7–14（a）是以 v_1 为根的有向图，它的 DFS 生成树和 BFS 生成树分别如图 7–14（b）和图 7–14（c）所示。

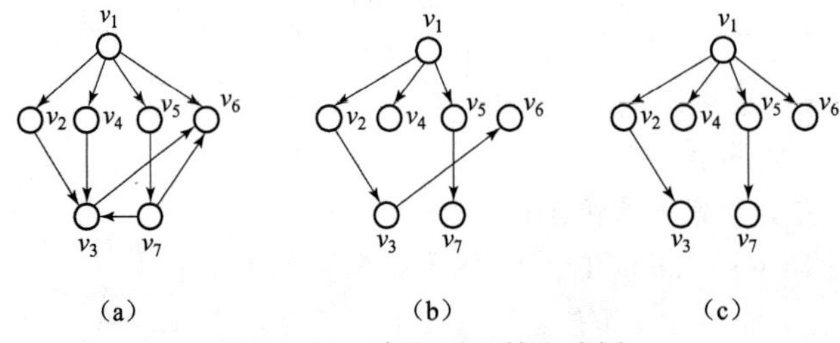

图 7–14　有向图及其生成树

（a）以 v_1 为根的有向图；（b）DFS 生成树；（c）BFS 生成树

若 G 是非连通的无向图，则需要从外部调用 DFS（或 BFS）算法若干次，才能完成对 G 的遍历。每一次外部调用，都只能访问到 G 的一个连通分量的顶点集，这些顶点集遍历时所经过的边构成了该连通分量的一棵 DFS（或 BFS）生成树。G 的各个连通分量的 DFS（或 BFS）生成树组成了 G 的 DFS（或 BFS）生成森林。类似地，若 G 是非强连通的有向图，且初始出发点又不是有向图的根，则遍历时一般也只能得到该有向图的生成森林。

图的生成树不是唯一的，从不同的顶点出发进行遍历，可以得到不同的生成树。对于连通网络 $G=(V, E)$，边是带权的，因而 G 的生成树的各边也是带权的。把生成树各边的权值总和称为生成树的权，并把权最小的生成树称为 G 的最小生成树（Minimun Spanning Tree）。

生成树和最小生成树有许多重要的应用。令图 G 的顶点表示城市，边表示连接两个城市之间的通信线路。n 个城市之间最多可设立的线路有 $n(n-1)/2$ 条，把 n 个城市连接起来至少要有 $n-1$ 条线路，则图 G 的生成树表示了建立通信网络的可行方案。如果给图中的边都赋予权，而这些权可表示两个城市之间通信线路的长度或建造代价，那么如何选择 $n-1$ 条线路，使得建立的通信网络线路的总长度最短或总代价最小呢？这就要构造该图的一棵最小生成树。

以下只讨论无向图的最小生成树问题。构造最小生成树可以有多种算法，其中大多数构造算法都是利用了最小生成树的下述性质：设 $G=(V, E)$是一个连通网络，U 是顶点集 V 的一个真子集。若(u, v)是 G 中所有的一个端点在 U（即 $u \in U$）里、另一个端点不在 U（即 $v \in V-U$）里的

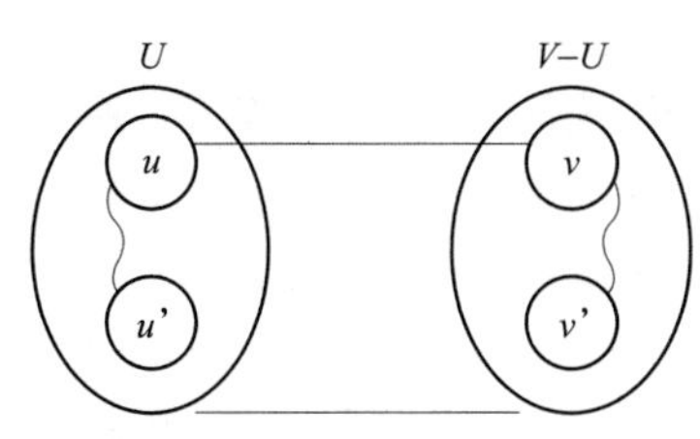

图 7–15　包含边（u,v）的回路

边中具有最小权值的一条边，则一定存在 G 的一棵最小生成树包含此边$(u，v)$，这个性质称为 MST 性质。MST 性质可用反证法来证明。假设 G 的任何一棵最小生成树中都不含边$(u，v)$，设 T 是 G 的一棵最小生成树，但不包含边$(u，v)$。由于 T 是树，且是连通的，因此有一条从 u 到 v 的路径，且该路径上必有一条连接两个顶点集 U 和 $V–U$ 的边$(u'，v')$，其中 $u'\in U$，$v'\in V–U$，否则 u 和 v 不连通。当把边$(u，v)$加入树 T 时，得到一个含有边$(u，v)$的回路，如图 7–15 所示。删去边$(u'，v')$，上述回路即会消除，由此可得到另一棵生成树 T'，T'和 T 的区别仅在于用边(u, v)取代了 T 中的边(u', v')。因为(u, v)的权小于(u', v')的权，所以 T'的权小于 T 的权，因此 T'也是 G 的最小生成树，它包含边$(u，v)$，与假设矛盾。

如何利用 MST 性质来构造最小生成树呢?本任务主要介绍构造它的普里姆（Prim）算法和克鲁斯卡尔（Kruskal）算法。

假设 $G=(V，E)$是连通网络，为简单起见，用序号 1～n 来表示顶点集合，即 $v=\{1，2，\cdots，n\}$。设所求的最小生成树为 $T=(U，TE)$，其中 U 是 T 的顶点集，TE 是 T 的边集，并且将 G 中边上的权看作长度。

Prim 算法的基本思想是：首先从 v 中任取一个顶点 u_0，将生成树 T 置为仅有一个结点 u_0 的树，即置 $U=\{u_0\}$。然后只要 U 是 V 的真子集，就在所有那些其一个端点已在树 T（即 $u\in U$）中、另一个端点 v 还未在树 T（即 $v\in V–U$）的边中，找一条最短（即权最小）的边$(u，v)$，并把这条边$(u，v)$和其不在 T 中的顶点 v，分别并入 T 的边集 TE 和顶点集 U 中。如此进行下去，每次往生成树中并入一个顶点和一条边，直到把所有顶点都包括进生成树 T 中为止。此时，必有 $U=V$，且 TE 中有 $n–1$ 条边。MST 性质可保证上述过程求得的 $T=(U，TE)$是 G 的一棵最小生成树。

显然，Prim 算法的关键是找到连接 U 和 $V–U$ 的最短边来扩充生成树 T。为解释方便，设想在构造过程中，将 T 的顶点集 U 中的顶点和边集 TE 中的边均涂成红色，将 U 之外的顶点集 $V–U$ 中的顶点均涂成蓝色，并将连接红点和蓝点的边均涂成紫色，那么最短紫边就是连接 U 和 $V–U$ 的最短边。

设当前生成的 T 中有 k 个顶点，则当前的紫边数目是 $k(n–k)$（若两点间没有边，则设想这两个顶点间有一条长度为无穷大的虚拟边）个。从如此大的紫边集中选取最短紫边显然是不适宜的，因此，必须构造一个较小的候选紫边集，并且保证最短紫边属于该候选集。事实上，对于每一个蓝点，从该蓝点到各红点的紫边中，必存在一条最短的紫边，所以只要将所有 $n–k$ 个蓝点所关联的最短紫边作为候选集，就必定能保证所有紫边中最短的紫边属于该候选集。

因此，扩充 T 就是把从候选集中选出的最短紫边$(u，v)$连同蓝点 v 涂成红色，并加入 T 中。此时，因为 v 由蓝点变为红点，对于每一个剩余的蓝点 j，边$(v，j)$就由非紫边变成了紫边，这就使得必须对候选集做如下调整：若原候选集中蓝点所关联的原最短紫边长度大于新紫边$(v，j)$的长度，则以$(v，j)$作为 j 所关联的新的最短紫边来代替 j 的原最短紫边，否则，j 的原最短紫边不变。Prim 算法的概述如下：

（1）置 T 为任意一个顶点，并置初始候选紫边集。

（2）while（循环判断 T 中顶点数目小于 n）。

（3）从候选紫边集中选取最短紫边$(u，v)$。

（4）将$(u，v)$及蓝点 v 涂成红色，并扩充到 T 中。

（5）调整候选紫边集。

对于如图 7–16（a）所示的连通网络，按照上述算法思想形成最小生成树 T 的过程如图 7–16

（b）~（g）所示。在构造过程中，红点和红的树边分别用单圆圈和实线表示，蓝点和紫边分别用黑圆圈和虚线表示。开始时，取顶点 1 涂成红色并加入 T 中，初始的候选紫边集是与 5 个蓝点所关联的最短紫边，如图 7–16（b）所示。其中，红点 1 同蓝点 5 和 6 没有关联边，所以 1 与 5 和 6 关联的最短紫边的长度是无穷大。显然，在这 5 条最短紫边中，(1，3)的长度最短，因此，选择该紫边扩充到 T 中，即把该紫边及其蓝点 3 涂成红色。因为顶点 3 由蓝色变为红色，所以，候选紫边集调整如下：顶点 2 关联的原最短紫边(1，2)的长度为 6，而新紫边(3，2)的长度为 5，前者大于后者，因此，必须用(3，2)取代(1，2)。同理，必须用新紫边(3，5)和(3，6)分别取代原紫边(1，5)和(1，6)，使其成为蓝点 5 和 6 所关联的新的最短紫边；因为蓝点 4 所关联的原最短紫边(1，4)的长度 5 小于新紫边(3，4)的长度 7，所以蓝点 4 关联的最短紫边仍然是(1，4)。调整后的候选紫边集如图 7–16（c）的 4 条虚线所示。类似地，可选择其中最短的一条紫边(3，6)作为下一条扩充到 T 中的边，……，如此进行下去，最终得到的生成树 T 即为所求的最小生成树，如图 7–16（g）所示。

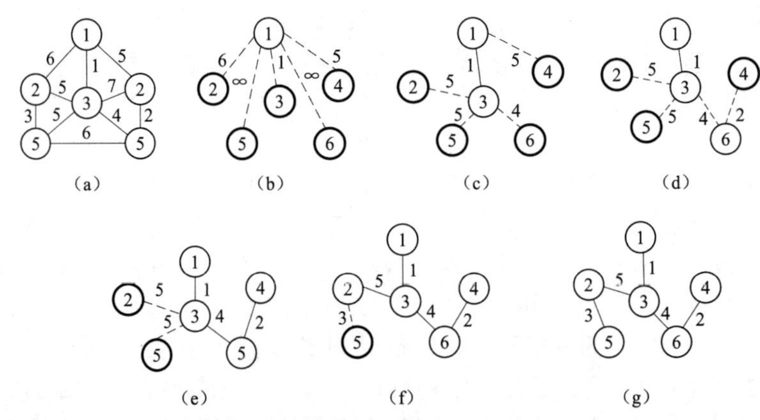

图 7–16　用 Prim 算法构造最小生成树的过程

（a）连通网络；（b）将顶点 1 涂成红色并加入 T 中；（c）将（1，3）扩充到 T 中；
（d）将（3，6）扩充到 T 中；（e）将（6，4）扩充到 T 中；
（f）将（3，2）扩充到 T 中；（g）最小生成树构造完成

若候选紫边集中最短紫边不止一条，可任选其中的一条扩充到 T 中，因此，连通网络的最小生成树不一定是唯一的，但它们的权是相等的。例如在图 7–16（e）中选取的最短紫边是(3，5)而不是(3，2)时，则得到另一棵最小生成树，如图 7–17 所示。

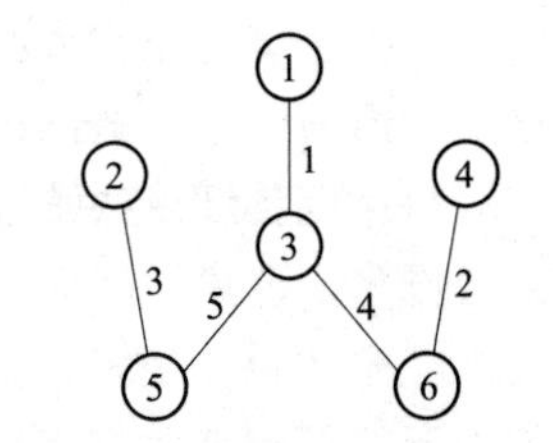

图 7–17　图 7–16（a）的另一棵最小生成树

在带权邻接矩阵 dist 中，用一个大于任何边上权值的较大数 max 来表示不存在的边的长度 ∞。从图 7–16 可以看出，在 Prim 算法执行的任何中间时刻，已生成的涂红色的树与候选紫边集中所有紫边一起构成一棵生成树（可能不是最小生成树）。因此，可以将红色的树边和候选集中的紫边都存放在 T 中。若当前已涂成红色的顶点数为 k，则（k–1）条红色树边存放在 T 的前（k–1）个分量 $T[0]$ ~ $T[k-2]$中，而 T 的后（n–k）个分量 $T[n-2]$ ~ $T[k-2]$正好可用来存放当前候选紫边集的（n–k）条紫边。

【代码 7.6　Prim 算法】

```
import java.io.BufferedInputStream;
import java.util.Scanner;
```

```
public class Prim {
static int[][] arr;
     static boolean flag[];  //用来标记结点 i 是否被覆盖
     static int n;
      static int sum;
      static final int maxInt = Integer.MAX_VALUE;
      public static void main(String[] args) {
           Scanner s = new Scanner(new BufferedInputStream(System.in));
           while(s.hasNextInt()){
             n = s.nextInt();
             arr = new int[n+1][n+1];
             flag = new boolean[n+1];
             for(int i=1; i<=n; i++)
                  for(int j=1; j<=n; j++)
                       arr[i][j] = s.nextInt(); //从下标 1 开始存储
             sum = 0;
             flag[1] = true; //选取第一个结点

             for(int k=1; k<n; k++){     //循环 n-1 次
                  int min = maxInt,min_i = 0;
                  for(int i=1; i<=n; i++){
                       if(!flag[i] && arr[1][i] < min){
                             min = arr[1][i];
                             min_i = i;
                       }
                    }
                System.out.println("  min_i:"+min_i);
                flag[min_i] = true; // 覆盖结点
                for(int i=1; i<=n; i++){
  //更新未覆盖结点的距离,每加入一个点就更新
                        if(!flag[i] && arr[1][i] > arr[min_i][i])
                            arr[1][i] = arr[min_i][i];
                        System.ouht.print("arr[1]["+i+"]"+arr[1][i]+"
");

                    }
                    System.out.println();
                    sum += arr[1][min_i];//加上权值
                }
                System.out.println(sum);
           }
      }
}
```

上述算法的初始化时间是 $O(n)$。k 循环内有两个循环语句，其时间大致为：

令 $O(1)$为某一正常数 C，展开上述求和公式可知其数量级仍是 n 的平方，所以整个算法的时间复杂性是 $O(n^2)$。

构造最小生成树的另一个算法是由克鲁斯卡尔（Kruskal）提出的。设 $G=(V, E)$是连通网络，令最小生成树的初始状态为只有 n 个顶点而无边的非连通图 $T=(V, \varphi)$，T 中每个顶点自成一个连通分量。按照长度递增的顺序依次选择 E 中的边(u, v)，若该边端点 u，v 分别是当前 T 的两个连通分量 T_1，T_2 中的顶点，则将该边加入 T 中，T_1，T_2 也由此边连接成一个连通分量。若 u，v 是当前同一个连通分量中的顶点，则舍去此边（因为每个连通分量都是一棵树，此边添加到树中将形成回路）。依此类推，直到 T 中所有顶点都在同一个连通分量上为止，此时 T 便是 G 的一棵最小生成树。

对于图 7–16（a）所示的连通网络，按 Kruskal 算法构造的最小生成树，其过程如图 7–18 所示。按长度递增顺序，依次考虑边(1，3)，(4，6)，(2，5)，(3，6)，(1，4)，(2，3)，(3，5)，(1，2)，(5，6)和(3，4)。因为前 4 条边最短，并且又都连通了两个不同的连通分量，所以依次将它们添加到 T 中，如图 7–18（a）~（d）所示。接着考虑当前最短边(1，4)，因为该边的两个端点在同一个连通分量上，若加入此边到 T 中，将会出现回路，所以舍去这条边。然后再选择边(2，3)加入 T 中，便得到图 7–18（e）所示的单个连通分量 T，它就是所求的一棵最小生成树。显然，对于图 7–18（d），因为边(3，5)和边(2，3)的长度相同，它们都是当前的最短边，所以也可选择边(3，5)添加到当前的 T 中，从而得到另一棵如图 7–17 所示的最小生成树。

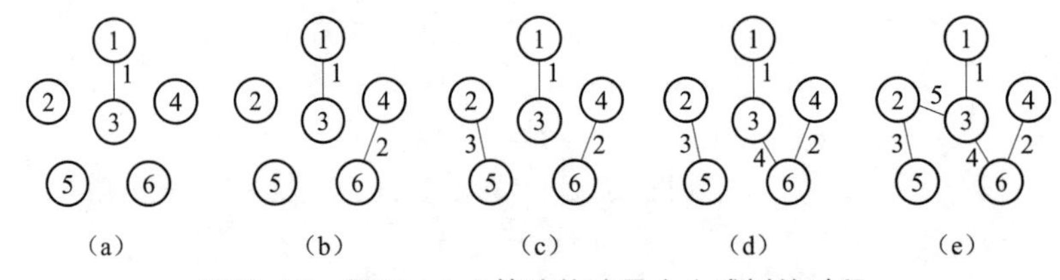

图 7–18　用 Kruskal 算法构造最小生成树的过程

（a）将（1，3）扩充到 T 中；（b）将（4，6）扩充到 T 中；（c）将（2，5）扩充到 T 中；（d）将（3，6）扩充到 T 中；（e）最小生成树构造完成

下面给出 Kruskal 算法的粗略描述：

```
T=(V,φ);
While(T中所含边数<n-1)
{从E中选取当前最短边(u,v);
  从E中删去边(u,v);
  if((u,v)并入T之后不产生回路，则将边(u,v)并入T中;
}
```

任务五　最短路径

在交通网络中常常提出这样的问题：从甲地到乙地之间是否有公路连通？在有多条通路的情况下，哪一条路最短？交通网络可用带权图来表示，顶点表示城市名称，边表示两个城市有路连通，边上权值可表示两城市之间的距离、交通费或途中所花费的时间等。求两个顶点之间的最短路径，不是指路径上边数之和最少，而是指路径上各边的权值之和最小。

另外，若两个顶点之间没有边，则认为两个顶点无直接通路，但有可能有间接通路（从其他顶点到达）。路径上的开始顶点（出发点）称为源点，路径上的最后一个顶点称为终点，并假定讨论的权值不能为负数。

一、单源点最短路径

❶ 单源点最短路径

单源点最短路径是指，给定一个出发点（单源点）和一个有向网 $G=(V, E)$，求出源点到其他各顶点之间的最短路径。例如，对于图 7–19 所示的有向网 G，设顶点 1 为源点，则源点到其余各顶点的最短路径如图 7–20 所示。

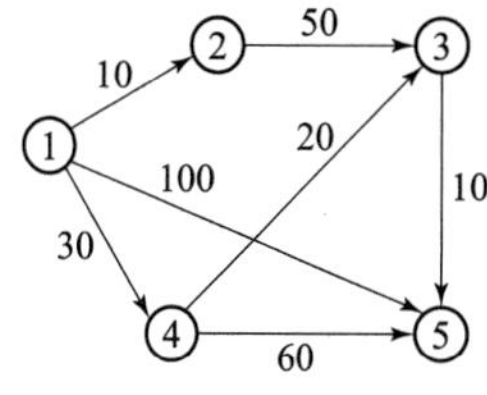

图 7–19　有向网 G

源点	中间顶点	终点	路径长度
1		2	10
1		4	30
1	4	3	50
1	4, 3	5	60

图 7–20　源点 1 到其余顶点的最短路径

从图 7–19 可以看出，从顶点 1 到顶点 5 有四条路径：①1→5，②1→4→5，③1→4→3→5，④1→2→3→5，路径长度分别为 100，90，60，70，因此，从源点 1 到顶点 5 的最短路径为 60。

那么怎样求出单源点的最短路径呢？可以将源点到终点的所有路径都列出来，然后在里面选最短的一条即可。这样做用手工方式可以，但当路径特别多时，便显得特别麻烦，并且没有什么规律，也不能用计算机算法来实现。迪杰斯特拉（Dijkstra）在进行大量的观察后，首先提出了按路径长度递增的顺序产生各顶点的最短路径算法，称之为迪杰斯特拉算法。

❷ 迪杰斯特拉算法的基本思想

迪杰斯特拉算法的基本思想是：设置并逐步扩充一个集合 S，来存放已求出其最短路径的顶点，则尚未确定最短路径的顶点集合是 $V–S$，其中 V 为网中所有顶点集合。按最短路径长度递增的顺序逐个将 $V–S$ 中的顶点加到 S 中，直到 S 中包含全部顶点，而 $V–S$ 为空为止。

具体做法是：设源点为 V_l，则 S 中只包含顶点 V_l，令 $W=V–S$，则 W 中包含除 V_l 外图中所有的顶点，V_l 对应的距离值为 0，W 中的顶点对应的距离值是这样规定的：若图中有弧 $<V_l,V_j>$，则 V_j 顶点的距离为此弧权值，否则为∞（一个很大的数），然后每次从 W 中的顶点中选一个其距离值最小的顶点 V_m 加入 S 中，每往 S 中加入一个顶点 V_m，就要对 W 中的各个顶点的距离值进行一次修改。若加进 V_m 做中间顶点，使 $<V_l,V_m>+<V_m,V_j>$ 的值小于 $<V_l,V_j>$ 的值，则用 $<V_l,V_m>+<V_m,V_j>$ 来代替原来 V_j 的距离，修改后再在 W 中选距离值最小的顶点加入 S 中，如此进行下去，直到 S 中包含了图中所有顶点为止。

❸ 迪杰斯特拉算法实现

下面以邻接矩阵存储来讨论迪杰斯特拉算法。为了找到从源点 V_l 到其他顶点的最短路径，应引入三个辅助数组 dist[n]，s[n]，pre[n]，其中 dist[i–1]记录当前找到的从源点 V_l 到终点 V_i 的最短路径长度，pre[i–1]表示从源点到顶点 i 的最短路径上该点的前驱顶点，s 用于标记那些已经找到最短路径的顶点。若 $s[i–1]=1$，表示已经找到源点到顶点 i 的最短路径；若 $s[i–1]=0$，则表示尚未找到源点到顶点 i 的最短路径。算法描述如下：

【代码 7.6 Dijkstra 算法】

```
//Dijkstra 算法输入：顶点 v，输出：v 到其他顶点的最短路径：
public Iterator shortestPath(Vertex v) {
        LinkedList sPath = new LinkedListDLNode(); //所有的最短路径序列
        resetVexStatus();    //重置图中各顶点的状态信息
        //初始化，将 v 到各顶点的最短距离初始化为由 v 直接可达的距离
        Iterator it = getVertex(); //（调用图操作③）
        for(it.first(); !it.isDone(); it.next()){
            Vertex u = (Vertex)it.currentItem();
            int weight = Integer.MAX_VALUE;
            Edge e = edgeFromTo(v,u);
            if (e!=null)weight = e.getWeight();
            if(u==v)    weight = 0;
            Path p = new Path(weight,v,u);
            setPath(u, p);
        }
         v.setToVisited();   //顶点 v 进入集合 S
        sPath.insertLast(getPath(v)); //求得的最短路径进入链接表
        for (int t=1;t<getVexNum();t++){
  //进行|V|-1 次循环找到|V|-1 条最短路径
         Vertex k = selectMin(it); //找 V-S 中 distance 最小的点 k
         k.setToVisited();   //顶点 k 加入 S
         sPath.insertLast(getPath(k)); //求得的最短路径进入链接表
         int distK = getDistance(k);   //修正 V-S 中顶点当前的最短路径
           Iterator adjIt = adjVertexs(k);//取出 k 的所有邻接点
           for(adjIt.first(); !adjIt.isDone(); adjIt.next()){
              Vertex adjV = (Vertex)adjIt.currentItem(); //k 的邻接点
              adjV Edge e = edgeFromTo(k,adjV); //（调用图操作⑦）
                   //发现更短的路径
              if ((long)distK+(long)e.getWeight()<(long)getDistance
(adjV)) {
                  setDistance(adjV, distK+e.getWeight());
                  amendPathInfo(k,adjV);
      //以 k 的路径信息修改 adjV 的路径信息
                 }
           }//for
         }//for..
         return sPath.elements();
  }
  //在顶点集合中选择路径距离最小的
  protected Vertex selectMin(Iterator it){
```

```
    Vertex min = null;
    for(it.first(); !it.isDone(); it.next()){
    Vertex v = (Vertex)it.currentItem();
    if(!v.isVisited()){ min = v; break;}
  }
  for(; !it.isDone(); it.next()){
      Vertex v = (Vertex)it.currentItem();
      if(!v.isVisited()&&getDistance(v)<getDistance(min))
                    min = v;
  }
return min;
}
```

说明：通过对前面的分析，算法的含义已不难理解，下面来分析算法的时间复杂度。第一步初始化需要 $O(|V|)$的时间，接着进入一个$|\tilde{V}|1$ 重的循环中。在循环中，selectMin(it) 是对图中所有顶点进行遍历，以找到下一条最短路径，该方法需要 $O(|V|)$的时间。在循环中，还需要通过每次找到的“中转”顶点 k 来修正 $\tilde{V}S$ 中顶点的距离。由于该过程只需要对 k 的邻接边进行遍历，所以在所有循环过程中只需要 $O(|E|)$的时间。因此，算法的时间复杂度为 $O(|V|)+ (|\tilde{V}|1)\times O(|V|) +O(|E|) = O(|V|^2 + |E|) =O(|V|^2)$。

利用该算法求得的最短路径如图 7-21 所示。从图 7-21 中可知，1 到 2 的最短距离为 3，路径为 1→2；1 到 3 的最短距离为 15，路径为 1→2→4→3；1 到 4 的最短距离为 11，路径为 1→2→4；1 到 5 的最短距离为 23，路径为 1→2→4→5。

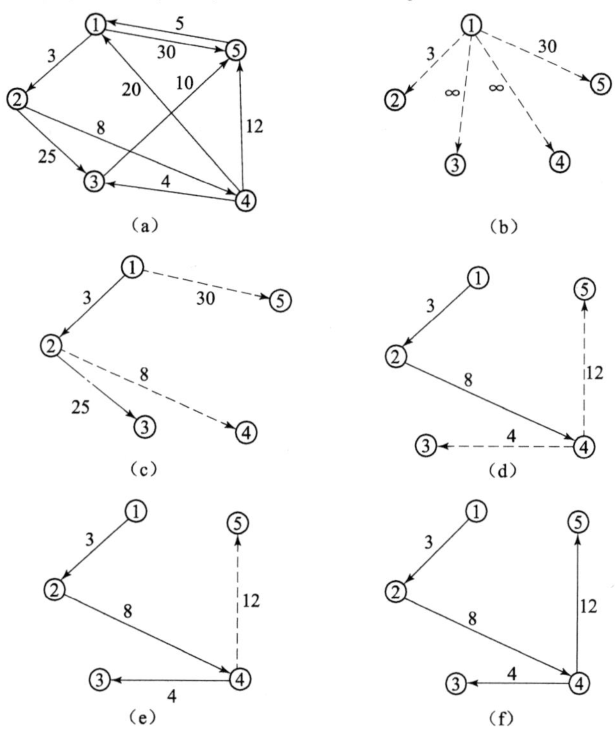

图 7-21　用迪杰斯特拉算法求最短路径的过程及结果

（a）一个有向网点；（b）源点 1 到其他顶点的初始距离；（c）第一次求得的结果；（d）第二次求得的结果；（e）第三次求得的结果；（f）第四次求得的结果

二、所有顶点对之间的最短路径

❶ 顶点对之间的最短路径概念

所有顶点对之间的最短路径是指，对于给定的有向网 $G=(V,E)$，要对 G 中任意一对顶点有序对$(V, W)(V\neq W)$，找出 V 到 W 的最短距离和 W 到 V 的最短距离。解决此问题的一个有效方法是:轮流以每一个顶点为源点，重复执行迪杰斯特拉算法 n 次，即可求得每一对顶点之间的最短路径，总的时间复杂度为 $O(n^3)$。

下面将介绍用弗洛伊德（Floyd）算法来实现此功能，并且时间复杂度仍为 $O(n^3)$，但该方法比调用 n 次迪杰斯特拉方法更直观一些。

❷ 弗洛伊德算法的基本思想

弗洛伊德算法仍然使用前面定义的图的邻接矩阵 cost[n+1][n+1]来存储带权有向图。算法的基本思想是：设置一个 $n\times n$ 的矩阵 $\boldsymbol{A}^{(k)}$，其中除对角线的元素都等于 0 外，其他元素 $a^{(k)}[i][j]$表示顶点 i 到顶点 j 的路径长度，k 表示运算步骤。开始时，以任意两个顶点之间的有向边的权值作为路径长度，没有有向边时，路径长度为∞。当 k=0 时，$\boldsymbol{A}^{(0)}[i][j]$=arcs$[i][j]$，然后逐步尝试在原路径中加入其他顶点作为中间顶点，如果增加中间顶点后，得到的路径比原来的路径长度小，则以此新路径代替原路径，并修改矩阵元素。具体做法为：第一步，让所有边上都加入中间顶点 1，取 $\boldsymbol{A}[i][j]$与 $\boldsymbol{A}[i][1]+\boldsymbol{A}[1][j]$中较小的值作 $\boldsymbol{A}[i][j]$的值，完成后得到 $\boldsymbol{A}^{(1)}$；第二步，让所有边上都加入中间顶点 2，取 $\boldsymbol{A}[i][j]$与 $\boldsymbol{A}[i][2]+\boldsymbol{A}[2][j]$中较小的值，完成后得到 $\boldsymbol{A}^{(2)}$……如此进行下去，当第 n 步完成后，得到 $\boldsymbol{A}^{(n)}$，$\boldsymbol{A}^{(n)}$即为所求结果，$\boldsymbol{A}^{(n)}[i][j]$表示顶点 i 到顶点 j 的最短距离。因此，弗洛伊德算法可以描述为：

$\boldsymbol{A}^{(0)}[i][j]=\mathrm{cost}[i][j]$; //cost 为图的邻接矩阵

$\boldsymbol{A}^{(k)}[i][j]=\min\{\boldsymbol{A}^{(k-1)}[i][j],\boldsymbol{A}^{(k-1)}[i][k]+\boldsymbol{A}^{(k-1)}[k][j]\}$，其中 $k=1,2,\cdots,n$

❸ 弗洛伊德算法实现

在用弗洛伊德算法求最短路径时，为方便求出中间经过的路径，应增设一个辅助二维数组 Path[n][n]，其中 Path[i][j]是相应路径上顶点 j 的前一顶点的顶点号。

【代码 7.7 弗洛伊德算法】

```
import java.util.ArrayList;
import java.util.List;
//弗洛伊德算法
public class FloydInGraph {
    private static int INF=Integer.MAX_VALUE;
           //dist[i][j]=INF<==>no edges between i and j
    private int[][] dist;
           /*the distance between i and j.At first,dist[i][j] is the
weight of edge [i,j]*/
    private int[][] path;
    private List<Integer> result=new ArrayList<Integer>();
```

```
public static void main(String[] args) {
     FloydInGraph graph=new FloydInGraph(5);
     int[][] matrix={
                {INF,1,INF,4},
                {INF,0,9,2},
                {3,5,0,8},
         {INF,INF,6,0},
     };
     int begin=0;
     int end=4;
     graph.findCheapestPath(begin,end,matrix);
     List<Integer> list=graph.result;
     System.out.println(begin+" to "+end+",the cheapest path is:");
     System.out.println(list.toString());
     System.out.println(graph.dist[begin][end]);
}

public  void findCheapestPath(int begin,int end,int[][] matrix){
     floyd(matrix);
     result.add(begin);
     findPath(begin,end);
     result.add(end);
}

public void findPath(int i,int j){
    int k=path[i][j];
    if(k==-1)return;
    findPath(i,k);
    result.add(k);
    findPath(k,j);
}
public  void floyd(int[][] matrix){
    int size=matrix.length;
    //initialize dist and path
    for(int i=0;i<size;i++){
         for(int j=0;j<size;j++){
              path[i][j]=-1;
              dist[i][j]=matrix[i][j];
         }
    }
```

```
            for(int k=0;k<size;k++){
                for(int i=0;i<size;i++){
                    for(int j=0;j<size;j++){
                        if(dist[i][k]!=INF&&
                                dist[k][j]!=INF&&
                                dist[i][k]+dist[k][j]<dist[i][j]){//
dist[i][k]+dist[k][j]>dist[i][j]-->longestPath
                                dist[i][j]=dist[i][k]+dist[k][j];
                                path[i][j]=k;
                        }
                    }
                }
            }

        }

        public FloydInGraph(int size){
            this.path=new int[size][size];
            this.dist=new int[size][size];
        }
    }
```

用弗洛伊德算法计算图 7–22，所得结果如图 7–23 所示。

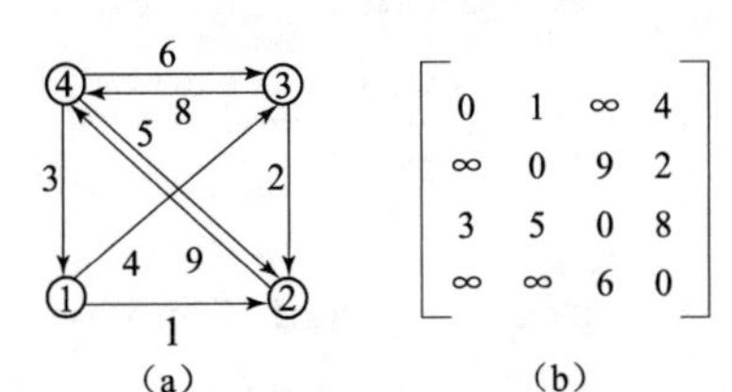

$$\begin{bmatrix} 0 & 1 & \infty & 4 \\ \infty & 0 & 9 & 2 \\ 3 & 5 & 0 & 8 \\ \infty & \infty & 6 & 0 \end{bmatrix}$$

图 7–22　有向带权图及邻接矩阵
(a) 有向带权图 G；(b) G 的邻接矩阵

由图 7–23 可知，$A^{(4)}$为所求结果，因此有如下的最短路径：

1 到 2 的最短路径距离为 1，路径为 2←1。

1 到 3 的最短路径距离为 9，路径为 3←4←2←1。

1 到 4 的最短路径距离为 3，路径为 4←2←1。

2 到 1 的最短路径距离为 11，路径为 1←3←4←2。

2 到 3 的最短路径距离为 8，路径为 3←4←2。

2 到 4 的最短路径距离为 2，路径为 4←2。

3 到 1 的最短路径距离为 3，路径为 1←3。

3 到 2 的最短路径距离为 4，路径为 2←1←3。

3 到 4 的最短路径距离为 6，路径为 4←2←1←3。

4 到 1 的最短路径距离为 9，路径为 1←3←4。

4 到 2 的最短路径距离为 10，路径为 2←1←3←4。

4 到 3 的最短路径距离为 6，路径为 3←4。

	$A^{(0)}$				$A^{(1)}$				$A^{(2)}$				$A^{(3)}$				$A^{(4)}$			
	1	2	3	4	1	2	3	4	1	2	3	4	1	2	3	4	1	2	3	4
1	0	1	∞	4	0	1	∞	4	0	1	10	3	0	1	10	3	0	1	9	3
2	∞	0	9	2	∞	0	9	2	∞	0	9	2	2	0	9	2	11	0	8	2
3	3	5	0	8	3	4	0	7	3	4	0	6	3	4	0	6	3	4	0	6
4	∞	∞	6	0	∞	∞	6	0	∞	∞	6	0	9	10	6	0	9	10	6	0
	$\text{Path}^{(0)}$				$\text{Path}^{(1)}$				$\text{Path}^{(2)}$				$\text{Path}^{(3)}$				$\text{Path}^{(4)}$			
	1	2	3	4	1	2	3	4	1	2	3	4	1	2	3	4	1	2	3	4
1	0	1	0	1	0	1	0	1	0	1	2	2	0	1	2	2	0	1	4	2
2	0	0	2	2	0	0	2	2	0	0	2	2	3	0	2	2	3	0	4	2
3	3	3	0	3	3	1	0	1	3	1	0	2	3	1	0	2	3	1	0	2
4	0	0	4	0	0	0	4	0	0	0	4	0	3	1	4	0	3	1	4	2

图 7–23　用弗洛伊德算法求解结果

任务六　拓扑排序

❶ 基本概念

通常把计划、施工过程、生产流程、程序流程等都当成一个工程，一个大的工程常常被划分成许多较小的子工程，这些子工程称为活动。当这些活动完成时，整个工程也就完成了。例如，可把计算机专业学生的课程开设看成一个工程，每一门课程就是工程中的活动。图 7–24 所示为若干门开设的课程，其中有些课程的开设有先后关系，有些则没有先后关系，有先后关系的课程必须按先后关系开设，如开设数据结构课程之前，必须先学完程序设计基础及离散数学，而开设离散数学课程之前，则必须先学完高等数学。在图 7–24（b）中，用一种有向图来表示课程的开设，在这种有向图中，顶点表示活动，有向边表示活动的优先关系，这种有向图叫作顶点表示活动的网络（Active On Vertices），简称为 AOV 网。

在 AOV 网中，$<i,j>$有向边表示 i 活动应先于 j 活动开始，即必须完成 i 活动后，j 活动才可以开始，所以称 i 为 j 的直接前驱，j 为 i 的直接后继，这种前驱与后继的关系有传递性。此外，任何活动 i 都不能以它自己作为自己的前驱或后继，这叫作反自反性。从前驱和后继的传递性和反自反性来看，AOV 网中不能出现有向回路（或称有向环）。在 AOV 网中如果出现了有向环，则意味着某项活动应以自己作为先决条件，这是不对的，会导致工程无法进行，而对于程序流程而言，将出现死循环。因此，对于给定的 AOV 网，应先判断它是否存在有向环。判断 AOV 网是否有有向环的方法是，对该 AOV 网进行拓扑排序，将 AOV 网中的顶点排列成一个线性有序序列，若该线性序列中包含 AOV 网全的部顶点，则 AOV 网无环，否则 AOV 网中存在有向环，即该 AOV 网所代表的工程是不可行的。

以图 7–24 所示的学生课程开设工程图为例，假设一个学生一次修一门课，那么应该选择怎样的课程次序才能保证学习每一门课程时，其先修课程已经学完呢？例如可以选择课程序列：c_1，c_2，c_3，c_4，c_5，c_6，c_8，c_9，c_7，也可以选择课程序列：c_1，c_2，c_8，c_9，c_3，c_4，c_5，c_6，c_7。事实上，只要保证 c_i 到 c_j 有一条路径，c_i 就必须排在 c_j 之前。

设 G 是一个包含 n 个顶点的有向图，当包含 G 的所有 n 个顶点的一个序列 V_{i1}，V_{i2}，V_{i3}，…，V_{in} 满足下述条件时称为一个拓扑序列：若在 G 中，从顶点 V_i 到顶点 V_j 有一条路径，在序列中 V_i 必定排在 V_j 前面。构造拓扑序列的过程称为拓扑排序。

课程代码	课程名称	先修课程
c_1	高等数学	
c_2	程序设计基础	
c_3	离散数学	c_1, c_2
c_4	数据结构	c_2, c_3
c_5	高级语言程序设计	c_2
c_6	编译方法	c_5, c_4
c_7	操作系统	c_4, c_9
c_8	普遍物理	c_1
c_9	计算机原理	c_8

（a）

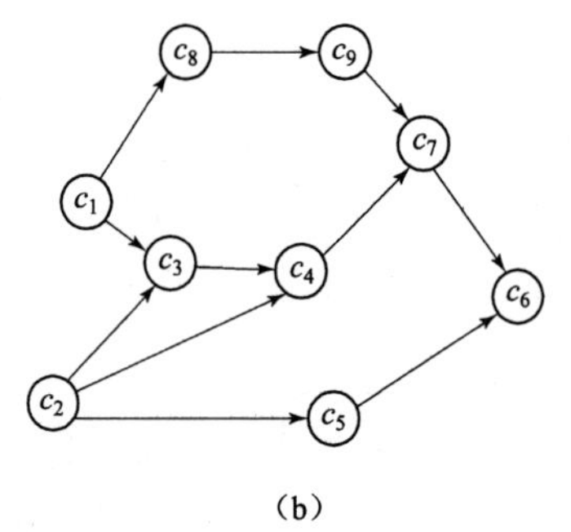

（b）

图 7–24　学生课程开设工程图

（a）课程开设；（b）课程开设优先关系的有向图

❷ 拓扑排序

下面将介绍怎样实现拓扑排序，实现步骤如下：

（1）在 AOV 网中选一个入度为 0 的顶点并将其输出。

（2）从 AOV 网中删除此顶点及该顶点发出来的所有有向边。

（3）重复（1）（2）两步，直到 AOV 网中的所有顶点都被输出或网中不存在入度为 0 的顶点为止。

从拓扑排序步骤可知，在第（3）步中，若网中所有顶点都被输出，则表明网中无有向环，拓扑排序成功。若仅输出部分顶点，且网中已不存在入度为 0 的顶点，则表明网中有有向环，拓扑排序不成功。

例如，对图 7–25 所示的 AOV 网进行拓扑排序，并写出一个拓扑序列。

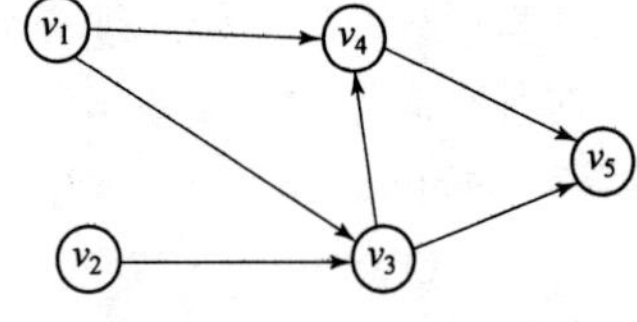

图 7–25　一个 AOV 网

操作过程：在图 7–25 中选择一个入度为 0 的顶点 v_1，并删除 v_1 及其相关联的两条弧，如图 7–26（a）所示；再选择一个入度为 0 的顶点 v_2，并删除 v_2 及其相关联的一条弧，如图 7–26（b）所示；再选择一个入度为 0 的顶点 v_3，并删除 v_3 及其相关联的两条弧，如图 7–26（c）所示；再选择一个入度为 0 的顶点 v_4，并删除 v_4 及其相关联的一条弧，如图 7–26（d）所示；最后选取顶点 v_5，即得到该图的一个拓扑序列：

$$v_1,\ v_2,\ v_3,\ v_4,\ v_5$$

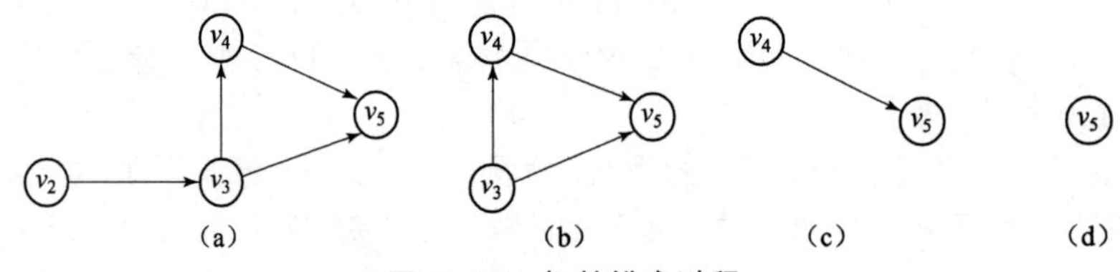

图 7–26　拓扑排序过程

（a）选择入度为 0 的顶点 v_1；（b）选择入度为 0 的顶点 v_2；（c）选择入度为 0 的顶点 v_3；（d）选择入度为 0 的顶点 v_4

实训　图的遍历应用

❶ 实训说明

涉及图操作的算法通常都是以图的遍历操作为基础的。试写一个程序，演示无向图的遍历操作。要求以邻接矩阵为存储结构，实现连通无向图的深度优先遍历和广度优先遍历，并以用户指定的结点为起点，分别输出每种遍历下的结点访问序列和相应生成树的边集。

❷ 程序分析

设图的结点不超过 30 个，每个结点用一个编号来表示（如果一个图有 n 个结点，则它们的编号分别为 1，2，…，n）。通过输入图的全部边来输入一个图，每个边为一个数对，则可以对边的输入顺序做出某种限制。

本实训实现的是图的基本算法，即图的生成及遍历，以此为基础可以得到图的其他复杂算法。

本程序分为三个部分：

（1）建立图的存储结构，即图的生成，本实训中实现的是图的邻接矩阵结构。

（2）图的深度优先遍历。

（3）图的广度优先遍历。

❸ 程序源代码

```
    //************************
    //*图的生成及图的深度、广度优先遍历 *
    //************************
package com.wzs;
import java.util.LinkedList;
import java.util.Queue;
// 图的遍历
public class Graph {
// 邻接矩阵存储图
// --A B C D E F G H I
// A 0 1 0 0 0 1 1 0 0
// B 1 0 1 0 0 0 1 0 1
// C 0 1 0 1 0 0 0 0 1
// D 0 0 1 0 1 0 1 1 1
// E 0 0 0 1 0 1 0 1 0
// F 1 0 0 0 1 0 1 0 0
// G 0 1 0 1 0 1 0 1 0
// H 0 0 0 1 1 0 1 0 0
// I 0 1 1 1 0 0 0 0 0
// 顶点数
private int number = 9;
// 记录顶点是否被访问
```

```
    private boolean[] flag;
    // 顶点
    private String[] vertexs = { "A", "B", "C", "D", "E", "F", "G", "H",
"I" };
    // 边
    private int[][] edges = {
    { 0, 1, 0, 0, 0, 1, 1, 0, 0 }, { 1, 0, 1, 0, 0, 0, 1, 0, 1 }, { 0, 1,
0, 1, 0, 0, 0, 0, 1 },
    { 0, 0, 1, 0, 1, 0, 1, 1, 1 }, { 0, 0, 0, 1, 0, 1, 0, 1, 0 }, { 1, 0,
0, 0, 1, 0, 1, 0, 0 },
    { 0, 1, 0, 1, 0, 1, 0, 1, 0 }, { 0, 0, 0, 1, 1, 0, 1, 0, 0 }, { 0, 1,
1, 1, 0, 0, 0, 0, 0 }
    };
    // 图的深度遍历操作（递归）
    void DFSTraverse ( ) {
    flag = new boolean[number];
    for (int i = 0; i < number; i++) {
    if (flag[i] == false) {// 当前顶点没有被访问
    DFS (i);
    }
    }
    }
    // 图的深度优先递归算法
    void DFS (int i) {
    flag[i] = true;// 第 i 个顶点被访问
    System.out.print (vertexs[i] + " ");
    for (int j = 0; j < number; j++) {
    if (flag[j] == false && edges[i][j] == 1) {
    DFS (j);
    }
    }
    }
    // 图的广度遍历操作
    void BFSTraverse ( ) {
    flag = new boolean[number];
    Queue<Integer> queue = new LinkedList<Integer> ( );
    for (int i = 0; i < number; i++) {
    if (flag[i] == false) {
    flag[i] = true;
    System.out.print (vertexs[i] + " ");
    queue.add (i);
```

```
while (! queue.isEmpty()) {
int j = queue.poll();
for (int k = 0; k < number; k++) {
if (edges[j][k] == 1 && flag[k] == false) {
flag[k] = true;
System.out.print(vertexs[k] + " ");
queue.add(k);
}
}
}
}
}
}
// 测试
public static void main(String[] args) {
Graph graph = new Graph();
System.out.println("图的深度遍历操作(递归):");
graph.DFSTraverse();
System.out.println("\n-------------");
System.out.println("图的广度遍历操作:");
graph.BFSTraverse();
}
}
```

输出结果:

图的深度遍历操作(递归):

A B C D E F G H I

图的广度遍历操作:

A B F G C I E D H

小　结

图是一种复杂的非线性结构，具有广泛的应用背景。本项目涉及的基本概念如下:

图: 由两个集合 V 和 E 组成，记为 $G=(V, E)$，其中 V 是顶点的有穷非空集合，E 是 V 中顶点偶对（称为边）的有穷集。通常，也将图 G 的顶点集和边集分别记为 $V(G)$ 和 $E(G)$。$E(G)$ 可以是空集，若 $E(G)$ 为空，则图 G 只有顶点而没有边，称为空图。

有向图（Digraph）: 若图 G 中的每条边都是有方向的，则称 G 为有向图。

无向图（Undigraph）: 若图 G 中的每条边都是没有方向的，则称 G 为无向图。

无向完全图（Undirected Complete Graph）: 恰好有 $n(n-1)/2$ 条边的无向图称为无向完全图。

有向完全图（Directed Complete Graph）: 恰好有 $n(n-1)$ 条边的有向图称为有向完全图。

邻接点（Adjacent）: 若 (v_i, v_j) 是一条无向边，则称顶点 v_i 和 v_j 互为邻接点。

度（Degree）：在无向图中，顶点 v 的度关联于该顶点边的数目。

入度（Indegree）：若 G 为有向图，则把以顶点 v 为终点的边的数目称为 v 的入度，记为 $ID(v)$。

出度（Outdegree）：把以顶点 v 为始点的边的数目称为 v 的出度，记为 $OD(v)$。

子图（Subgraph）：设 $G=(V, E)$是一个图，若V'是 V 的子集，E'是 E 的子集，且 E'中的边所关联的顶点均在V'中，则 $G'=(V', E')$也是一个图，并称其为 G 的子图。

路径（Path）：在无向图 G 中，若存在一个顶点序列 v_p，v_{i1}，v_{i2}，…，v_{in}，v_q，使得(v_p, v_{i1})，(v_{i1},v_{i2})，…，(v_{in}, v_q)均属于 $E(G)$，则称顶点 v_p 到 v_q 存在一条路径。

路径长度：该路径上边的数目。

简单路径：若一条路径上除了 v_p 和 v_q 可以相同外，其余顶点均不相同，则称此路径为一条简单路径。

简单回路或简单环（Cycle）：起点和终点相同（$v_p=v_q$）的简单路径称为简单回路或简单环。

有根图：在一个有向图中，若存在一个顶点 v，使从该顶点有路径可以到达图中其他所有的顶点，则称此有向图为有根图，v 称作图的根。

连通：在无向图 G 中，若从顶点 v_i 到顶点 v_j 有路径（当然，从 v_j 到 v_i 也一定有路径），则称 v_i 和 v_j 是连通的。

连通图（Connected Graph）：若 $V(G)$中任意两个不同的顶点 v_i 和 v_j 都连通（即有路径），则称 G 为连通图。

连通分量（Connected Component）：无向图 G 的极大连通子图称为 G 的连通分量。

强连通图：在有向图 G 中，若对于 $V(G)$中任意两个不同的顶点 v_i 和 v_j，都存在从 v_i 到 v_j 及从 v_j 到 v_i 的路径，则称 G 是强连通图。

强连通分量：有向图 G 的极大强连通子图称为 G 的强连通分量。

网络（Network）：若将图的每条边都赋上一个权，则称这种带权图为网络。

生成树（Spanning Tree）：连通图 G 的一个子图如果是一棵包含 G 的所有顶点的树，则该子图称为 G 的生成树。

最小生成树（Minimun Spanning Tree）：权最小的生成树称为 G 的最小生成树。

本章在介绍图的基本概念的基础上，还介绍了图的两种常用的存储结构，对图的遍历、最小生成树、最短路径等问题做了较详细的讨论，并给出了相应的求解算法，有的算法采用自顶向下、逐步求精的方法加以介绍，便于读者理解。

相对而言，图这一章内容较难，尤其对于离散数学基础较差的读者来说，也许难度更大。建议读者知难而进，理解本章所介绍的算法实质，掌握图的有关术语和存储表示，并在面对实际问题时，能学会引用本章的有关内容。

习题七

1. 对于有 n 个顶点的无向图 G，采用邻接矩阵表示，试回答下列有关问题：

（1）图中有多少条边?

（2）任意两个顶点 i 和 j 是否有边相连?

（3）任意一个顶点的度是多少?

2. 图 7–27 所示的有向图是强连通的吗?请列出所有的简单路径，并给出其邻接矩阵、邻接表和逆邻接表。

3. 按顺序输入顶点对：(1，2)，(1，6)，(2，6)，(1，4)，(6，4)，(1，3)，(3，4)，(6，5)，(4，

5)，(1，5)，(3，5)，根据 Creatadjlist 算法画出相应的邻接表，并写出在该邻接表上从顶点 4 开始搜索所得到的 DFS 序列和 BFS 序列。

4. 对于如图 7–28 所示的有向图，画出从顶点 v_1 开始遍历所得到的 DFS 森林和 BFS 森林。

5. 对于如图 7–29 所示的连通网络，分别用 Prim 算法和 Kruskal 算法来构造该网络的最小生成树。

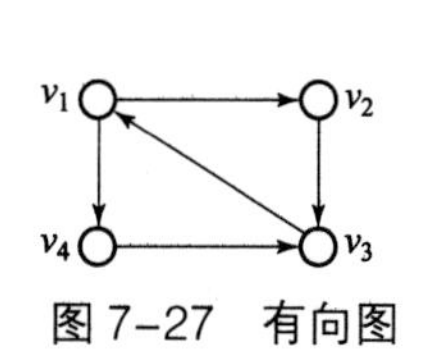

图 7–27　有向图

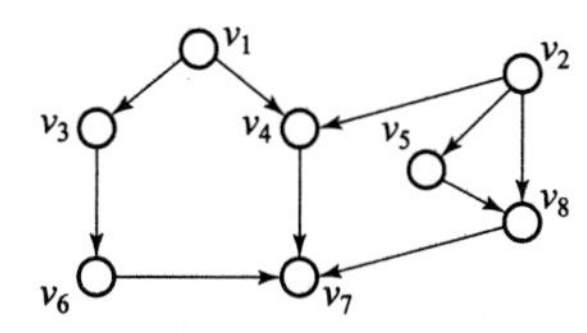

图 7–28　有向图

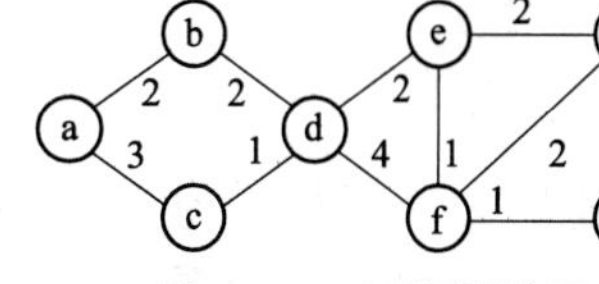

图 7–29　连通网络图

项目八

查 找

职业能力目标与学习要求

查找又称检索，是对查找表进行的操作，查找表是一种非常灵活方便的数据结构，其数据元素之间仅存在“同属于一个集合”的关系。查找是数据处理中使用非常频繁的一种重要的操作，当数据量相当大时，分析各种查找算法的效率就显得十分重要。

本项目介绍了查找的基本概念和作用，系统地讨论了各种查找的算法，并通过分析来比较各种查找算法的优缺点。

任务一 顺序查找

顺序查找（Sequential Search）也称为线性查找，它的基本思想是用给定的值与表中各个记录的关键字值逐个进行比较，若找到相等的，则表示查找成功，否则表示查找不成功，给出找不到的提示信息。

顺序查找的查找过程：

（1）从表中最后一个记录开始，逐个将记录的关键字和给定值进行比较；

（2）若某个记录的关键字和给定值比较相等，则表示查找成功，找到了所查记录；

（3）反之，若直至第一个记录，其关键字和给定值比较都不相等，则表明表中没有所查记录，查找不成功。

顺序查找过程的流程图如图 8–1 所示。

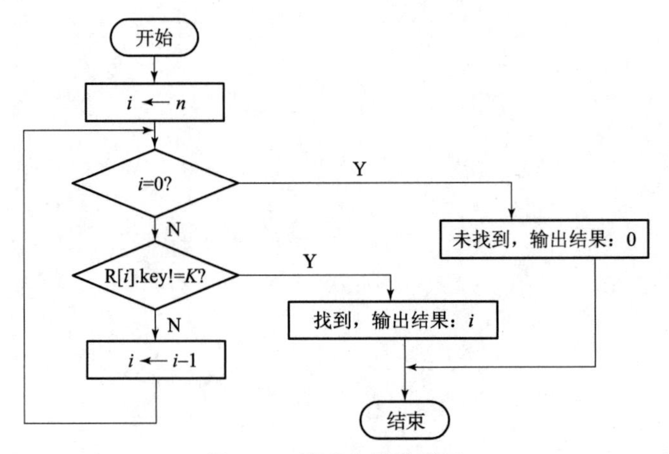

图 8–1 顺序查找流程图

从表的一端开始，顺序扫描线性表，依次将扫描到的结点关键字和给定值 k 相比较。若当前扫描到的结点关键字与 k 相等，则表示查找成功；若扫描结束后，仍未找到关键字等于 k 的结点，则表示查找失败。

❶ 顺序查找所用的类型

```
typedef struct{
    KeyType key;        /* KeyType 由用户定义 */
    InfoType otherinfo;  /* 此类型依赖于应用 */
}NodeType;
typedef NodeType Seqlist[n+1];  /*多出 0 号单元用作监视哨*/
```

❷ 具体算法

```
public static int sequenceSearch(int[]list,int key){
     list[0]=key;/*设置监视哨*/
     for (int i=list.length; list[i]!=key; i--){
         //找到该元素，返回位置序号
                    return i;
         }
```

这里使用了一点小技巧，开始时将给定的关键字值 k 放入 list[0]中，然后从后往前倒着查，当某个 list[i]等于 k 时，则表示查找成功，自然退出循环。若一直查不到，则直到 i=0 为止。由于 list[0]必然等于 k，所以此时也能退出循环。由于 list[0]起到“监视哨”的作用，所以在循环中不必判断下标 i 是否越界，这就使得运算量大约减少一半。

❸ 算法分析

根据顺序查找的过程可知，对于任意给定的值 k，若最后一个记录与其相等，则只需比较 1 次。若第 1 个记录与其相等，则需要比较 n 次（设 n=R.length），所以可以得到 $C_i=n-i+1$。假设每个记录的查找概率都相等，即 $P_i=\frac{1}{n}$，且每次查找都是成功的，则在等概率的情况下，顺序查找的平均查找长度为：

$$\text{ASL}=\sum_{i=1}^{n}P_iC_i=\frac{1}{n}\sum_{i=1}^{n}(n-i+1)=\frac{1}{n}\times\frac{n(n+1)}{2}=\frac{n+1}{2}$$

由此可知，顺序查找的平均查找长度为 $\frac{n+1}{2}$，其时间复杂度均为 $O(n)$。显然，若 k 值不在表中，则须进行 n+1 次比较之后才能确定查找失败，即不成功查找次数为 n+1，其时间复杂度也为 $O(n)$。

顺序查找算法简单且适用面广，它对表的结构无任何要求。但是执行效率较低，尤其是当 n 较大时，不宜采用这种查找方法。

顺序查找的优点是既适用于顺序表，也适用于单链表，同时对表中元素的排列次序无要求，这将给插入新元素带来方便，因为不需要为新元素寻找插入位置和移动原有元素，所以只要把它插入表尾（对于顺序表）或表头（对于单链表）即可。如果已经知道了元素查找概率不等，则可以将元素按照查找概率从大到小的顺序排列，这可以降低查找的平均比较次数。如果查找概率未知，则可以把每次查找的一个元素提前一个位置，这样查找概率大的元素就会逐渐前移，同样可以减少查找时的比较次数。

任务二　折半查找

折半查找（Binsearch）又称二分查找，它是针对顺序存储的有序表进行的查找。所谓有序表，即要求表中的各元素按关键字的值有序（升序或降序）存放。折半查找是一种简单、有效而又较常用的查找方法。

折半查找过程如下：

（1）初始时，以整个查找表作为查找范围；

（2）将查找条件中的给定值 k 与查找范围中间位置的关键字进行比较；

（3）若相等，则查找成功；否则，根据比较结果缩小查找范围；

（4）若 k 小于中间位置的关键字，则将查找范围缩小到前一子表；

（5）若 k 大于中间位置的关键字，则将查找范围缩小到后一子表；

（6）重复以上过程，直到找到满足条件的记录，使查找成功为止，或直到子表不存在为止，表示此时查找不成功。

折半查找流程图如图 8-2 所示。

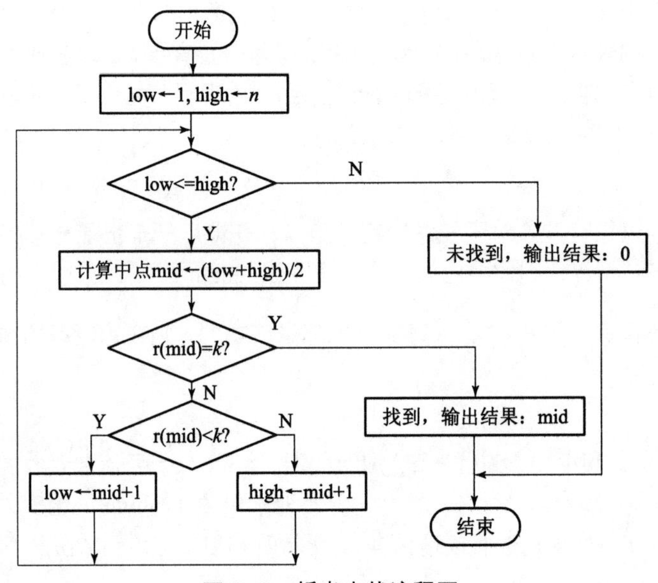

图 8-2　折半查找流程图

❶ 折半查找算法描述

用两个指针 low 和 high 分别指示待查元素所在范围的上界和下界，用指针 mid 指示中间元素，具体过程是：

（1）初态：low=1,high=n。

（2）mid=[(low+high)/2],取得中间位置数据的下标。

（3）将待查关键字 k 值与中间元素进行比较。

①如果 r[mid]=k，则 mid 即为 k 所在位置数据的下标，查找成功；

②如果 r[mid]>k，说明如果待查元素存在，一定在数组的前半部，即在 low～mid−1 内，则 high=mid−1 继续折半查找。

③如果 r[mid]<k，说明如果待查元素存在，一定在数组的后半部，即在 mid+1～high 内，则 low=mid+1 继续在后半部折半查找。

（4）重复第（2）（3）步，当表长缩小为 1 时，可判断是否查找成功，或 low>high 时，说明已查遍全表，查找失败。

❷ 具体算法

```
public static int binSearch(int[] array, int k) {
    int low= 0;
    int high= array.length-1;
    while (low<= high) {          /*当前查找区间array[low～high]非空*/
        int middle =(low+high)/2 ;
        if (k== array[middle])
            return middle;        /*查找成功返回结果*/
        else if (k< array[middle])
            high= middle - 1;     /*继续在array[low～mid-1]中查找*/
        else
            low= middle + 1;      /*继续在array[mid+1～high]中查找*/
    }
  return 0;                       /*继续在array[mid+1～high]中查找*/
 }
```

下面通过一个例子来认识折半查找。

【例 8.1】设有一个 11 个记录的有序表的关键字值如下：

8　12　26　37　45　56　64　72　81　89　95

假设指针 low 和 high 分别指示待查元素所在区间的下界和上界，指针 mid 指示区间的中间位置。

（1）查找关键字值为 26 的过程如下：

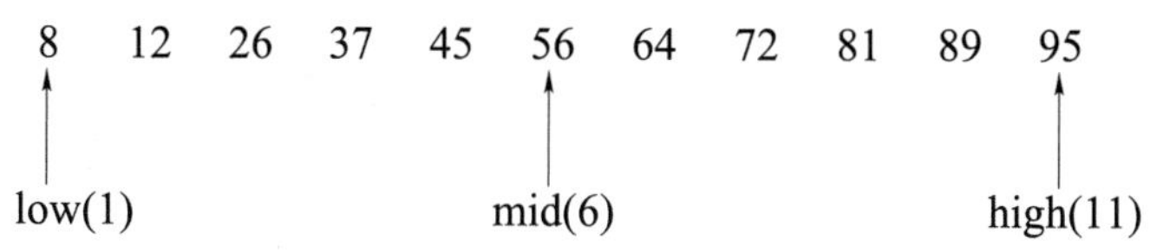

取 mid 指示位置的关键字值 56 与 26 进行比较，显然 26<56，所以要查找的 26 应该在前半部分，因此下次的查找区间应变为[1，5]，即 low 值不变，仍为 1，high 的值变为 mid−1=5。因此，求得 mid=3。

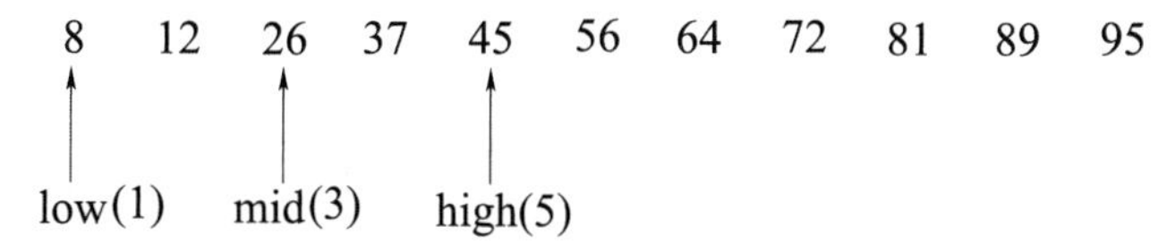

取 mid 指示位置的关键字值 26 与给定值 26 进行比较，显然是相等的，则说明查找成功，所查元素在查找表中的位置即为 mid 所指示的值。

（2）查找关键字值为 76 的过程如下：

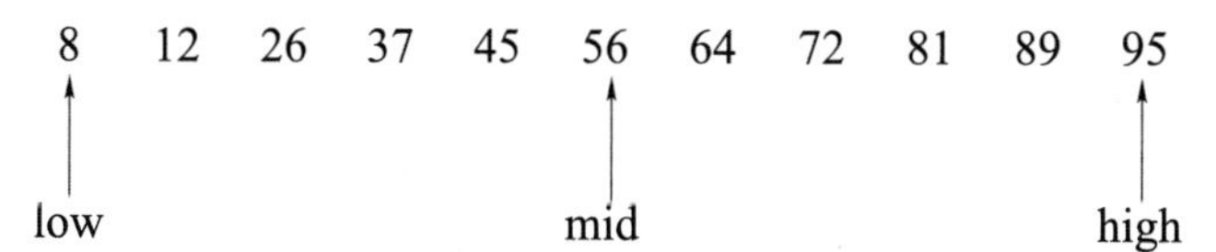

取 mid 指标位置的关键字值 56 与 76 进行比较，显然 76>56，说明要查找的记录在后半部分，则待查区间变为[7，11]，low=mid+1=6+1=7，所以求得 mid=9。

8　12　26　37　45　56　64　72　81　89　95

（low 指向 64，mid 指向 81，high 指向 95）

low　mid　high

再取 mid 指示位置的关键字值 81 与 76 进行比较，显然 76<81，说明待查记录在前半部分，则待查区间变为 [7，8]，high=mid−1=9−1=8，所以求得 mid=7。

8　12　26　37　45　56　64　72　81　89　95

low, mid high

此时 76>64，low=mid+1=8，待查区间变为[8，8]，所以求得 mid=8。

8　12　26　37　45　56　64　72　81　89　95

low, mid, high

显然 76>72，待查区间变为 low=mid+1=9，high=8，此时 high<low，则说明查找表中没有关键字值为 76 的记录，查找失败。

采用折半查找，当查找成功时，最少比较次数为一次，最多经过 $\log_2 n$ 次比较之后，待查找子表要么为空，要么只剩下一个结点，所以要确定查找失败，需要 $\log_2 n$ 次或 $\log_2 n+1$ 次比较。可以证明，折半查找的平均查找长度是：

$$\mathrm{ASL}_{\mathrm{bs}}=\sum_{i=1}^{n}P_iC_i=\frac{1}{n}\sum_{j=1}^{n}j\times 2^{j-1}=\frac{n+1}{n}\log_2(n+1)-1$$

可见，在查找速度上，折半查找比顺序查找要快得多，这是它的主要优点。

折半查找要求查找表中的关键字有序，而排序是一种很费时的运算；另外，折半查找要求表是顺序存储的，为保持表的有序性，在进行插入和删除操作时，都必须移动大量记录。因此，折半查找的高查找效率是以牺牲排序为代价的，它特别适用于一经建立就很少移动，而又经常需要查找的线性表。

任务三　分块查找

分块查找（Block search）又称索引顺序查找，是一种性能介于顺序查找和二分查找之间的查找方法，它适用于对关键字“分块有序”的查找表进行查找操作。

所谓分块有序，是指查找表中的记录可按其关键字的大小分成若干“块”，且“前一块”中的最大关键字小于“后一块”中的最小关键字，而各块内部的关键字不一定有序。假设这种排序是按关键字值递增排序的，抽取各块中的最大关键字及该块的起始位置构成一个索引表，然后按块的顺序存放在一个数组中，显然这个数组是有序的，一般按升序排列。

分块查找需两个表：索引表和查找表。查找过程为：

先确定待查元素所在的块，然后在块中顺序查找，因为索引表是有序的，所以确定块的查找用顺序查找和折半查找，但块中元素是任意的，所以在块中只能用顺序查找。

分块有序表的索引存储表示如图 8–3 所示。

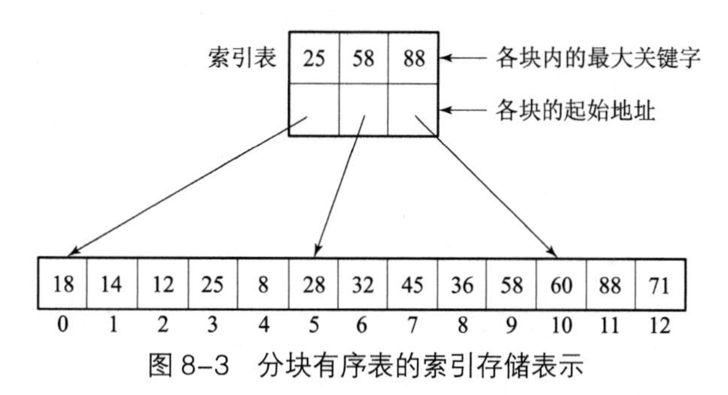

图 8–3　分块有序表的索引存储表示

例如，在上述索引顺序表中查找 36：首先，将 36 与索引表中的关键字值进行比较，因为 25 < 36 < 58，所以 36 在第二个块中，然后再进一步在第二个块中顺序查找，最后在 8 号单元中找到 36。

❶ 分块查找数据类型定义

```
public class BlockSearch {
   private int key;
   private int addr;
}
```

❷ 具体算法

```
public static int blksearch(int R[],int ID[],int k)
{   int  i,low1,low2,high1,high2,mid;   /*low1、high1 为索引表区间的下界和上界*/
    low1=0;   high1=b-1;                         /*b 为块数*/
    while (low1<=high1)
   {   mid=(low1+high1)/2;
       if (k<=ID[mid].key)
          high1=mid-1;
       else
          low1=mid+1;    }                       /*查找完毕，low1 存放找到的块号*/
    if(low1<b)
      {   low2=ID[low1].addr;                  /*low2 为块在表中的起始地址*/
         if(low1==b-1)
            high2=N-1;          /*N 为查找表的长度,high2 为块在表中的末地址*/
         else
            high2=ID[low1+1].addr-1;
         for(i=low2;i<=high2;i++)               /*在块内顺序查找*/
             if(R[i].key==k)
                 return(i);
      }
    else                              /*若 low1>=b，则 k 大于查找表 R 中的所有关键字*/
       return(0);
```

}

由于分块查找实际上是两次查找过程，所以分块查找的平均查找长度是：查找索引表确定给定值所在块内的平均查找长度 ASL_b 与在块内查找关键字值的平均查找长度 ASL_s 之和，即 $ASL=ASL_b+ASL_s$。

若用顺序查找来确定所在块，则分块查找成功时的平均查找长度为：

$$ASL=\frac{1}{b}\sum_{j=1}^{b}j+\frac{1}{s}\sum_{i=1}^{s}i=\frac{b+1}{2}+\frac{s+1}{2}=\frac{b+s}{2}+1\overset{b=n/s}{=\!=}\frac{1}{2}\left(\frac{n}{s}+s\right)+1$$

若用二分查找来确定所在块，则分块查找成功时的平均查找长度为：

$$ASL=\log_2(b+1)-1+\frac{s+1}{2}\approx\log_2\left(\frac{n}{s}+1\right)+\frac{s}{2}$$

由上面两个式子可以看出，分块查找的平均查找长度位于顺序查找和折半查找之间。

下面简单地对以上几种查找方法进行比较：

（1）平均查找长度：顺序查找最大，分块查找次之，折半查找最小。

（2）表的结构：顺序查找对有序表、无序表均适用；折半查找仅适用于有序表；分块查找要求表中元素是逐段有序的，就是块与块之间的记录按关键字有序，块内可以无序。

（3）存储结构：顺序查找和分块查找对向量和线性链表结构均适用；折半查找只适用于向量存储结构的表，因而要求表中的元素基本不变，而在需要插入或删除运算时，要移动元素，才能保持表的有序性，所以影响了查找效率。

任务四　哈希表

前面介绍的三种查找算法基本上都是建立在“比较”的基础上的，通过对关键字的一系列比较，逐步缩小查找范围，直到确定结点的存储位置或确定查找失败，查找所需的时间总是与比较次数有关。

如果将记录的存储位置与它的关键字之间建立一个确定的关系 H，使每个关键字和表中唯一的存储位置相对应，在查找时，只需要根据对应关系计算出给定的关键字值 key 对应的值 $H(key)$，就可以得到记录的存储位置，这就是哈希表查找方法的基本思想。

假定某教室有 35 个座位，如果不加限定让学生任意就座，则要找某个学生时，就要将待找学生与当前座位上的学生一一做比较，这就是前面介绍的查找方法。而哈希法则要限定学生所坐的位置，比如可规定学生座位的编号应与其学号的末两位相同，这样要找某个学生时只需根据其学号的末两位到相应座位上去找即可，而不必一一比较了。在这个例子中，学生好比记录，学号则为关键字值 key，对关键字值 key 进行的操作则是取其末两位，用于确定记录的位置。

一、哈希表和哈希函数的概念

散列（Hashing）音译为哈希，是一种重要的存储方法，也是一种常见的查找方法。它是指在记录的存储位置和它的关键字之间建立一个确定的对应关系，使每个关键字和存储结构中唯一的存储位置相对应。

用记录的关键字值作为自变量，通过一个确定的函数 H，计算出相应的函数值 $H(k)$，然后以

$H(k)$作为该记录的存储地址，用这种方式建立起来的查找表称为哈希表，哈希表又称 Hash 表、散列表。换句话说，哈希表是一种通过对记录的关键字值进行某种计算来确定该记录的存储位置的查找表。

哈希表的基本思想是：首先在元素的关键字值 k 和元素的存储位置 p 之间建立一个对应关系 H，使得 $p=H(k)$，H 称为哈希函数。创建哈希表时，把关键字值为 k 的元素直接存入地址为 $H(k)$ 的单元；以后当查找关键字值为 k 的元素时，再利用哈希函数计算出该元素的存储位置 $p=H(k)$，从而达到按关键字直接存取元素的目的。

哈希表是由哈希函数生成的，是表示关键字值与存储位置之间关系的表。哈希函数是一个以关键字值为自变量，在关键字值与记录存储位置之间建立确定关系的函数。

哈希函数的值就是给定关键字值对应的存储地址，即哈希地址。当对记录进行查找时，根据给定的关键字值，用同一个哈希函数计算出给定关键字值对应的存储地址，随后进行访问。所以，哈希表既是一种存储形式，又是一种查找方法，所以通常将这种查找方法称为哈希查找。

【例 8.2】假设要建立一个某个班级 30 个人的基本信息表，每个人为一个记录，记录的基本信息有编号、姓名、性别、学历等，其中这 30 个人的姓名分别简写为（Liu，Feng，Li，Wang，Chen，Han，Yu，Dai，…）。可以用一个长度为 30 的一维数组来存放这些人的信息。

如果以姓名为关键字，设哈希函数为取姓名第一个字母在字母表中的序号，则各记录在表中的存储位置见表 8–1。

表 8–1 记录的存储位置

key	Liu	Feng	Li	Wang	Chen	Han	Yu	Dai
存储的位置	12	6	12	23	3	8	25	4

根据该哈希函数构建的哈希表见表 8–2。

表 8–2 哈希表

1	2	3	4	5	6	7	8	…	12	…	23	24	25	…
…	…	Chen	Dai	…	Feng	…	Han	…	Li，Liu	…	Wang	…	Yu	…

由表 8–2 可以看到，哈希表中位置 12 存放的姓有两个：Li 和 Liu，它们的哈希值一样，但是关键字却并不相同。对于有 n 个数据元素的集合，一般总能找到关键字与存放地址一一对应的函数。但当 $k_1 \neq k_2$，而 $\text{Hash}(k_1)=\text{Hash}(k_2)$时，即将不同的关键字映射到同一个哈希地址上，这种现象称为冲突，映射到同一哈希地址上的关键字称为同义词。

实际上，冲突是不可避免的，因为关键字的取值集合远远大于表空间的地址集合，因此只能尽量减少冲突的发生。在构造哈希函数时，主要面临两个问题：一是构造较好的哈希函数，把关键字集合中的元素尽可能均匀地分布到地址空间中去，以减少冲突的发生；另一个就是找到解决冲突的方法。

二、哈希函数的构造方法

由于实际问题中的关键字多种多样，所以不可能构造出通用的哈希函数，但构造哈希函数应遵循如下原则：

（1）算法简单，运算量小。因为使用哈希法的目的是提高查找的速度，若在计算一次 $H(k)$时就有大量的运算，那么这会抵消减少比较次数带来的好处。

（2）均匀分布，减少冲突。把冲突降低到最低限度，使函数值能均匀地在指定的空间范围内散列开来，从而发挥哈希法的优越性。

常用哈希函数的构造方法有直接定址法、数字分析法、除留余数法和平方取中法等。

❶ 直接定址法

直接定址法的设计思想是，当关键字是整数时，用 key 本身或 key 的某个线性函数值作为其哈希地址。即：

$$H(\text{key})=\text{key} \qquad \text{或者} \qquad H(\text{key})=a*\text{key}+b$$

其中，a，b 为常数；key 为记录的关键字。

【**例 8.3**】设有一个某年每月出生人口的统计表，见表 8–3。

表 8–3　人口出生统计表

月份	1	2	…	11	12
人数/人	200	560	…	257	345

若选取哈希函数：H(key)= key，其中 key 取“月份”，则建立的哈希表见表 8–4。

表 8–4　人口出生哈希表

地址	1	2	…	11	12
月份	1	2	…	11	12
人数/人	200	560	…	257	345

这种方法所得地址集合与关键字集合大小相等，不会发生冲突。因此，这种方法适用于给定的一组关键字为关键字集合中的全体元素，若不是全体关键字，则必有某地址单元空闲，然而在实际中，能用这种哈希函数的情况很少。

❷ 数字分析法

这种方法也称为特征位抽取法，适用于所有关键字事先已经知道的情况，将各关键字列出，分析每一关键字每位数码的分布情况，然后舍去关键字值较为集中的位，只保留值分散的位作为哈希地址。

【**例 8.4**】设有 100 条记录，记录的关键字为 7 位的十进制数，见表 8–5。

表 8–5　关键字为 7 位的十进制记录

key	*H*(key)
…	…
1 437 815	15
1 427 926	26

续表

key	H(key)
1 438 037	37
1 437 848	48
1 437 959	59
…	…

通过分析表 8–5 中的关键字，发现前两位均为 14，第 4 位和第 5 位多为 7，8，9 三个数，第 3 位多为 3，因此这 5 位不可取，所以可以考虑取第 6 位和第 7 位作为哈希地址。

数字分析法适用于关键字集中的集合，且关键字是事先知道的，分析后可编一个简单的程序在计算机上实现，而无须人工完成。由于数字分析法需事先知道各位上字符的分布情况，因此大大限制了它的实用性。

❸ 除留余数法

此法采用模运算 Mod，将关键字被某个不大于哈希表表长 m 的数 p 整除后所得的余数作为哈希地址。即：

$$H(k)=k \bmod p，p<=m$$

【例 8.5】设哈希表长度为 100，则可取 p 为 97，表 8–6 所示是利用 p 去除关键字，用所得余数作为哈希地址。

表 8–6　哈希表

key	H(key)=key%97
814	38
2 046	9
3 046	39
4 170	96
5 508	76

这是一种简单常用的方法，此法的关键是对 p 的选择，如果 p 选择得不好，易产生冲突。如果使用关键字内部代码基数的幂次来除关键字，其结果必定是关键字的低位数字均匀性较差。若取 p 为任意偶数，则当关键字内部代码为偶数时，得到的哈希函数值为偶数；当关键字内部代码为奇数时，得到的哈希函数值为奇数。因此，p 为偶数也是不好的。理论分析和试验结果均可证明，p 应取小于存储区容量的素数。

❹ 平方取中法

如果关键字的各位分布都不均匀，则可以取关键字平方值的中间若干位作为哈希表的地址。由于一个数平方值的中间几位数受该数所有位影响，因此得到的哈希地址的分布均匀性要好一些，冲突要少一些。

【例 8.6】设有一组关键字为 AB，BC，CD，DE，EF，其相应的机内码分别为 0102，0203，0304，0405，0506，假设可利用的地址空间为两位的十进制整数，则利用平方取中法得到的哈希地址见表 8–7。

表 8–7　平方取中法

key	机内码	(机内码)^2	H(key)
AB	0102	010404	04
BC	0203	041209	12
CD	0304	092416	24
DE	0405	164025	40
EF	0506	256036	60

该方法适用于不知道全部关键字的情况，所以常用此法求哈希函数。通常在选定哈希函数时不一定能知道关键字的全部情况，所以不管取其中哪几位，都不一定合适，而一个数平方后的中间几位数和数的每一位都相关。因此，由随机分布的关键字得到的散列地址也是随机的，取的位数由表长决定。

构造哈希函数的方法很多，很难一概而论地评价其优劣，但任何一种哈希函数都应该用实际数据去测试它的均匀性，只有这样，才能做出正确的判断和得到正确的结论。

三、冲突处理

冲突在散列技术中是不可避免的，下面介绍几种处理冲突的方法。

❶ 线性探测法

假定有一个关键字为 k 的记录要放入表中，则应先由哈希函数求出其在表中的地址为 $H(k)=j$，然后判断探测表的第 j 个位置 HT[j]的内容是否为空，若为空，则将记录放入，任务完成；若不为空，且第 j 个位置的记录的关键字不是 k，则发生冲突。这时应线性地依次探测线性表的下一个位置，HT[j+1]，HT[j+2]，HT[j+3]，…，直到找到一个空位置，将关键字为 k 的记录放入其中为止。若找到表尾依然未找到空位置，则转回表头，重新再依次向下探测，直到该记录放入为止。若整个表已满，则放入另外一个溢出表，如图 8–4 所示。

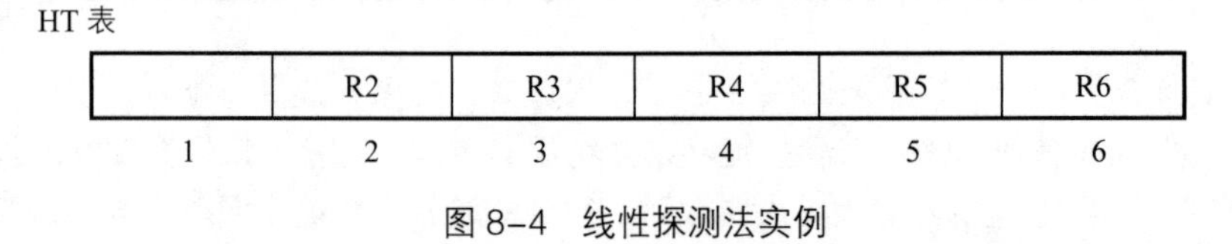

图 8–4　线性探测法实例

表中已有 4 条记录，现在要加入记录 R6，根据哈希函数计算出 R6 的地址应为 3，但是发现 3 中已满，因此依次向后探测，直到发现第 6 个位置为空，将 R6 放入，任务完成。

下面是线性探测法的算法。请注意，算法中设立了一个查找的边界值 i，当顺序探测已超过表长时，要翻转到表首继续查找，直到查到 i 位置才是真正地查完全表。为编程方便，令 $i=j-1$。

```
/**
* 定义一个 JavaBean 用于存储数据
*/
class DataItem{
```

```
                private int iData;      /*定义变量用于存储数据,并作为 key 使用*/
                public DataItem(int i){      /*该方法用于给变量赋值*/
                iData=i;
                }
                public int getKey(){                          /*该方法用于取值*/
                return iData;
                }
                }
    /**
    * 定义一个 HashTable 用于存储键值对应的数据类型
    */
              class HashTable{
                private DataItem[] hashArray;   /*定义用于存储数据的数组*/
                private int arraySize;             /*哈希表的大小*/
                private DataItem nonItem;         /*定义类型为 DataItem 的对
象*/
    /**
    * 定义一个哈希表构造器,用于初始化哈希表的大小
    */
    public HashTable(int size){
                arraySize=size;               /*初始化哈希表表的大小*/
                hashArray=new DataItem[arraySize];  /*定义一个 DataItem
类型数组,大小为 size*/
                nonItem=new DataItem(-1);          /*初始化 nonItem 对象,
并对 key 赋值-1*/
                }
                public int hashFunc(int key){
                return  key%arraySize;                /*获取 key 与数组大小
的余数,用于判断数组是否装满*/
                }
                public void insert(DataItem item){
                int key=item.getKey();             /*获得所设定的关键字*/
                int hashVal=hashFunc(key);       /*通过取余法获得散列地址*/
                while(hashArray[hashVal]!=null&&hashArray[hashVal].
getKey()!=-1){
            /*查找到的与指定地址对应的关键字不为空且不为-1 时，对散列地址进行自增
长操作*/
                ++hashVal;
                    /*获得新的散列地址*/
                hashVal%=arraySize;
              }
                    /*将指定的值加入指定位置*/
              hashArray[hashVal]=item;
            }
    }
```

线性探测法的优点是算法简单，缺点是会导致结点的“堆聚”现象，即某些结点被集中地插入相邻的存储单元中，从而降低了查找效率。

❷ 溢出区法

前面讲的用线性探测法解决冲突的方法是将结点插入冲突位置之后的空的存储单元中，这样该结点就占据了别的结点的位置，从而会引起连锁反应，增加冲突机会。而溢出区法则另外开辟一个新的存储单元，把发生冲突的结点顺序插入溢出区中。因此，溢出区法将散列表分成了两个区域，即基本区与溢出区。

例如，某散列表的基本区长度为 7，其间已放入 4 条记录，而溢出区长度为 5。现在要放入记录 R5，由 R5 的关键字经过哈希函数计算出的地址为 5，但第 5 单元已被占据，则将 R5 放入溢出区的第一个单元中，如图 8–5 所示。

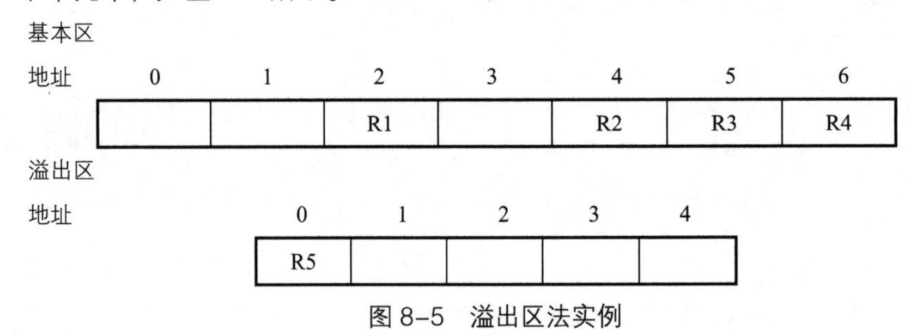

图 8–5　溢出区法实例

与线性探测法相比，溢出区法的空间浪费可能多一点，但查找速度比较快。此外，溢出区也可以采用散列存储，形成二次散列。

❸ 链地址法

链地址法的基本思路是，把相同散列地址的结点链接在同一个链表中，从而形成 n 条链，然后用一个数组来存储各链表的链头指针。

例如，散列表长度 n=7，关键字集合为{9，12，4，5，13}，哈希函数为 $H(k)=k\%7$，则按链地址法存储散列表的结构如图 8–6 所示。

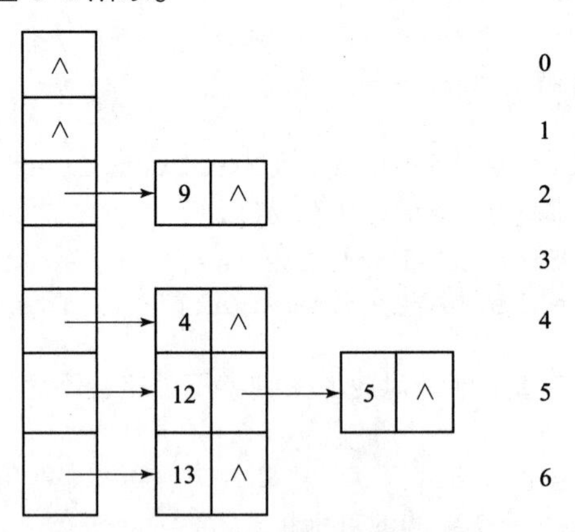

图 8–6　按链地址法存储散列表的结构

链地址散列表的查找速度很快，存储空间的利用率也很高，因此经常被采用。具体算法描述如下：

```
class Link{
  private int data;                              /*定义关键字变量*/
  public Link next;                              /*定义类型为 Link 的变量*/
  public Link(int data){                         /*利用构造函数初始化 data
```

```
和 next*/
        this.data = data;
        this.next = null;
      }
      public int getKey(){
        return this.data;                         /*返回关键字的值*/
      }
      public void display(){
        System.out.println(this.data);              /*打印关键字的值*/
      }
      }

      class HashTableLink{
        private SortedList[] hashArray;              /*定义排序链表变量*/
        private int arraySize;                      /*数组大小变量*/
      public HashTableLink(int size){
        this.arraySize = size;                      /*构造函数中指定数组大小*/
        this.hashArray = new SortedList[this.arraySize]; /*实例化顺序链
表,指定空间大小*/
        for (int i = 0; i < this.arraySize; i++){
        this.hashArray[i] = new SortedList();          /*实例化每一个
SortedList 对象*/
      }
      }
      public int keyFunc(int key){
      return key % this.arraySize;                      /*返回关键字的值*/
      }
      public Link find(int key){
      key = keyFunc(key);                          /*获得关键字的值*/
      return this.hashArray[key].find(key);               /*根据散列关键字找
到具体地址*/
      }
      }
```

实训　学生档案管理系统

❶ 实训说明

建立一个学生档案管理系统，利用查找来实现相关操作。根据给定的某个值，在查找表（已经排好序）中确定一个其关键字值等于给定值的记录或数据元素。若表中存在这样一个记录，则查找成功，此时查找的结果为给出整个记录的信息，或指示该记录在查找表中的位置；若表中不存在关键字值等于给定值的记录，则查找不成功。查找算法有多种，各有优缺点。

❷ 程序分析

算法要点：顺序查找是从数组的最后一个元素开始查找，直到找到待查找元素的位置，查找到结果为止。

❸ 程序源代码

```
import java.util.*;
public class Main {
    String[] N= new String[100];
    String[] I=new String[100];
    int[] A=new int[100];
    String[] S=new String[100];
    String[]  Z=new String[100];
    int[] C=new int[100];
    int[] M=new int[100];
    int[] E=new int[100];
    int i;
     public class person{
            Scanner src=new Scanner(System.in);
            String[] name= new String[100];
            String[] id=new String[100];
            int[] age=new int[100];
            String[] sex=new String[100];
    }
    public void caidan(){
          System.out.println("欢迎登录学生档案管理系统");
          System.out.println("1—录入学生信息");
          System.out.println("2—查询所有学生信息");
          System.out.println("3—修改某位学生信息");
          System.out.println("4—删除某位学生信息");
          System.out.println("5—增加某位学生信息");
          System.out.println("6—查询某位学生信息");
          System.out.println("7—退出");
    }
    public void luru(){
              xuesheng guanli1=new xuesheng();
                   guanli1.luru();
          }

    public void chaxun(){
                   xuesheng guanli1=new xuesheng();
                   guanli1.chaxun();
          }
public void zengjia(){
              xuesheng guanli1=new xuesheng();
```

```
            guanli1.zengjia();
      }
    public void shanchu(){
            xuesheng guanli1=new xuesheng();
            guanli1.shanchu();
      }
    public void xiugai(){
            xuesheng guanli1=new xuesheng();
            guanli1.xiugai();
    }
    public void chaxun1(){
            xuesheng guanli1=new xuesheng();
            guanli1.chaxun1();
    }
    public void denglu(){
                    Scanner src=new Scanner(System.in);
                    int s;
                    String q;
                    System.out.println("请先登录系统!");
                    System.out.println("1—学生登录    2—教师登录");
                    s=src.nextInt();
                    if(s==1)
                    {
                            System.out.println("请输入密码：(xuesheng)");
                            q=src.next();
                            if(q.equals("xuesheng"))
                            {
                                    zhixing();
                            }
                            else
                                    {System.out.println("请确认后重新登
录!!! ");

                                    denglu();
                                    }
                            }
                    else
                            {if(s==2)
                    {
                            System.out.println("请输入密码：(jiaoshi)");
                            q=src.next();
```

```
                        if(q.equals("jiaoshi"))
                        {
                                zhixing();
                        }
                else
                        {System.out.println("请确认后重新登录!!! ");
                        denglu();
                        }
                }
                }
        }
    public void zhixing(){
                Scanner src=new Scanner(System.in);
                Main guanli=new Main();
            int m=0;
            int t=0;
            while(m!=4)
              {
                switch(t)
                {
                case 0:guanli.caidan();System.out.println("请输入
相应编号完成操作: ");t=src.nextInt();break;
                case 1:guanli.luru();guanli.caidan();System.out.
println("请输入相应编号完成操作: ");t=src.nextInt();break;
                case 2:guanli.chaxun();guanli.caidan();System.out.
println("请输入相应编号完成操作: ");t=src.nextInt();break;
                case 3:guanli.xiugai();guanli.caidan();System.out.
println("请输入相应编号完成操作: ");t=src.nextInt();break;
                case 4:guanli.shanchu();guanli.caidan();System.out.
println("请输入相应编号完成操作: ");t=src.nextInt();break;
                case 5:guanli.zengjia();guanli.caidan();System.out.
println("请输入相应编号完成操作: ");t=src.nextInt();break;
                case  6:guanli.chaxun1();guanli.caidan();System.out.
println("请输入相应编号完成操作: ");t=src.nextInt();break;
                case 7:m=4;
                }
              }
            }

    public class xuesheng extends person{
```

```
        private String[]  zybj=new String[100];
        private int[] chinese=new int[100];
        private int[] math=new int[100];
        private int[] english=new int[100];
public  void luru(){
        int r;
        System.out.println("请输入原始学生人数: ");
        r=src.nextInt();
        i=r;
        for(int t=0 ;t<i;t++)
   {
        System.out.println("请输入学生姓名: ");
        N[t]=name[t]=src.next();
        System.out.println("请输入学生学号: ");
        I[t]=id[t]=src.next();
        System.out.println("请输入学生性别: ");
        S[t]=sex[t]=src.next();
        System.out.println("请输入学生年龄: ");
        A[t]=age[t]=src.nextInt();
        System.out.println("请输入学生专业班级: ");
        Z[t]=zybj[t]=src.next();
        System.out.println("语文成绩: ");
        C[t]=chinese[t]=src.nextInt();
        System.out.println("数学成绩: ");
        M[t]=math[t]=src.nextInt();
        System.out.println("英语成绩: ");
        E[t]=english[t]=src.nextInt();
   }
       }
public void zengjia(){
       int f;
       i=i+1;
       f=i-1;
System.out.println("请输入学生姓名: ");
N[f]=name[f]=src.next();
System.out.println("请输入学生学号: ");
I[f]=id[f]=src.next();
System.out.println("请输入学生性别: ");
S[f]=sex[f]=src.next();
System.out.println("请输入学生年龄: ");
A[f]=age[f]=src.nextInt();
```

```
 System.out.println("请输入学生专业班级：");
 Z[f]=zybj[f]=src.next();
 System.out.println("语文成绩：");
 C[f]=chinese[f]=src.nextInt();
 System.out.println("数学成绩：");
 M[f]=math[f]=src.nextInt();
 System.out.println("英语成绩：");
 E[f]=english[f]=src.nextInt();
}
public void shanchu(){
        String m;
 int s;
        System.out.println("请输入您要删除的学生的学号：");
        m=src.next();
        for(s=0;s<i;s++){
                if(m.equals(I[s]))
                {
                for(;s<i;s++)
                {
                    N[s]=N[s+1];name[s]=name[s+1];
                    I[s]=I[s+1];id[s]=id[s+1];
                    S[s]=S[s+1];sex[s]=sex[s+1];
                    A[s]=A[s+1];age[s]=age[s+1];
                    Z[s]=Z[s+1];zybj[s]=zybj[s+1];
                    C[s]=C[s+1];chinese[s]=chinese[s+1];
                    M[s]=M[s+1];math[s]=math[s+1];
                    E[s]=E[s+1];english[s]=english[s+1];
                }
                i=i-1;
                }
        }
        System.out.println("操作成功！");
}
public void chaxun1(){
        String m;
  int s;
        System.out.println("请输入您要查询的学生的学号：");
        m=src.next();
        for(s=0;s<i;s++){
               if(m.equals(I[s]))
               {
```

```
                    System.out.print("学生姓名: "+N[s]);
                    System.out.print("学生学号: "+I[s]);
                    System.out.print("学生性别: "+S[s]);
                    System.out.print("学生年龄: "+A[s]);
                    System.out.print("学生专业班级: "+Z[s]);
                    System.out.print("语文成绩: "+C[s]);
                    System.out.print("数学成绩: "+M[s]);
                    System.out.println("英语成绩: "+E[s]);
            System.out.println("操作成功! ");
            }
        }
    }
    public void xiugai(){
        String n;
        int s;
            System.out.println("请输入您要修改的学生的学号: ");
            n=src.next();
            for(s=0;s<i;s++){
                if(n.equals(I[s]))
                {
                    System.out.println("请输入学生姓名: ");
                    N[s]=name[s]=src.next();
                    System.out.println("请输入学生学号: ");
                    I[s]=id[s]=src.next();
                    System.out.println("请输入学生性别: ");
                    S[s]=sex[s]=src.next();
                    System.out.println("请输入学生年龄: ");
                    A[s]=age[s]=src.nextInt();
                    System.out.println("请输入学生专业班级: ");
                    Z[s]=zybj[s]=src.next();
                    System.out.println("语文成绩: ");
                    C[s]=chinese[s]=src.nextInt();
                    System.out.println("数学成绩: ");
                    M[s]=math[s]=src.nextInt();
                    System.out.println("英语成绩: ");
                    E[s]=english[s]=src.nextInt();
                }
            }
                System.out.println("操作成功! ");
    }
    public void chaxun(){
```

```
            for(int y=0;y<i;y++){
                        System.out.print("学生姓名: "+N[y]);
                        System.out.print("学生学号: "+I[y]);
                        System.out.print("学生性别: "+S[y]);
                        System.out.print("学生年龄: "+A[y]);
                        System.out.print("学生专业班级: "+Z[y]);
                        System.out.print("语文成绩: "+C[y]);
                        System.out.print("数学成绩: "+M[y]);
                        System.out.println("英语成绩: "+E[y]);
            }
            System.out.println("操作成功! ");
    }
   }
  public  static void main(String[] args){
            Main guanli=new Main();
            guanli.denglu();

 }
 }
```

小　结

本项目学习了有关查找的基本内容。查找不是一种数据结构，而是基于数据结构的辅助性运算，在计算机的实用系统中占有很重要的地位。本章所涉及的基本概念有:

查找: 根据给定的某个值，在表中确定一个关键字值等于给定值的记录或数据元素。

关键字(Keyword): 一个或一组能唯一标识该记录的数据项，称为该记录的关键字。

平均查找长度(Average Search Length): 为确定记录在表中的位置所进行的和关键字的比较次数的期望值，称为查找算法的平均查找长度，简称 ASL。

有序表: 表中的各元素按关键字的值有序(升序或降序)存放。

哈希表:将记录的关键字值作为自变量,通过一个确定的函数 H,计算出相应的函数值 H(key),然后以 H(key)作为该记录的存储地址，用这种方式建立起来的查找表称为哈希表或叫散列表。

哈希函数: 把元素的关键字值转换为该元素的存储位置的函数 H，称为哈希函数或叫散列函数。

在学习这些概念的基础上，先后学习了三种基于将待查元素的关键字和表中元素的关键字进行比较的查找算法，即顺序查找、折半查找和分块查找，并对它们做出比较。同时，也学习了一种不同的查找算法，即哈希法，它的基本思路是: 在记录的存储位置和它的关键字之间建立一个确定的对应关系，使得每个关键字和表中唯一的存储位置相对应，这样查找时只需对元素的关键字进行某种运算，就能确定元素在表中的位置。同时了解了如何构造哈希函数和如何解决冲突问题。此外，读者应熟悉各种查找算法的思路、算法及性能分析，从而能灵活应用于各种实际问题中。

查找算法没有绝对的好与坏，每种算法既有自己的优点，但也有不同的局限性。

习题八

1. 设一组有序的记录关键字序列为｛13，18，24，35，47，50，62，83，90｝，查找方法用折半查找，要求计算查找出关键字 62 时的比较次数。

2. 已知线性表为｛36，15，40，63，22｝，散列用的一维地址空间为[0～6]，假定选用的哈希函数是 $H(k)=k\%7$，若发生冲突采用线性探测法处理，试计算出每一个元素的散列地址，并写出散列表。

3. 设哈希表的地址范围是[0～9]，哈希函数为 $H(\mathrm{key})=(\mathrm{key}2+2)\%9$，采用链地址法处理冲突，请画出元素 7，4，5，3，6，2，8，9 依次插入散列表的存储结构。

4. 试用 C 语言改写折半查找过程，使其成为递归过程，并上机验证。

5. 设单链表的结点是按关键字从小到大排列的，试写出对此链表的查找算法，并说明是否可以采用折半查找。

6. 已知关键字集合{2，3，15，8，1，25，16，35，9，22，30，39，18，33，27，26}，按平均查找长度 ASL 最小的原则画出分块存储示意图。

项目九

排　序

职业能力目标与学习要求

本项目主要介绍了排序的定义和各种排序方法，并详细介绍了各种方法的排序过程、依据的原则和时间复杂度等。

了解排序方法“稳定”或“不稳定”的含义，并弄清楚在什么情况下要求应用的排序方法必须是稳定的。

任务一　插入排序

插入排序的基本思想是：每次将一个待排序的记录按其关键字大小插入前面已经排好序的表中的适当位置，直到全部记录插入完成为止。也就是说，将待排序的表分成左右两部分，左边为有序表（有序序列），右边为无序表（无序序列）。整个排序过程就是将右边无序表中的记录逐个插入左边的有序表中，构成新的有序序列。根据不同的插入方法，插入排序算法可以分为线性插入排序和折半插入排序。

一、线性插入排序

线性插入排序是所有排序方法中最简单的一种排序方法，其基本原理是：顺序地从无序表中取出记录 R[i]（$1 \leqslant i \leqslant n$），与有序表中记录的关键字逐个进行比较，找出其应该插入的位置，然后再将此位置及其后的所有记录都依次向后顺移一个位置，将记录 R[i]插入其中。

假设待排序的 n 个记录为{R[1], R[2], …, R[n]}，初始有序表为[R[1]，初始无序表为[R[2], …, R[n]]。当插入第 i 个记录 R[i]（$2 \leqslant i \leqslant n$）时，有序表为[R[1]，…，R[$i$–1]]，无序表为[R[$i$]，…，R[$n$]]。将关键字 k_i 依次与 k_1，k_2，…，k_{i-1} 进行比较，找出其应该插入的位置，然后将该位置及其以后的记录都向后顺移，插入记录 R[i]，完成序列中第 i 个记录的插入排序。当完成序列中第 n 个记录 R[n]的插入后，整个序列排序完毕。

线性插入排序的算法如下：

```
public static void Inser_Sort(int[]R)
{
    int i,j;
    for(i=2;i<=R.length;i++)
        {
            R[0]=R[i];
             j=i-1;
             while(R[0]<R[j])
```

```
            {
                R[j+1]=R[j];
                j--;
             }
        R[j+1]=R[0];    //插入元素
      }
  }
```

最开始有序表中只有 1 个记录 R[1]，然后将 R[2]～R[*n*]的记录依次插入有序表中，共要进行 *n*–1 次插入操作。首先从无序表中取出待插入的第 *i* 个记录 R[*i*]，暂存在 R[0]中；然后将 R[0]依次与 R[*i*–1]，R[*i*–2]，…进行比较，如果 R[0]<R[*i*–*j*]（1≤*j*≤*i*–1），则将 R[*i*–*j*]后移一个单元；如果 R[0]≥R[*i*–*j*]，则找到 R[0]插入的位置 *i*–*j*+1（此位置已经空出），将 R[0]（即 R[*i*]）记录直接插入。用同样的方法完成后面的记录 R[*i*+1]的插入排序，直到最后完成记录 R[*n*]的插入排序，使整个序列变成按关键字非递减的有序序列为止。在搜索插入位置的过程中，R[0]与 R[*i*–*j*]进行比较时，如果 *j*=*i*，则循环条件 R[0]<R[*i*–*j*]不成立，从而退出循环。在这里，R[0]起到了监视哨的作用，从而避免了数组下标的出界。

【例 9.1】 假设有 7 个待排序的记录，它们的关键字分别为{49，27，65，97，76，13，27}，用线性插入法进行排序。

解：线性插入排序的过程如图 9–1 所示。括号中为已排好序的记录的关键字，其中有两个记录的关键字都为 27，所以为便于区别，将后一个 27 用下画线标记。

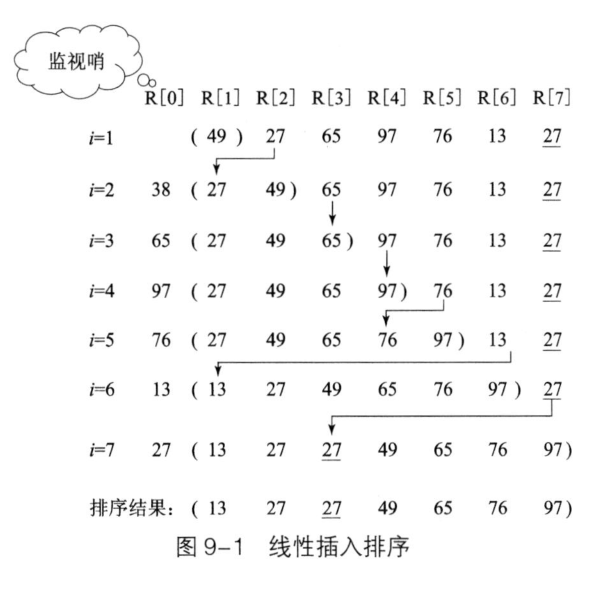

图 9–1　线性插入排序

整个算法执行 for 循环 *n*–1 次，每次循环中的基本操作都是比较和移动，其总次数取决于数据表的初始特性，可能有以下几种情况：

（1）当初始记录序列的关键字序列是递增排列时，是最好的情况。算法中 while 语句的循环体执行次数为 0。因此，在一趟排序中，关键字的比较次数为 1，即 R[0]的关键字与 R[*j*]的关键字比较。而移动次数为 2，即 R[*i*]移动到 R[0]中，R[0]移动到 R[*j*+1]中。所以，整个排序过程中的比较次数和移动次数分别为$(n-1)$和 $2(n-1)$，因而其时间复杂度为 $O(n)$。

（2）当初始记录序列的关键字序列是递减排列时，这是最坏的情况。在第 *i* 次排序时，算法中 while 语句的循环体执行次数为 i。因此，关键字的比较次数为 i，而移动次数为 i+1。所以，整个排序过程中的比较次数和移动次数分别为：

总比较次数 $$C_{\max}=\sum_{i=2}^{n} i=\frac{(n-1)(n+2)}{2}$$

总移动次数 $$M_{\max}=\sum_{i=2}^{n}(i+1)=\frac{(n-1)(n+4)}{2}$$

一般情况下，可认为出现各种排列的概率相同，则可以证明，线性插入排序算法的平均时间复杂度为 $O(n^2)$。根据上述分析得知，当原始序列越接近有序时，该算法的执行效率就越高。

由于该算法在搜索插入位置时遇到关键字值相等的记录时就停止操作，不会把关键字值相等的两个数据交换位置，所以该算法是稳定的。

二、折半插入排序

所谓折半查找，与前面讲的一样，就是在插入 R[i]时（此时 R[1]，R[2]，…，R[i–1]已排序），取 R $\lfloor i/2 \rceil$的关键字 $k\lfloor i/2 \rceil$与 ki 进行比较。如果 $Ki<K\lfloor i/2 \rceil$，R[i]的插入位置只能在 R[1]和 R $\lfloor i/2 \rceil$之间，则在 R[1]和 R $\lfloor i/2 \rceil$–1 之间继续进行折半查找；如果 $ki>k\lfloor i/2 \rceil$，则在 R $\lfloor i/2 \rceil$ +1 和 R[i–1]之间进行折半查找，如此反复，直到最后确定插入位置为止。折半查找的过程是处于有序表中间位置记录的关键字 $k\lfloor i/2 \rceil$和 ki 进行比较的过程，每经过一次比较，便可排除一半记录，把可插入的区间缩小一半，所以称为折半。

设置初始指针 low 指向有序表的第一个记录，尾指针 high 指向有序表的最后一个记录，中间指针 mid 指向有序表中间位置的记录。每次将待插入记录的关键字与 mid 指向位置记录的关键字进行比较，从而确定待插入记录的插入位置。折半插入排序算法如下：

```
public static void Inser_HalfSort(int[]R)/*对顺序表R做折半插入排序*/
{ int i,j,low,high,mid;
for(i=2; i<=L.length; i++){
R[0]=R[i]; //R[0]为监视哨，保存待插入元素
low=1;
high=i-1; //设置初始区间
while(low<=high){ //该循环语句完成确定插入位置
  mid=(low+high)/2;
     if(R[0]>R[mid]) low=mid+1; //插入位置在后半部分中
     else high=mid-1; //插入位置在前半部分中
}
   for(j=i-1;j>=high+1;--j) //high+1 为插入位置
     R[j+1]=R[j]; //后移元素，空出插入位置
   R[high+1]=R[0]; //将元素插入
  }
} //Insert_halfSort
```

折半插入所需的关键字比较次数与待排序记录序列的初始排列无关，仅仅和记录个数有关。在插入第 i 个记录时，要确定插入位置关键字的比较次数。因此，用折半插入排序时，进行的关键字比较次数为：

$$\sum_{i=1}^{n-1}(\lfloor \log_2 i \rceil + 1) = \underbrace{1}_{2^0} + \underbrace{2+2}_{2^1} + \underbrace{3+3+3+3}_{2^2} + \underbrace{4+\cdots+4}_{2^3} + \cdots + \underbrace{k+k+\cdots+k}_{2^{k-1}}$$
$$= (1+2+2^2+\cdots+2^{k-1}) + (2+2^2+\cdots+2^{k-1}) + (2^2+\cdots+2^{k-1}) + \cdots + 2^{k-1}$$
$$= \sum_{i=1}^{k}\sum_{j=i}^{k} 2^{j-1} = \sum_{i=1}^{k} 2^{i-1}(1+2+2^2+\cdots+2^{k-i}) = \sum_{i=1}^{k} 2^{i-1}(2^{k-i+1}-1)$$
$$= \sum_{i=1}^{k}(2^k - 2^{i-1}) = k\cdot 2^k - \sum_{i=1}^{k} 2^{i-1} = k\cdot 2^k - 2^k + 1 = n\cdot\log_2 n - n + 1$$
$$\approx n\log_2 n$$

可见，折半插入排序所需的比较次数比线性插入排序的比较次数要少，但两种插入排序所需的辅助空间和记录的移动次数是相同的。因此，折半插入排序的时间复杂度为 $O(n^2)$。

任务二　希尔排序

希尔排序（或称 Shell 排序）是 Donald L. Shell 在 1959 年提出的排序算法，又称缩小增量排序（或称递减增量排序），它是对线性插入排序的一种改进，在效率上有很大提高。

希尔排序的基本思想：先将原记录序列分割成若干子序列（组），然后对每个子序列分别进行线性插入排序，经几次这个过程后，整个记录序列中的记录元素“排列”几乎有序，然后再对整个记录序列进行一次直接插入排序，此法的关键是如何分组。为了将序列分成若干个子序列，首先要选择严格的递减序列。

先从一个具体的例子来看希尔排序是如何执行的。

【例 9.2】假设待排序文件有 10 个记录，其关键字分别是（49，38，65，97，76，13，27，49′，55，04），增量序列取值依次为 5，3，1。

第一趟排序：d[1]=5，整个文件被分成 5 组：（R[1]，R[6]），（R[2]，R[7]），…，（R[5]，R[10]），各组中的第 1 个记录都自成一个有序区，然后依次将各组中的第 2 个记录 R[6]，R[7]，…，R[10] 分别插入各组的有序区中，使文件的各组均是有序的，其结果如图 9–2 的第七行所示。

第二趟排序：d[2]=3，整个文件被分为 3 组：（R[1]，R[4]，R[7]，R[10]），（R[2]，R[5]，R[8]），（R[3]，R[6]，R[9]），各组中的第 1 个记录仍自成一个有序区，然后依次将各组中的第 2 个记录 R[4]，R[5]，R[6]分别插入该组的当前有序区中，使得（R[1]，R[4]），（R[2]，R[5]），（R[3]，R[6]）均变为新的有序区，接着依次将各组中的第 3 个记录 R[7]，R[8]，R[9]分别插入该组当前的有序区中，又使得（R[1]，R[4]，R[7]），（R[2]，R[5]，R[8]），（R[3]，R[6]，R[9]）均变为新的有序区，最后将 R[10]插入有序区（R[1]，R[4]，R[7]）中，即得到第二趟排序结果。

第三趟排序：d[3]=1，即是对整个文件做线性插入排序，其结果即为有序文件。

排序过程如图 9–2 所示。

设某一趟希尔排序的增量为 h，则整个文件被分成 h 组：（R[1]，R[h+1]，R[2h+1]，…），（R[2]，R[h+2]，R[2h+2]，…），…，（R[h]，R[2h]，R[3h]，…）。因为各组中记录之间的距离均为 h，所以第 1 组至第 h 组的哨兵位置依次为 1–h，2–h，…，0。如果像线性插入排序算法那样，将待插入记录 R[i]（$h+1 \leqslant i \leqslant n$）在查找插入位置之前保存到监视哨中，那么必须先计算 R[i]属于哪一组，才能决定使用哪个监视哨来保存 R[i]。为了避免这种计算，可以将 R[i]保存到另一个辅助记录 X 中，而将所有监视哨 R[1–h]，R[2–h]，…，R[0]的关键字设置为小于文件中的任何关键字即可。因为增量是变化的，所以各趟排序中所需的监视哨数目也不相同，但是可以按最大增量 d[l]来设置监视哨。

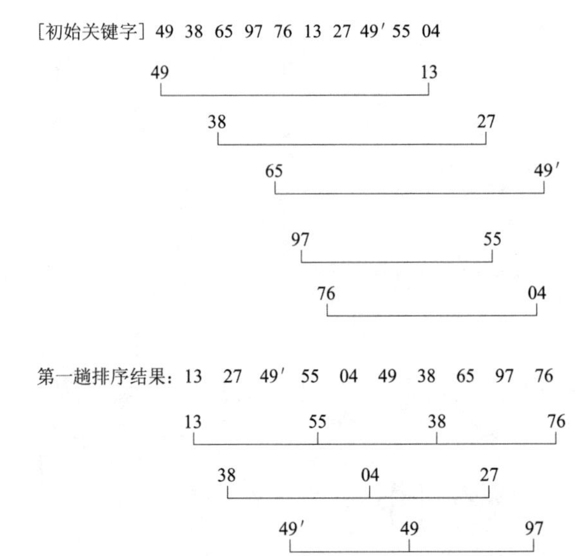

第二趟排序结果：13 04 49′ 38 27 49 55 65 97 76

第三趟排序结果：04 23 27 38 49′ 49 55 65 76 97

图 9–2　希尔排序

根据上面总结出的希尔排序的算法如下：

```
privdte void shellSort(int[]d){
        int n=d.length;
        int gdp=n/2;
        while(gdp>=1){
            for(int i=gdp;i<d.length;i++){
                int j=0;
                int temp=d[i];
                for(j=i-gdp;j>=0 && temp<d[j];j=j-gdp){
                    d[j+gdp]=d[j];
                }
                d[j+gdp]=temp;
            }
            printResult(d,d.length);
            gdp=gdp/2;
        }
    }
```

希尔算法中初始增量 d[1]为已知，并且采用简单的取增量值的方法，从第二次起取增量值为其前次增量值的一半。在实际应用中，取增量值的方法有多种，并且不同的方法对算法的时间性能有一定的影响。因此，一种好的取增量值的方法是改进希尔排序算法时间性能的关键。

由于希尔排序开始时增量较大，分组较多，每组的记录数较少，所以各组内直接插入过程较快。随着每一趟中增量 d[i]逐渐缩小，分组数逐渐减少，虽然各组的记录数目逐渐增多，但是由于已经按 d[i–1]作为增量排过序，使序列表较接近有序状态，所以新的一趟排序过程也较快。

希尔排序的时间复杂度与所选取的增量序列有关，是所取增量序列的函数，介于 $O(n\log_2 n)$和 $O(n^2)$之间。增量序列有多种取法，但应使增量序列中的值没有除 1 之外的公因子，并且增量序列中的最后一个值必须为 1。从空间复杂度来看，与线性插入排序一样，希尔排序也只需要一个记录大小的辅助空间。

在例 9.2 中，两个相同关键字 49 在排序前后的相对次序发生了变化，显然希尔排序会使关键字相同的记录交换相对位置，所以希尔排序是不稳定的排序方法。

任务三　选择排序

选择排序是指不断地从待排序的记录序列中选取关键字最小的记录，依次放到已排好序的子序列的最后，直到全部记录排好序。

选择排序的基本思想：第一趟从所有的 n 个记录中，通过顺序比较各关键字的值，选取关键字值最小的记录与第一个记录交换；第二趟从剩余的 $n-1$ 个记录中选取关键字值最小的记录与第二个记录交换；……，第 i 趟从剩余的 $n-i+1$ 个记录中选取关键字值最小的记录，与第 i 个记录交换；……；经过 $n-1$ 趟排序后，整个序列就成为有序序列。

选择排序的具体实现过程如下：

（1）将整个记录序列划分为有序区和无序区，有序区位于最左端，无序区位于右端，初始状态的有序区为空，无序区中有未排序的所有 n 个记录。

（2）设置一个整型变量 index，用于记录一趟里面的比较过程中当前关键字值最小的记录位置。开始将 index 设定为当前无序区的第一个位置，即假设这个位置的关键字值最小，然后将它与无序区中其他记录进行比较，若发现有比它的关键字值小的记录，就将 index 修改为这个新的最小记录位置。随后再将 R[index]与后面的记录进行比较，并随时修改 index 的值，一趟结束后，index 中保留的就是本趟选择的关键字值最小的记录位置。

（3）将 index 位置的记录交换到有序区的最后一个位置，使有序区增加了一个记录，而无序区减少了一个记录。

（4）不断重复步骤（2）和（3），直到无序区只剩下一个记录为止，此时所有的记录已经按关键字值从小到大的顺序排列就位。

选择排序算法如下：

```
public static void select_Sort(int[]R)/*对顺序表 L 做直接选择排序*/
{ int i,j,index;
for(i=1;i<=R.length-1;i++){ //做 n-1 趟选择排序
  index=i; //用 m 保存当前得到的最小关键字记录的下标，初值为 i
  for(j=i+1;j<=R.length;j++)
      if(R[j]<R[index]) index=j; //记下最小关键字记录的位置
   if(index!=i){ //交换 R[i]和 R[m]
     R[0]=R[i];
     R[i]=R[index];
     R[index]=R[0];
   }
 }//for
} //select_sort
```

【例 9.3】假定 n=8，文件中各个记录的关键字为（47，36，64，95，73，11，27，47），其中有两个相同的关键字 47，后一个用下画线标记。

每次进行选择和交换后的记录排列情况如下所示，假设[⋯]为有序区，{⋯}为无序区。

初始关键字： {47 36 64 95 73 11 27 47}

第一趟排序后：[11] {36 64 95 73 47 27 47}

第二趟排序后：[11 27] {64 95 73 47 36 47}

第三趟排序后：[11 27 36] {95 73 47 64 47}

第四趟排序后：[11 27 36 47] {73 95 64 47}

第五趟排序后：[11 27 36 47 47] {95 64 73}

第六趟排序后：[11 27 36 47 47 64] {95 73}

第七趟排序后：[11 27 36 47 47 64 73] {95}

最后结果： [11 27 36 47 47 64 73 95]

由算法可以发现，不论关键字的初始状态如何，在第 i 趟排序中选出最小关键字的记录，都需做 $n-i$ 次比较。因此，总的比较次数为：

$$\sum_{i=1}^{n-1}(n-i)=n(n-1)/2$$

当初始状态为正序时，不需要移动记录，即移动次数为 0；当初始状态为逆序时，每趟排序均要执行交换操作，每趟交换操作需做 3 次移动操作，总共进行 $n-1$ 趟排序，所以总的移动次数为 $3(n-1)$次。可见，选择排序算法的时间复杂度为 $O(n^2)$。整个排序过程只需要一个记录大小的辅助存储空间用于记录交换，其空间复杂度为 $O(1)$。选择排序会使关键字值相同的记录交换相对位置，所以选择排序是不稳定的排序方法。

任务四 堆排序

堆排序（Heap Sort）是一种发展了的选择排序，它比选择排序的效率要高。在堆排序中，把待排序的文件逻辑上看作是一棵顺序二叉树，并用到堆的概念。在介绍堆排序之前，先引入堆的概念。

假设有一个元素序列，以数组形式存储，并对应一棵完全二叉树，编号为 i 的结点就是数组下标为 i 的元素，且具有下述性质：

（1）若 $2*i<=n$，则 $\boldsymbol{A}[i]<=\boldsymbol{A}[2*i]$；

（2）若 $2*i+1<=n$，则 $\boldsymbol{A}[i]<=\boldsymbol{A}[2*i+1]$。

这样的完全二叉树称为堆。

假如一棵有 n 个结点的顺序二叉树，可以用一个长度为 n 的一维数组来表示；反过来，一个有 n 个记录的顺序表示的文件，在概念上也可以看作是一棵有 n 个结点的顺序二叉树。例如，一个顺序表示的文件（R1，R2，⋯，R9），可以看作是如图 9–3 所示的顺序二叉树。

若将此序列对应的一维数组看成是一棵完全二叉树按层次编号的顺序存储，则堆的含义表明，完全二叉树中所有非终端结点的值均不小于（或不大于）其左、右孩子结点的值。因此，堆顶元素的值必为序列中的最小值（或最大值），即小顶堆（或大顶堆）。

图 9–4(a)和图 9–4(b)所示为堆的两个示例，它们所对应的元素序列分别为{86,83,21,38,11,9}和{13,38,27,50,76,65,49,97}。

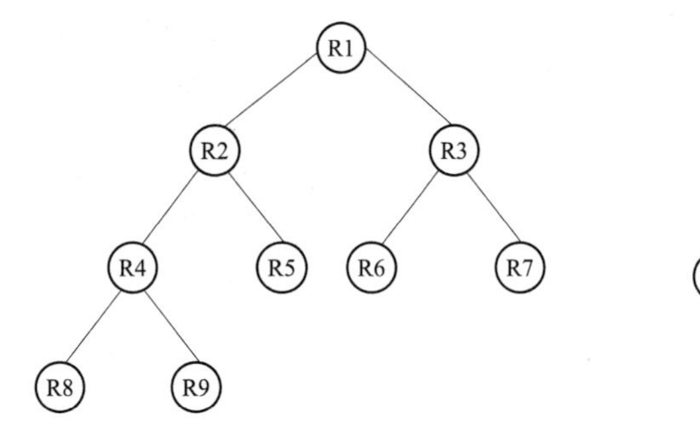

图 9–3　顺序二叉树

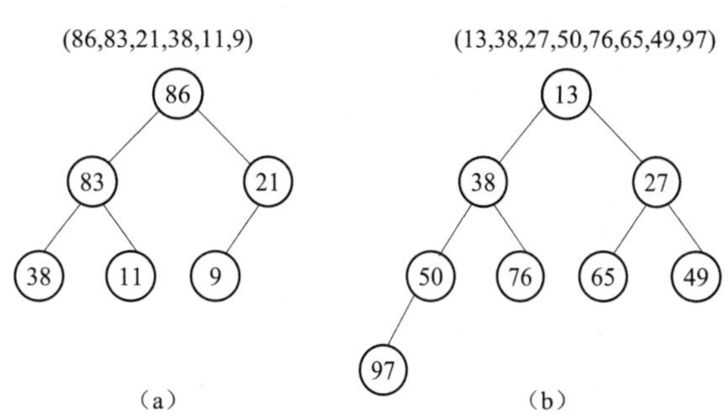

图 9–4　堆排序

（a）大顶堆；（b）小顶堆

对于一组待排序的记录，首先把它们的关键字按堆定义排列成一个序列（称为初始建堆），将堆顶元素取出，然后对剩余的记录再建堆，取出堆顶元素，如此反复进行，直到取出全部元素为止，从而将全部记录排成一个有序序列，这个过程就称为堆排序。堆排序的关键步骤是把一棵顺序二叉树调整为一个堆。

如何将一个无序序列建成一个堆？以小顶堆为例，其具体做法是：

把待排序记录存放在数组 R[1,···,n]之中，将 R 看作一棵二叉树，每个结点表示一个记录，并将第一个记录 R[1]作为二叉树的根，将 R[2,···,n]依次逐层从左到右顺序排列，从而构成一棵完全二叉树，该二叉树任意结点 R[i]的左孩子是 R[$2i$]，右孩子是 R[$2i$+1]，双亲是 R[i/2]。

将待排序的所有记录放到一棵完全二叉树的各个结点中，此时所有 $i>\lfloor n/2 \rceil$的结点 R[i]都没有孩子结点，堆的定义是对非终端结点的限制，即堆只考查有孩子的点，即从完全二叉树的最后一个非终端结点 A[n/2] 到 A[n/2−1]，···，A[1]。对于 $i=\lfloor n/2 \rceil$的结点 R[i]，比较根结点与左、右孩子的关键字值。若根结点的值大于左、右孩子中的较小者，则交换根结点和关键字值较小孩子的位置，即把根结点下移，然后根结点继续和新的孩子结点比较，如此一层一层递归下去，直到根结点下移到某一位置时，它的左、右子孩子的关键字值都大于它的值或者已成为叶子结点，这个过程称为“筛选”。一个无序序列建堆的过程就是一个反复“筛选”的过程，“筛选”需要从 $i=\lfloor n/2 \rceil$的结点 R[i]开始，直至结点 R[1]结束。

【例 9.4】含 8 个元素的无序序列（49，38，65，97，76，13，27，50），请给出其对应的完全二叉树及建堆过程。

因为 n=8，n/2=4，所以从第 4 个结点起至第一个结点止，依次对每一个结点都进行“筛选”。如图 9–5 所示，建立堆的过程如下：

（1）在图 9–5（a）中，第 4 个结点 97 的左孩子是 50，但由于 97>50，因此，应交换结点 97 和左孩子 50 的位置，得到图 9–5（b）。

（2）考虑第 n/2–1 个结点即第 3 个结点，左孩子和右孩子分别是 50，76，但 38 小于这两个孩子，所以不调整。

（3）考虑第 2 个结点 65，左孩子和右孩子分别是 13，27，但由于 65>13 并且 65>27，所以交换该结点和左孩子的位子，得到图 9–5（c）。

（4）考虑第 1 个结点 49，左孩子和右孩子分别是 38，13，但 49>38 并且 49>13，所以交换该结点和右孩子的位置，得到图 9–5（d）。由于交换以后第 3 个结点不是一个堆了，所以交换第 3 个结点和右孩子 27。

（5）调整过程结束，得到图 9–5（e）所示的新堆。

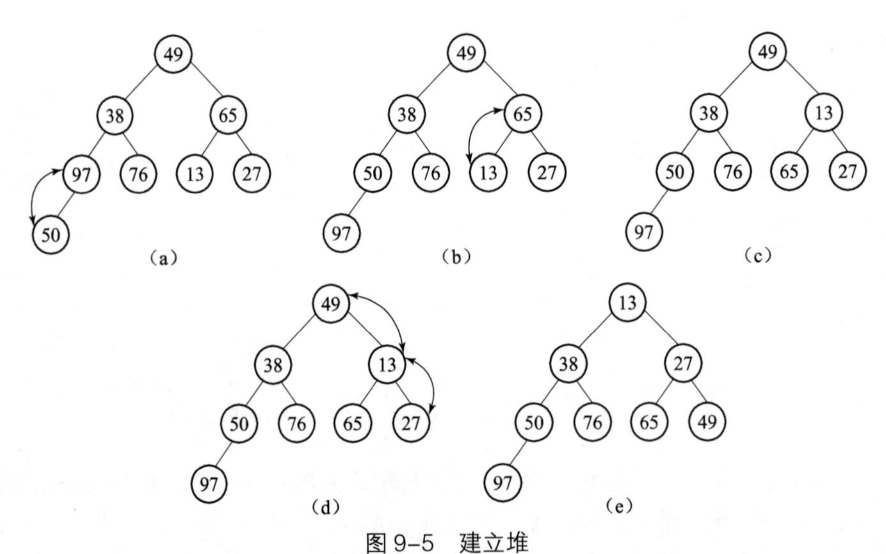

图 9-5　建立堆

（a）交换 97 和 50；（b）交换 65 和 13；（c）输出；

（d）交换 49 和 13，49 和 27；（e）建立新堆

通过上面的过程可以发现，每次调整都是一个结点与左、右孩子中较小者交换，从最小的子树开始，每一个子树先变成堆，再往上一级对更大子树调整，直至根。在调整过程中，子树的根可能被破坏，又不是堆了，则要重新调整。此时，以堆中最后一个元素替代，然后将根结点值与左、右子树的根结点值进行比较，并与其中较小的进行交换，重复这个操作，直至叶子结点为止，从而将得到新的堆。这个调整过程要从被破坏的子树根开始，由上往下，一直到叶子结点为止，全部核查一遍。当全部调整结束后，堆才构成。

根据建堆过程示例，建立初始堆的筛选算法描述如下：

```
public static void sift(int[]R,int k,int n)
{/* k表示被筛选的结点的编号，n表示堆中最后一个结点的编号*/
 int j;
  j=2*k; //计算R[k]的左孩子位置
  R[0]=R[k]; //将R[k]保存在临时单元中
  while(j<=n){ //若i有左孩子
    if((j<n)&&(R[j]>R[j+1])) j++; //选择左、右孩子中最小者
    if(R[0]>R[j]){ //当前结点大于左、右孩子的最小者
      R[i]=R[j];
i=j;
j=2*i;
}
    else break; //当前结点不大于左、右孩子
  }
  R[i]=R[0]; //被筛选结点放到最终合适的位置上
} //Sift
```

小顶堆建成以后，根结点的位置就是最小关键字所在的位置。对于已建好的堆，可以采用下面两个步骤进行堆排序：

（1）输出堆顶元素：将堆顶元素（第一个记录）与当前堆的最后一个记录对调。

（2）调整堆：将输出根结点之后的新完全二叉树调整为堆。

不断地输出堆顶元素，又不断地把剩余的元素调整成新堆，直到所有的记录都变成堆顶元素输出为止，则最后初始序列成为按照关键字有序排列的序列，此过程称为堆排序。堆排序的算法描述如下：

```
public static void Heap_Sort(int[]R) /*对顺序表 L 做堆排序*/
{ int j;
  for(j=R.length/2;j>=1;j--) //建初始堆
Sift(R.j,R.length);
  for(j=R.length;j>1;j--){ //进行 n-1 趟堆排序
    R[0]=R[1]; //将堆顶元素与堆中最后一个元素交换
R[1]=R[j];
R[j]=R[0];
    Sift(R,1,j-1); //将 R[1], …, R[j-1]调整为堆
  }
} //Heap_Sort
```

【例 9.5】对例 9.4 中的堆进行排序，如图 9–6~图 9–8 所示。

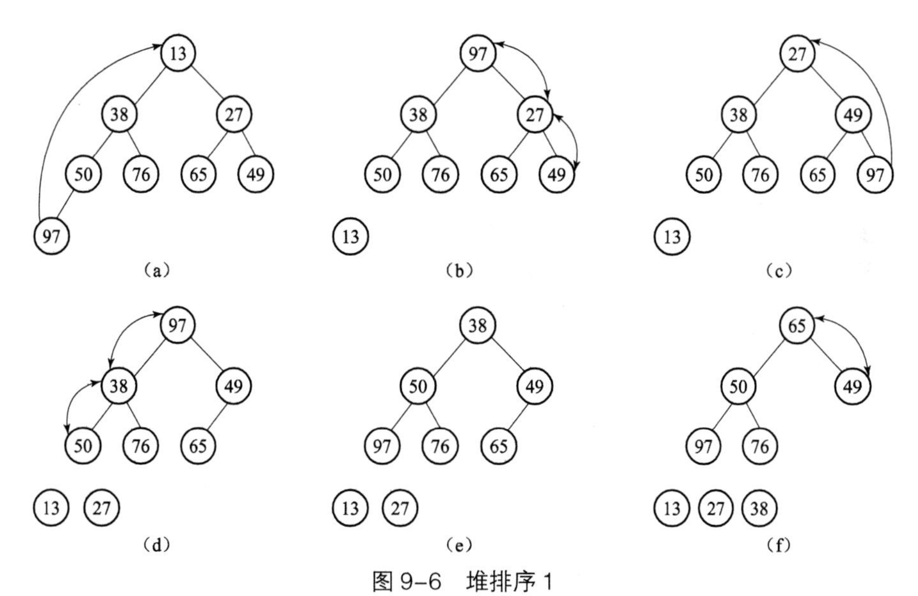

图 9–6　堆排序 1

（a）交换 13 和 97；（b）输出 13；（c）输出 13；（d）输出 13，27；

（e）输出 13，27；（f）输出 13，27，38

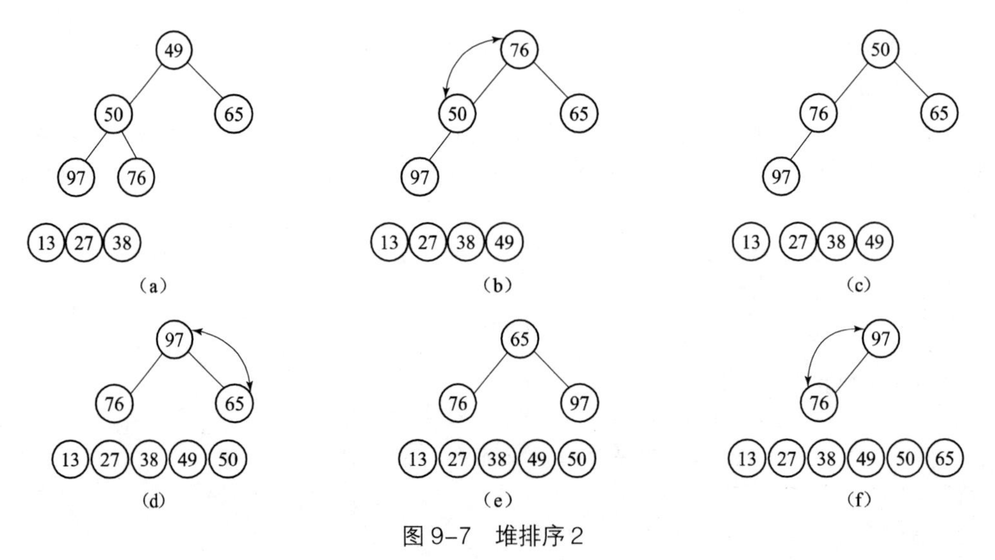

图 9–7　堆排序 2

（a）输出 13，27，38;（b）输出 13，27，38，49;（c）输出 13，27，38，49;

（d）输出 13，27，38，49，50;（e）输出 13，27，38，49，50;

（f）输出 13，27，38，49，50，65

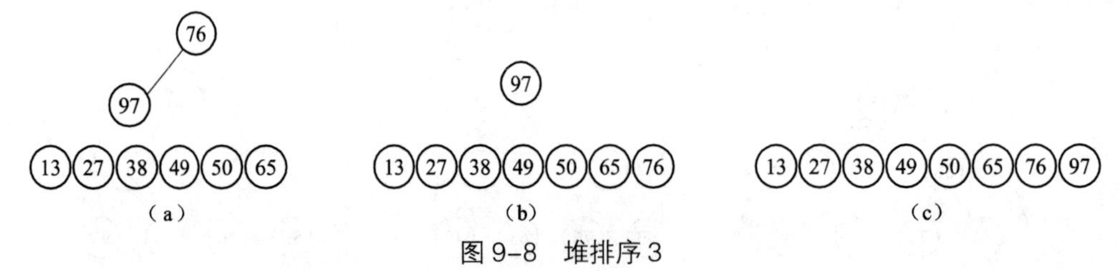

图 9–8　堆排序 3

（a）输出 13，27，38，49，50，65;（b）输出 13，27，38，49，50，65，76;

（c）输出 13，27，38，49，50，65，76，97

首先输出堆顶元素 13，然后将最后一个元素 97 放到顶端，得到图 9–6（b）。

比较 97 和左孩子 38、右孩子 27，将右孩子与该结点交换位置。由于交换以后导致第 3 个结点比它的左、右孩子结点都大，所以将第 3 个结点的右孩子 49 与之交换位置，调整堆状态，得到图 9–6（c）。

输出当前的堆顶元素 27，将最后一个元素 97 放到顶端，得到图 9–6（d）。

将 97 与左孩子 38、右孩子 49 进行比较，并将 38 与 97 交换位置。然后调整二叉树状态，将 38 与它的左孩子 50 交换位置，得到图 9–6（e）。

将堆顶元素 38 输出，并将最后一个元素 49 放到顶端，得到图 9–6（f）。然后用同样的方法将剩下所有元素输出，则可得到如图 9–7 和图 9–8 所示的结果。

从堆排序的全过程可以看出，它所需的比较次数为建立初始堆所需比较次数和重建新堆所需比较次数之和，即算法 Heap_Sort 中两个 For 语句多次调用算法 Sift 的比较次数的总和。

先看建立初始堆所需的比较次数，即算法 Heap_Sort 中执行第 1 个 For 语句时调用算法 Sift 的比较次数是多少。假设 n 个结点的堆的深度为 k，即堆共有 k 层结点，由顺序二叉树的性质可知，$2^{k-1} \leqslant n < 2^k$。执行第 1 个 For 语句，对每个非终端结点 R[i]调用一次算法 Sift，在最坏的情况下，第 j 层的结点都下沉 $k-j$ 层到达最底层，根结点下沉一层，相应的孩子结点上移一层需要 2 次比较，这样，第 j 层的一个结点下沉到最底层最多需 $2(k-j)$次比较。由于第 j 层的结点数为 $2(j-1)$，

因此建立初始堆所需的比较次数不超过下面的值：

$$\sum_{j=k-1}^{1} 2(k-j)*2^{j-1} = \sum_{j=k-1}^{1} (k-j)*2$$

令 $p=k-j$，则有：

$$\sum_{j=k-1}^{1} (k-j)*2^{j} = \sum_{p=1}^{k-1} p*2^{k-p} = 2^{k}\sum_{p=1}^{k-1} p/2^{p} < 4n$$

其中，$2^k \leqslant 2n$；$\sum_{p=1}^{k-1} p/2^p < 2$ 。

现在分析重建新堆所需的比较次数，即算法 Heap_Sort 中执行第 2 个 For 语句时，$n-1$ 次调用算法 Sift 总共进行的比较次数。每次重建一个堆，仅将新的根结点从第 1 层下沉到一个适当的层次上，在最坏的情况下，这个根结点下沉到最底层。每次重建的新堆比前一次的堆少一个结点。设新堆的结点数为 i，则它的深度 $k=\lfloor \log_2 i \rceil+1$。这样，重建一个有 i 个结点的新堆所需的比较次数最多为 $2(k-1)=2\lfloor \log_2 n \rceil$。因此，$n-1$ 次调用算法 adjust 时，总共进行的比较次数不超过：

$$2(\lfloor \log_2(n-1) \rceil+\lfloor \log_2(n-2) \rceil+\cdots+\lfloor \log_2 2 \rceil)<2n\lfloor \log_2 n \rceil$$

综上所述，堆排序在最坏的情况下，所需的比较次数不超过 $O(n\log_2 n)$，显然，所需的移动次数也不超过 $O(n\log_2 n)$。因此，堆排序的时间复杂度为 $O(n\log_2 n)$，堆排序是不稳定的排序方法。

任务五　快速排序

任意选取记录序列中的一个记录作为基准记录 R[i]（一般可取第一个记录 R[1]），把它和所有待排序记录进行比较，将所有比它小的记录都置于它之前，将所有比它大的记录都置于它之后，这个过程即称为一趟快速排序。

快速排序由霍尔（Hoare）提出，快速排序是一种平均比较次数最少的排序法，是目前内部排序中速度最快的排序法，特别适合于大型表的排序。

快速排序法的基本策略是，从表中选择一个中间的分隔元素（开始通常取第一个元素），该分隔元素把表分成两个子表，一个子表中的所有元素都小于该分割元素，另一个子表中的所有元素等于或大于该分隔元素，然后对各子表再进行上述过程，从而将子表分成更小的子表，每次分隔形成的两个子表内部都是无序的，但两个子表相对分隔元素却是有序的。最终，子表缩小为一个元素，元素间就变成有序。

快速排序的算法如下：

```
public static int Partition(int[]R, int low, int high)
{/*交换顺序表 R 中子表 R.r [low,…, high]的记录，使基准记录到位，并返回其所在的位置,此时在它之前的记录均不大于它，在它之后的记录均不小于它*/
  int i,j;
i=low;  j=high;
R[0]=R[i]; //初始化，R[i]为基准记录，暂存入 R[0]中
while(i<j){ //从序列两端交替向中间扫描
   while(i<j&&R[0]<=R[j]) j--; //扫描比基准记录小的位置
R[i]=R[j]; //将比基准记录小的记录移到低端
while (i<j&&R[i]<=R[0]) i++; //扫描比基准记录大的位置
```

```
R[j]=R[i]; //将比基准记录大的记录移到高端
}
R[i]=R[0]; //基准记录到位
return i;//返回基准记录位置
}
public static void QuickSort(int[]R,int low,int high)
{ int k;
  if(low<high){
k=Partition(R,low,high); //调用一趟快速排序算法将顺序表一分为二
QuickSort(R,low,k-1); //对低端子序列进行快速排序，k 是支点位置
QuickSort(R,k+1,high); //对高端子序列进行快速排序
}
} //QuickSort
```

【例 9.6】已知一个无序序列是关键字值为{ 49，38，65，97，76，13，27，49}的记录序列，试给出进行快速排序的过程，如图 9–9 所示。

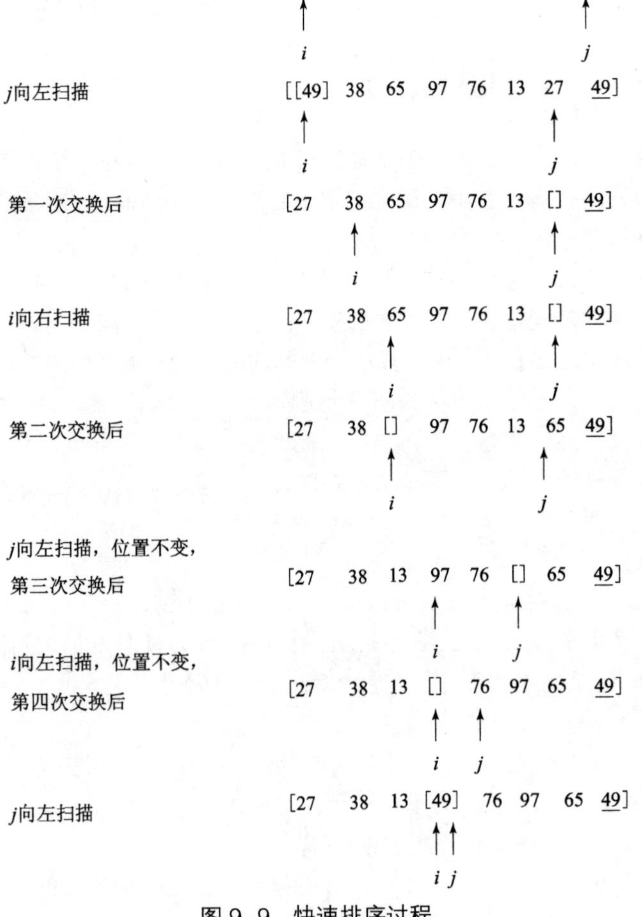

图 9–9　快速排序过程

每次排序之后的状态如下：

初始关键字：　　[49　38　65　97　76　13　27　49]

第一趟排序之后：　　[27　38　13]　49　[76　97　65　49]

第二趟排序之后：　　[13]　27　[38]　49 [49 65]　76　[97]

第三趟排序之后：　　13　27　38　49　49　[65]　76　97

最后的排序结果：　　13　27　38　49　49　65　76　97

快速排序最坏的情况是，每次划分选取的基准都是当前无序区中关键字值最小（或最大）的记录，划分的基准是左边的无序子区为空（或右边的无序子区为空），而划分所得的另一个非空的无序子区中记录数目仅仅比划分前的无序区中记录个数减少一个。因此，快速排序必须进行 $n-1$ 趟排序，每一趟中都需进行 $n-i$ 次比较，所以总次数达到最大值：

$$C_{max}=\sum(n-i)=n(n-1)/2=O(n^2)$$

显然，如果按上面给出的划分算法进行排序，每次取当前无序区的第 1 个记录为基准，那么当文件的记录已按递增序（或递减序）排列时，每次划分选取的基准就是当前无序区中关键字值最小（或最大）的记录，则快速排序所需的比较次数反而最多。

在最好情况下，每次划分选取的基准都是当前无序区的“中值”记录，划分的结果是基准的左、右两个无序子区的长度大致相等。设 $C(n)$表示对长度为 n 的文件进行快速排序所需的比较次数，显然，它应该等于对长度为 n 的无序区进行划分所需的比较次数 $n-1$，加上递归地对划分所得的左、右两个无序子区（长度$\leqslant n/2$）进行快速排序所需的比较总次数。假设文件长度 $n=2k$，那么总的比较次数为：

$$\begin{aligned}C(n) &\leqslant n+2C(n/2)\\ &\leqslant n+2[n/2+2C(n/22)]=2n+4C(n/22)\\ &\leqslant 2n+4[n/4+2C(n/23)]=3n+8C(n/23)\\ &\leqslant \cdots\\ &\leqslant kn+2kC(n/2k)=n\log_2 n+nC(1)\\ &=O(n\log_2 n)\end{aligned}$$

注意：式中 $C(1)$为一常数，$k=\log_2 n$。

因为快速排序的记录移动次数不大于比较的次数，所以快速排序的最坏时间复杂度应为 $O(n^2)$，最好时间复杂度应为 $O(\log_2 n)$。为了改善最坏情况下的时间性能，可采用三者取中的规则，即在每一趟划分开始前，首先比较 R[1]，R[h]和 R[(1+h)/2]，然后令三者中取中值的记录和 R[1]进行交换。

可以证明，快速排序的平均时间复杂度也是 $O(n\log_2 n)$，它是目前基于比较的内部排序方法中速度最快的，快速排序也因此而得名。

快速排序需要一个栈空间来实现递归，若每次划分均能将文件均匀分割为两部分，则栈的最大深度为$[\log_2 n]+1$，所需栈空间为 $O(\log_2 n)$。在最坏情况下，递归深度为 n，所需栈空间为 $O(n)$，所以快速排序是不稳定的排序方法。

任务六　归并排序

归并排序（Merge Sort）也是一种常用的排序方法，“归并”的含义是将两个或两个以上的有序序列合并成一个新的有序序列。假设初始序列含有 n 个记录，则可看成是 n 个有序子序列，每个子序列的长度为 1，然后两两归并，得到一个长度为 2（最后一个序列的长度可能小于 2）的有序子序列；再两两归并，如此重复，直至得到一个长度为 n 的有序序列为止。每一次归并过程都称为一趟归并排序，这种排序方法称为 2 路归并排序。2 路归并排序的核心是将相邻的两个有序序列归并成一个有序序列。类似地，也可以有“3 路归并排序”或“多路归并排序”。

【例 9.7】 设待排序的记录初始序列为 {20，50，70，30，10，40，60}，用 2 路归并排序法对其进行排序。

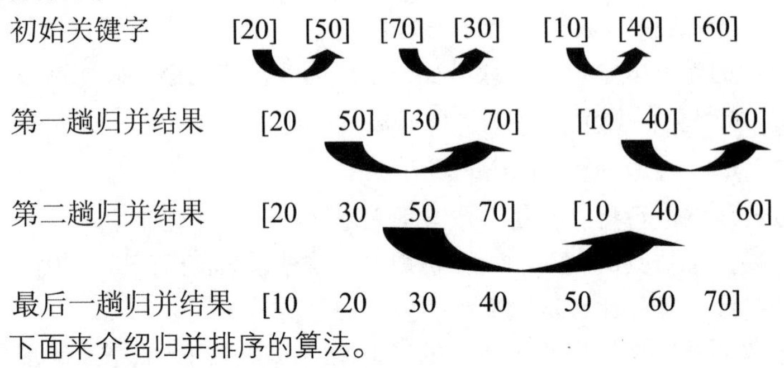

最后一趟归并结果 [10 20 30 40 50 60 70]

下面来介绍归并排序的算法。

❶ 两个有序序列的归并算法

设线性表 R[low,…,m]和 R[m+1,…,high]是两个已排序的有序表，且存放在同一数组中相邻的位置上，现将它们合并到一个数组 R1 中，则合并过程如下：

（1）比较两个线性表的第一个记录，将其中关键字值较小的记录移入表 R1 中（如果关键字值相同，可将 R[low,…,m]的第一个记录移入 R1 中）。

（2）将关键字值较小的记录所在线性表的长度减 1，并将其后继记录作为该线性表的第一个记录。

（3）反复执行过程（1）和（2），直到两个线性表中的一个成为空表，然后将非空表中剩余的记录移入 R1 中，此时 R1 则成为一个有序表。

算法描述如下：

```
void Merge(Sqlist L,Sqlist L1,int low,int m,int high)
{/*R[low,…,m]和R[m+1,…,high]是两个有序表*/
int i=low,j=m+1,k=low;
//k是R1的下标，i，j分别为R[low,…,m]和R[m+1,…,high]的下标
while(i<=m&&j<=high){
//在R[low,…,m]和R[m+1,…,high]均未扫描完时循环
 if(R[i].key<=R[j].key){ //将L.R[low,…,m]中的记录放入R1中
    R[k]=R[i];
i++;
k++;
}
else{ //将R[m+1,…,high]中的记录放入R1中
L1.R[k]=L.R[j];
j++;
k++;
```

```
}
}
while(i<=m){ //将 R[low,···,m]余下部分复制到 R1 中
R[k]=R[i];
i++;
k++;
}
while(j<=high){ //将 R[m+1,···,high]余下部分复制到 R1 中
R[k]=R[j];
j++;
k++;
}
} //Merge
```

❷ 一趟归并排序算法

一趟归并排序是将若干个长度为 *m* 的相邻的有序子序列，由前至后依次两两进行归并，最后得到若干个长度是 2*m* 的相邻有序的序列，但可能存在最后一个子序列的长度小于 *m*，以及子序列的个数不是偶数这两种情况：

（1）若剩下一个长度为 *m* 的有序子表和一个长度小于 *m* 的子表，则使用前面提到的有序归并的方法归并排序。

（2）若子序列的个数不是偶数，只剩下一个子表，其长度小于或等于 *m*，则此时不调用算法 Merge()，只需将其直接放入数组 R1 中，准备进行下一趟归并排序即可。

一趟归并排序算法描述如下：

```
public static void MergePass(int[]R,int[]R1,int low,int m,int high)
{/*对 L 进行一趟归并排序，结果存在 L1 中*/
 int i=0,j;
while(i+2*m-1<n){
Merge(R1,i,i+m-1,i+2*m-1); //两个子序列长度相等的情况
i=i+2*m;
}
  if(i+m-1<n-1) //剩下的两个子序列中，其中一个长度小于 m
    Merge(R,R1,i,i+m-1,n-1); //归并两个有序表
  else //子序列的个数为奇数
    for(j=i;j<n;j++) R1[j]=R[j]; //复制最后一个子序列
} //MergePass
```

❸ 二路归并排序算法

二路归并排序其实上就是不断调用一趟归并排序，只需要在子序列的长度 *m* 小于 *n* 时，不断地调用一趟归并排序算法 MergePass()即可。每调用一次，*m* 增大一倍，其中，*m* 的初值是 1。

其算法如下：

```
public static void Merge_Sort(int[]R,int[]R1,int n)
{/*对 L 进行二路归并排序，结果仍在 L 中*/
```

```
int m=1;
 while  (m<n){
MergePass(R,R1,m,n); //一趟归并，结果在 L1 中
m=2*m;
MergePass(R1,R,m,n); //再次归并，结果在 L 中
m=2*m;
}
} //Merge_Sort
```

在算法中，每趟排序的数据存储在临时的顺序表 R1 中，所以在每趟排序结束后，需要将排序的结果再返回到 R 中。

在上述算法中，第二个调用语句 MergePass 前并未判定 $m>n$ 是否成立，若成立，则排序已完成，但必须把结果从 R1 复制到 R 中。而当 $m>n$ 时，执行 MergePass(R1，R，m，n)的结果正好是将 R1 中唯一的有序文件复制到 R 中。

显然，第 i 趟归并后，有序子文件长度为 2。因此，对于具有 n 个记录的文件排序，必须做$\lfloor \log_2 n \rceil$趟归并，每趟归并所花的时间是 $O(n)$，所以二路归并排序算法的时间复杂度为 $O(n\log_2 n)$。算法中辅助数组 R[1]所需的空间复杂度是 $O(n)$，所以二路归并排序是稳定的排序方法。

任务七　基数排序

前面介绍的排序方法都是根据关键字值（单关键字）的大小来进行排序的。本任务介绍的方法是按组成关键字的各个位置的值（多关键字）来实现排序的，这种方法称为基数排序（Radix Sort）。显然，多关键字排序是按一定规律将每一个关键字按其重要性排列，如选择按系排列，系内再按专业序号递增排序。采用基数排序法需要使用一批桶（或箱子），所以这种方法又称为桶排序。

下面以十进制数为例来说明基数排序的过程。

假定待排序文件中所有记录的关键字为不超过 d 位的非负整数，从最高位到最低位（个位）的编号依次为 1，2，…，d。设置 10 个队列（即上面所说的桶），它们的编号分别为 0，1，2，…，9。当第一遍扫描文字时，将记录按关键字的个位（即第 d 位）数分别放到相应的队列中：个位数为 0 的关键字，其记录依次放入 0 号队列中 i 个位数为 1 的关键字，其记录放入 1 号队列中；……；个位数为 9 的关键字，其记录放入 9 号队列中。这一过程叫作按个位数分配。现在把这 10 个队列中的记录，按 0 号、1 号、…、9 号队列的顺序收集和排列起来，同一队列中的记录按先进先出的次序排列，这是第 1 遍；第 2 遍排序使用同样的办法，将第 1 遍排序后的记录按其关键字的十位数（第 d–1 位）分配到相应的队列中，再把队列中的记录收集和排列起来；……；第 d 遍排序时，按第 d–1 遍排序后记录的关键字的最高位（第 1 位）进行分配，再收集和排列各队列中的记录，则得到了原文件的有序文件，这就是以 10 为基的关键字的基数排序法。

【例 9.8】给定序列{256，129，068，903，589，183，555，249，007，083}，请使用基数排序对该序列进行排序。

以静态链表存储待排记录，头结点指向第一个记录。链式基数排序过程如图 9–10~图 9–13 所示。

图 9–10（a）所示为初始记录的静态链表。图 9–10（b）所示为第一趟按个位数分配，修改结点指针域，将链表中的记录分配到相应链队列中。

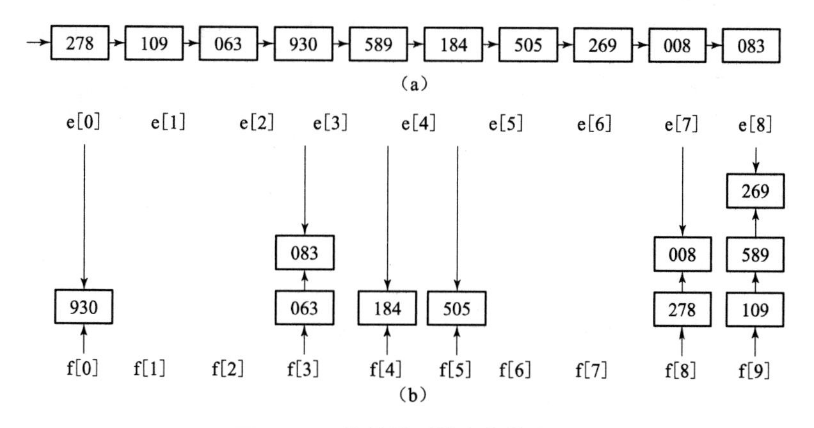

图 9–10　基数排列按个位数分配

（a）初始记录的静态链表；（b）第一趟按个位数分配

图 9–11（a）所示为第一趟收集，将各队列链接起来，形成单链表。图 9–11（b）所示为第二趟按十位数分配，修改结点指针域，将链表中的记录分配到相应链队列中。

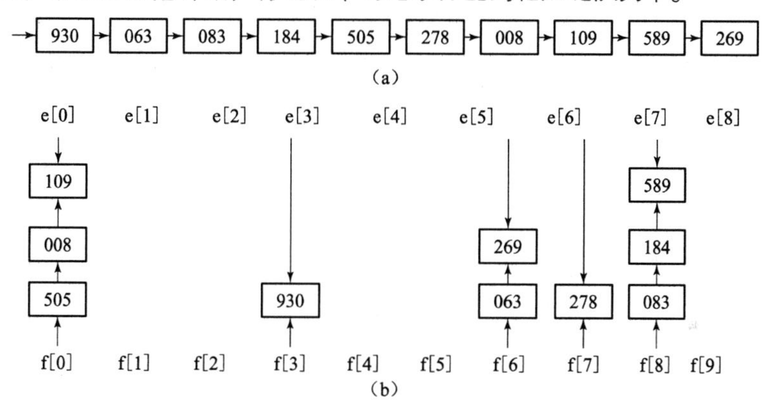

图 9–11　基数排序按十位数分配

（a）第一趟收集；（b）第二趟按十位数分配

图 9–12（a）所示为第二趟收集，将各队列链接起来，形成单链表。图 9–12（b）所示为第三趟按百位数分配，修改结点指针域，将链表中的记录分配到相应链队列中。

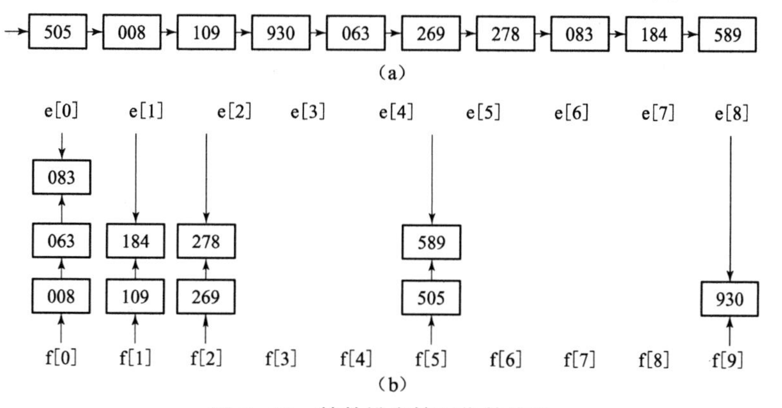

图 9–12　基数排序按百位数分配

（a）第二趟收集；（b）第三趟按百位数分配

最后，图 9–13 所示为第三趟收集，将各队列链接起来，形成单链表，此时序列已有序。

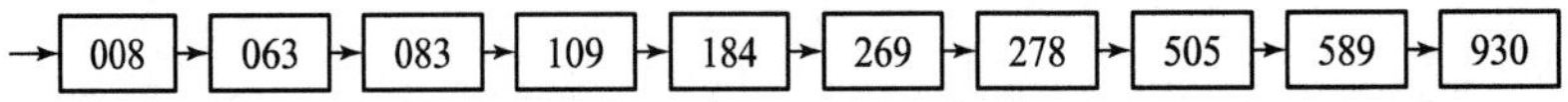

→ 008 → 063 → 083 → 109 → 184 → 269 → 278 → 505 → 589 → 930

图 9–13　基数排序完成

基数排序的算法如下所示：

```
package sort;

public class RadixSort {
private static void radixSort(int[]array,int d)
{
    int n=1;//代表位数对应的数：1,10,100...
    int k=0;//保存每一位排序后的结果用于下一位的排序输入
    int length=array.length;
    int[][]bucket=new int[10][length];/*排序桶用于保存每次排序后的结果，这一位上排序结果相同的数字放在同一个桶里*/
    int[]order=new int[length];//用于保存每个桶里有多少个数字
    while(n<d)
    {
        for(int num:array) //将数组 array 里的每个数字放在相应的桶里
        {
            int digit=(num/n)%10;
            bucket[digit][order[digit]]=num;
            order[digit]++;
        }
        for(int i=0;i<length;i++)/*将前一个循环生成的桶里的数据覆盖到原数组中用于保存这一位的排序结果*/
        {
            if(order[i]!=0)/*这个桶里有数据，从上到下遍历这个桶并将数据保存到原数组中*/
            {
                for(int j=0;j<order[i];j++)
                {
                    array[k]=bucket[i][j];
                    k++;
                }
            }
            order[i]=0;//将桶里计数器置 0，用于下一次位排序
        }
        n*=10;
        k=0;//将 k 置 0，用于下一轮保存位排序结果
```

```
        }
    }
    public static void main(String[]args)
    {
        int[]A=new int[]{008,063, 083, 109, 184, 269, 278, 505, 589, 930};
        radixSort(A, 100);
        for(int num:A)
        {
            System.out.println(num);
        }
    }
    }
```

基数排序所需的计算时间不仅与文件的大小 n 有关，还与关键字的位数 d、关键字的基 r 有关。基数排序的时间复杂度为 $O(d(n+r))$，其中，一趟分配时间复杂度为 $O(n)$，一趟收集时间复杂度为 $O(\text{radix})$，共进行 d 趟分配和收集。基数排序所需的辅助存储空间为 $O(n+rd)$，需要 2*radix 个指向队列的辅助空间，以及用于静态链表的 n 个指针，所以基数排序是稳定的排序方法。

任务八　外部排序

外部排序基本上由两个相对独立的阶段组成。首先，按可用内存大小，将外存上含 n 个记录的文件分成若干个长度为 l 的子文件或段（Segment），依次读入内存并利用有效的内部排序方法对它们进行排序，将排序后得到的有序子文件重新写入外存，通常称这些有序子文件为归并段或顺串（Run）；然后对这些归并段进行逐趟归并，使归并段（有序的子文件）逐渐由小至大，直至得到整个有序文件为止。显然，第一阶段的工作是前面已经讨论过的内容。本任务主要讨论第二阶段，即归并的过程。先从一个具体的例子来看外部排序中的归并是如何进行的。

假设有一个含 10 000 个记录的文件，首先通过 10 次内部排序得到 10 个初始归并段 R1~R10，其中每一段都含 1 000 个记录。然后对它们做如图 9–14 所示的两两归并，直至得到一个有序文件为止。

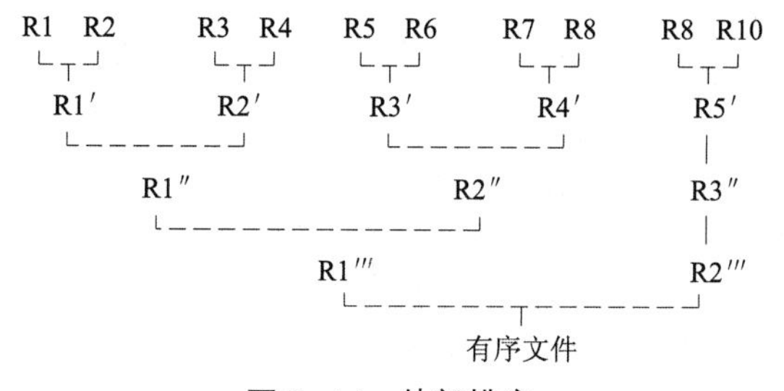

图 9–14　外部排序

从图 9–14 可知，由 10 个初始归并段到一个有序文件，共进行了四趟归并，每一趟从 m 个归并段得到 $\lfloor m/2 \rceil$ 个归并段，这种归并方法称为 2–路平衡归并。

将两个有序段归并成一个有序段的过程，若在内存中进行，则很简单，上一个任务中的 Merge

过程便可实现此归并。但是，在外部排序中实现两两归并时，不仅要调用 Merge 过程，还要进行对外存的读/写，这是由于不可能将两个有序段及归并结果段同时存放在内存中。在前面已经提到，对外存上信息的读/写是以“物理块”为单位的。假设在上例中每个物理块可以容纳 200 个记录，则每一趟归并需进行 50 次“读”和 50 次“写”，四趟归并加上内部排序时所需进行的读/写，使得在外部排序中总共需进行 500 次读/写。

一般情况下，外部排序所需总的时间=内部排序（产生初始归并段）所需的时间 $m*t_{IS}$+外部信息读写的时间 $d*t_{IO}$+内部归并所需的时间 $s*ut_{mg}$。其中，t_{IS} 是为得到一个初始归并段进行内部排序所需时间的均值；t_{IO} 是进行一次外存读/写时间的均值；ut_{mg} 是对 u 个记录进行内部归并所需时间；m 为经过内部排序之后得到的初始归并段的个数；s 为归并的趟数；d 为总的读/写次数。因此，上例 10 000 个记录利用 2–路归并进行外部排序所需总的时间为：

$$10*t_{IS}+500*t_{IO}+4*10\,000t_{mg}$$

其中，t_{IO} 取决于所用的外部设备，显然 t_{IO} 较 t_{mg} 要大得多。因此，提高外部排序的效率应主要着眼于减少外存信息读写的次数 d。

下面来分析 d 和“归并过程”的关系。若对上例中所得的 10 个初始归并段进行 5–路平衡归并（即每一趟将 5 个或 5 个以下的有序子文件归并成一个有序子文件），则由图 9–15 所示可见，仅需进行两趟归并，外部排序时，总的读/写次数便减至 2×100+100=300，比 2–路归并减少了 200 次读/写。

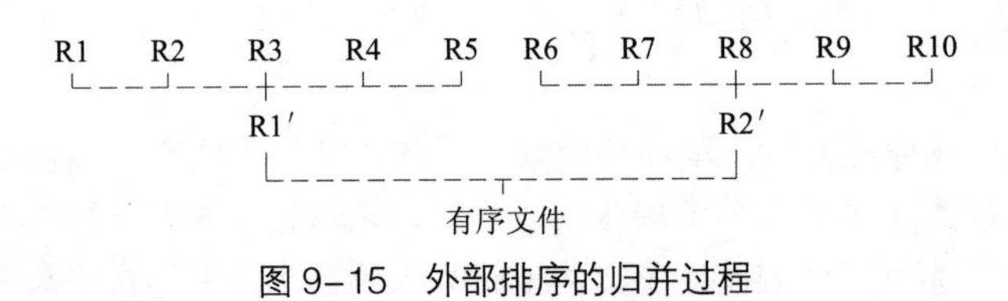

图 9–15　外部排序的归并过程

可见，对于同一文件而言，进行外部排序时所需读/写外存的次数和归并的趟数 s 成正比。而在一般情况下，对 m 个初始归并段进行 k–路平衡归并时，归并的趟数：

$$s = \lfloor \log_k m \rceil$$

可见，增加 k 或减少 m 即可减少趟数 s。

任务九　各种排序方法的比较

目前，已有的排序方法远远不止本项目讨论的这些方法，人们之所以热衷于研究多种排序方法，不仅是因为排序在计算机中所处的重要地位，还因为不同的方法各有其优缺点，从而可适用于不同的场合。选取排序方法时，需要考虑的因素有待排序的记录数目 n、记录本身信息量的大小、关键字的结构及分布情况、对排序稳定性的要求、语言工具的条件和辅助空间的大小等。依据这些因素，可得出如下几点结论：

（1）若 n 较小（例如 $n \leqslant 50$），可采用直接插入排序或直接选择排序。由于直接插入排序所需记录移动操作较直接选择排序多，因此，若记录本身信息量较大，则选用直接选择排序为宜。

（2）若文件的初始状态已是按关键字基本有序，则选用直接插入排序为宜。

（3）若 n 较大，则应采用的排序方法有快速排序、堆排序或归并排序。快速排序被认为是目前基于内部排序的最好的方法，当待排序的关键字随机分布时，快速排序的平均时间最少，但堆排序所需的辅助时间少于快速排序，并且不会出现序可能出现的最坏情况，这两种排序方法都是不稳定的。若要求排序稳定，则可以选用归并排序。但本书介绍的由单个记录进行两两归并的算法并不值得提倡，通常可以将它和直接插入排序结合在一起使用。先利用直接插入排序求得子文件，然后再两两归并。因为直接插入排序是稳定的，所以改进后的归并排序是稳定的。

（4）在基于比较的排序方法中，每次比较两个关键字的大小之后，仅仅出现两种可能的转移，因此可以利用一棵二叉树来描述比较判定过程，由此可以证明：当文件的 N 个关键字随机分布时，任何借助于“比较”的排序算法，至少要 $O(n\lg n)$的时间，但由于桶排序和基数排序只需一步就会引起 M 种可能的转移，即把一个记录半装入 M 个箱子之一，因此，在一般情况下，桶排序和基数排序可能在 $O(n)$时间内完成对 N 个记录的排序。但需要注意的是，桶排序和基数排序只适用于像字符串和整数这类有明显结构特征的关键字，当关键字的取值范围属于某个无穷集合时，无法使用桶排序和基数排序，这时只有借助“比较”方法来排序。由此可知，若 N 很大，记录的关键字位数较少且可以分解时，采用基数排序较好。

（5）前面讨论的几种排序算法中，除基数排序外，都是在一维数组上实现的。当记录本身信息量较大时，为了避免浪费大量时间来移动记录，可以用链表作为存储结构，如插入排序和归并排序都易于在链表上实现，并分别称为表和归并表。但有的方法，如快速排序和堆排序，在链表上难以实现，在这种情况下，可以通过提取关键字建立索引表，然后对索引表进行排序来排序。

前面讲到的排序方法按平均的时间性能来分，有三类排序方法：

① 高效排序方法。时间复杂度为 $O(n\log_2 n)$ 的方法，有快速排序和堆排序，但实验结果表明，就平均时间性能而言，快速排序是所有排序方法中最好的。若待排序的记录个数 n 值较大，应选用快速排序法。但若待排序记录关键字有“有序”倾向，就慎用快速排序，而选用堆排序为宜。

② 简单排序方法。时间复杂度为 $O(n^2)$的方法，有插入排序和选择排序，其中插入排序最常用，特别是对于已按关键字基本有序排列的记录序列尤为如此，选择排序过程中的记录移动次数最少。简单排序方法一般只用于 n 较小的情况。当序列中的记录“基本有序”时，直接插入排序是最佳的排序方法，其常与快速排序和归并排序等其他排序方法结合使用。

③ 基数排序方法。时间复杂度为 $O(n)$的排序方法，因此它最适用于 n 值很大而关键字的位数 d 较小的序列。

从平均时间性能来看，快速排序和归并排序有最好的时间性能。相对而言，快速排序速度最快。但快速排序在最坏情况下的时间性能达到了 $O(n^2)$，比归并排序要差。

从空间性能来看，线性插入排序、折半插入排序、冒泡排序、选择排序要求的辅助空间较小，但时间性能较差。

从稳定性来看，除快速排序和选择排序是不稳定的外，其他的几种排序方法都是稳定的。

另外，从待排序记录的个数来看，当待排序记录的个数较少时，采用线性插入排序、折半插入排序或选择排序较好；当待排序记录的个数较多时，采用快速排序或归并排序较合适。

综上所述，每一种排序方法各有特点，没有哪一种方法是绝对最优的。在实际应用中，应根据具体情况来选择合适的排序方法，同时也可以将多种排序方法结合起来使用。

实训　排序系统

❶ 实训说明

设计一个排序系统，使之能够实现以下功能：

（1）显示需要输入的排序长度及各个关键字。

（2）初始化输入的排序序列。

（3）显示可供选择的操作菜单。

（4）显示输出操作后的移动次数和比较次数。

（5）显示操作后的新序列。

（6）可实现循环操作。

其中包括线插入排序、冒泡排序、选择排序、希尔排序、快速排序、归并排序、堆排序和 SortUtil 排序算法。

❷ 程序分析

通过前面所讲的算法来实现。

❸ 程序源代码

```
//插入排序：
package org.rut.util.algorithm.support;

import org.rut.util.algorithm.SortUtil;
public class InsertSort implements SortUtil.Sort{
   /* (non-Javadoc)
    * @see org.rut.util.algorithm.SortUtil.Sort#sort(int[])
    */
   public void sort(int[] data) {
      int temp;
      for(int i=1;i<data.length;i++){
          for(int j=i;(j>0)&&(data[j]<data[j-1]);j--){
             SortUtil.swap(data,j,j-1);
          }
      }


   }

}
//冒泡排序：
package org.rut.util.algorithm.support;

import org.rut.util.algorithm.SortUtil;
```

```
public class BubbleSort implements SortUtil.Sort{
   /* (non-Javadoc)
    * @see org.rut.util.algorithm.SortUtil.Sort#sort(int[])
    */
   public void sort(int[] data) {
     int temp;
     for(int i=0;i<data.length;i++){
         for(int j=data.length-1;j>i;j--){
             if(data[j]<data[j-1]){
                SortUtil.swap(data,j,j-1);
             }
         }
     }
   }

}
//选择排序:
package org.rut.util.algorithm.support;

import org.rut.util.algorithm.SortUtil;
public class SelectionSort implements SortUtil.Sort {
   /* * (non-Javadoc)
    *
    * @see org.rut.util.algorithm.SortUtil.Sort#sort(int[])
    */
   public void sort(int[] data) {
     int temp;
     for (int i = 0; i < data.length; i++) {
         int lowIndex = i;
         for (int j = data.length - 1; j > i; j--) {
             if (data[j] < data[lowIndex]) {
                 lowIndex = j;
             }
         }
         SortUtil.swap(data,i,lowIndex);
     }
  }

}
//希尔排序:
package org.rut.util.algorithm.support;
```

```
import org.rut.util.algorithm.SortUtil;
public class ShellSort implements SortUtil.Sort{

   /* (non-Javadoc)
    * @see org.rut.util.algorithm.SortUtil.Sort#sort(int[])
    */
   public void sort(int[] data) {
      for(int i=data.length/2;i>2;i/=2){
         for(int j=0;j<i;j++){
            insertSort(data,j,i);
         }
      }
      insertSort(data,0,1);
   }

   /**
   * @param j
   * @param i
   */
private void insertSort(int[] data, int start, int inc) {
       int temp;
       for(int i=start+inc;i<data.length;i+=inc){
          for(int j=i;(j>=inc)&&(data[j]<data[j-inc]);j-=inc){
             SortUtil.swap(data,j,j-inc);
          }
       }
    }

}
//快速排序:
package org.rut.util.algorithm.support;

import org.rut.util.algorithm.SortUtil;
public class QuickSort implements SortUtil.Sort{
   /* (non-Javadoc)
    * @see org.rut.util.algorithm.SortUtil.Sort#sort(int[])
    */
   public void sort(int[] data) {
     quickSort(data,0,data.length-1);
   }
```

```
  private void quickSort(int[] data,int i,int j){
    int pivotIndex=(i+j)/2;
     //swap
     SortUtil.swap(data,pivotIndex,j);

     int k=partition(data,i-1,j,data[j]);
     SortUtil.swap(data,k,j);
     if((k-i)>1) quickSort(data,i,k-1);
     if((j-k)>1) quickSort(data,k+1,j);

  }
  /**
  * @param data
  * @param i
  * @param j
  * @return
  */
 private int partition(int[] data, int l, int r,int pivot) {
  do{
    while(data[++l]<pivot);
    while((r!=0)&&data[--r]>pivot);
    SortUtil.swap(data,l,r);
   }
   while(l<r);
   SortUtil.swap(data,l,r);
   return l;
  }

}
//改进后的快速排序:
package org.rut.util.algorithm.support;

import org.rut.util.algorithm.SortUtil;
public class ImprovedQuickSort implements SortUtil.Sort {
   private static int MAX_STACK_SIZE=4 096;
   private static int THRESHOLD=10;
   /* (non-Javadoc)
    * @see org.rut.util.algorithm.SortUtil.Sort#sort(int[])
    */
   public void sort(int[] data) {
     int[] stack=new int[MAX_STACK_SIZE];
```

```
int top=-1;
int pivot;
int pivotIndex,l,r;
stack[++top]=0;
stack[++top]=data.length-1;

while(top>0){
  int j=stack[top--];
  int i=stack[top--];

  pivotIndex=(i+j)/2;
  pivot=data[pivotIndex];

  SortUtil.swap(data,pivotIndex,j);

  //partition
  l=i-1;
  r=j;
  do{
      while(data[++l]<pivot);
      while((r!=0)&&(data[--r]>pivot));
      SortUtil.swap(data,l,r);
   }
   while(l<r);
   SortUtil.swap(data,l,r);
   SortUtil.swap(data,l,j);

   if((l-i)>THRESHOLD){
      stack[++top]=i;
      stack[++top]=l-1;
    }
    if((j-l)>THRESHOLD){
      stack[++top]=l+1;
      stack[++top]=j;
     }

  }
  //new InsertSort().sort(data);
  insertSort(data);
}
```

```
    /**
     * @param data
     */
  private void insertSort(int[] data) {
    int temp;

    for(int i=1;i<data.length;i++){
        for(int j=i;(j>0)&&(data[j]<data[j-1]);j--){
            SortUtil.swap(data,j,j-1);
         }
     }
  }

}
//归并排序:
package org.rut.util.algorithm.support;

import org.rut.util.algorithm.SortUtil;
public class MergeSort implements SortUtil.Sort{
   /* (non-Javadoc)
    * @see org.rut.util.algorithm.SortUtil.Sort#sort(int[])
    */
   public void sort(int[] data) {
     int[] temp=new int[data.length];
     mergeSort(data,temp,0,data.length-1);
   }

   private void mergeSort(int[] data,int[] temp,int l,int r){
     int mid=(l+r)/2;
     if(l==r) return ;
     mergeSort(data,temp,l,mid);
     mergeSort(data,temp,mid+1,r);
     for(int i=l;i<=r;i++){
        temp[i]=data[i];
     }
     int i1=l;
     int i2=mid+1;
     for(int cur=l;cur<=r;cur++){
     if(i1==mid+1)
         data[cur]=temp[i2++];
     else if(i2>r)
```

```
        data[cur]=temp[i1++];
      else if(temp[i1]<temp[i2])
        data[cur]=temp[i1++];
      else

        data[cur]=temp[i2++];
    }
  }

}
//改进后的归并排序:
package org.rut.util.algorithm.support;

import org.rut.util.algorithm.SortUtil;
public class ImprovedMergeSort implements SortUtil.Sort {
   private static final int THRESHOLD = 10;
   /*
    * (non-Javadoc)
    *
    * @see org.rut.util.algorithm.SortUtil.Sort#sort(int[])
    */
   public void sort(int[] data) {
     int[] temp=new int[data.length];
     mergeSort(data,temp,0,data.length-1);
   }

   private void mergeSort(int[] data, int[] temp, int l, int r) {
     int i, j, k;
     int mid = (l + r) / 2;
     if (l == r)
        return;
     if ((mid - l) >= THRESHOLD)
        mergeSort(data, temp, l, mid);
     else
        insertSort(data, l, mid - l + 1);
     if ((r - mid) > THRESHOLD)
        mergeSort(data, temp, mid + 1, r);
     else
        insertSort(data, mid + 1, r - mid);

     for (i = l; i <= mid; i++) {
```

```
            temp[i] = data[i];
        }
        for (j = 1; j <= r - mid; j++) {
            temp[r - j + 1] = data[j + mid];
        }
        int a = temp[l];
        int b = temp[r];
        for (i = l, j = r, k = l; k <= r; k++) {
            if (a < b) {
                data[k] = temp[i++];
                a = temp[i];
            } else {
                data[k] = temp[j--];
                b = temp[j];
            }
        }
    }

    /**
    * @param data
    * @param l
    * @param i
    */
  private void insertSort(int[] data, int start, int len) {
        for(int i=start+1;i<start+len;i++){
            for(int j=i;(j>start) && data[j]<data[j-1];j--){
                SortUtil.swap(data,j,j-1);
                }
            }
        }
}
//堆排序:
package org.rut.util.algorithm.support;

import org.rut.util.algorithm.SortUtil;
public class HeapSort implements SortUtil.Sort{
    /* (non-Javadoc)
     * @see org.rut.util.algorithm.SortUtil.Sort#sort(int[])
     */
    public void sort(int[] data) {
        MaxHeap h=new MaxHeap();
```

```
    h.init(data);
    for(int i=0;i<data.length;i++)
       h.remove();
    System.arraycopy(h.queue,1,data,0,data.length);
  }

  private static class MaxHeap{
      void init(int[] data){
      this.queue=new int[data.length+1];
      for(int i=0;i<data.length;i++){
          queue[++size]=data[i];
          fixUp(size);
      }
    }
    private int size=0;
    private int[] queue;
    public int get() {
    return queue[1];
    }

    public void remove() {
       SortUtil.swap(queue,1,size--);
       fixDown(1);
    }
    //fixdown
    private void fixDown(int k) {
       int j;
       while ((j = k << 1) <= size) {
         if (j < size && queue[j]<queue[j+1])
             j++;
         if (queue[k]>queue[j]) //不用交换

             break;
         SortUtil.swap(queue,j,k);
         k = j;
       }
   }
   private void fixUp(int k) {
       while (k > 1) {
          int j = k >> 1;
          if (queue[j]>queue[k])
```

```
                break;
            SortUtil.swap(queue,j,k);

            k = j;
          }
        }

      }

  }
  //SortUtil 排序:
  package org.rut.util.algorithm;

  import org.rut.util.algorithm.support.BubbleSort;
  import org.rut.util.algorithm.support.HeapSort;
  import org.rut.util.algorithm.support.ImprovedMergeSort;
  import org.rut.util.algorithm.support.ImprovedQuickSort;
  import org.rut.util.algorithm.support.InsertSort;
  import org.rut.util.algorithm.support.MergeSort;
  import org.rut.util.algorithm.support.QuickSort;
  import org.rut.util.algorithm.support.SelectionSort;
  import org.rut.util.algorithm.support.ShellSort;

  public class SortUtil {
    public final static int INSERT = 1;
    public final static int BUBBLE = 2;
    public final static int SELECTION = 3;
    public final static int SHELL = 4;
    public final static int QUICK = 5;
    public final static int IMPROVED_QUICK = 6;
    public final static int MERGE = 7;
    public final static int IMPROVED_MERGE = 8;
    public final static int HEAP = 9;

    public static void sort(int[] data) {
      sort(data, IMPROVED_QUICK);
    }
    private static String[] name={
         "insert",   "bubble",   "selection",   "shell",   "quick",
"improved_quick", "merge", "improved_merge", "heap"
    };
```

```
    private static Sort[] impl=new Sort[]{
        new InsertSort(),
        new BubbleSort(),
        new SelectionSort(),
        new ShellSort(),
        new QuickSort(),
        new ImprovedQuickSort(),
        new MergeSort(),
        new ImprovedMergeSort(),
        new HeapSort()
    };

    public static String toString(int algorithm){
      return name[algorithm-1];
    }

    public static void sort(int[] data, int algorithm) {
      impl[algorithm-1].sort(data);
    }

    public static interface Sort {
      public void sort(int[] data);
    }

    public static void swap(int[] data, int i, int j) {
      int temp = data[i];
      data[i] = data[j];
      data[j] = temp;
    }
}
```

小　结

排序（Sorting）是计算机程序设计中的一种重要操作，它的功能是将一组数据元素（或记录）的任意序列重新排列成一个按关键字有序的序列。本项目主要介绍了排序的概念及其基本思想、排序过程和实现算法，并简述了各种算法的时间复杂度和空间复杂度。

一个好的排序算法所需要的比较次数和存储空间都应该较少，但从本项目讨论的各种排序算法中可以看到，不存在“十全十美”的排序算法，各种方法各有优缺点，可适用于不同的场合。由于排序运算在计算机应用问题中经常碰到，所以应重点理解各种排序算法的基本思想，并熟悉过程及实现算法，以及对算法的分析方法，从而在面对实际问题时能选择合适的算法。

习题九

1. 编写一个以单链表为存储结构的插入排序算法。

2. 已知关键字序列为 { 12, 32, 45, 67, 74, 83 }，分别用插入排序、选择排序、希尔排序、冒泡排序对其进行排序，并写出排序过程。

3. 编写一个以单链表为存储结构的选择排序算法。

4. 写出长度分别为 n_1，n_2，n_3 的有序表的 3 路归并排序算法。

5. 已知关键字序列为 { 24, 31, 45, 6, 3, 43, 0, 23, 56, 78, 90 }，用基数排序法对其进行排序，并写出每一趟排序的结果。

6. 本项目所介绍的几种排序算法中，哪些是稳定的？哪些是不稳定的？

7. 设要将序列 { Q, H, C, Y, P, A, M, S, R, D, F, X } 中的关键码按字母序的升序重新排列，请写出二路归并排序一趟扫描的结果和堆排序初始建小项堆的结果。

参考文献

［1］严蔚敏，吴伟民. 数据结构（C 语言版）［M］. 北京：清华大学出版社，1997.

［2］王路群. 数据结构——用 C 语言描述［M］. 北京：中国水利水电出版社，2007.

［3］姚菁. 数据结构（C 语言版）［M］. 北京：机械工业出版社，2000.

［4］许卓群. 数据结构［M］. 北京：中央广播电视大学出版社，2001.

［5］薛超英. 数据结构——用 Pascal 语言、C++语言对照描述算法［M］. 武汉：华中理工大学出版社，2000.

［6］雷军环. 数据结构［M］. 北京：清华大学出版社，2009.

［7］库波. 数据结构——Java 语言描述［M］. 北京：北京理工大学出版社，2012.

［8］杨秀金. 数据结构［M］. 西安：西安电子科技大学出版社，2000.

［9］段恩泽，肖守柏. 数据结构［M］. 北京：清华大学出版社，2010.

［10］库波. 数据结构——C 语言描述［M］. 大连：东软电子出版社，2013.

［11］［美］Mickey Williams. Visual C#.NET 技术内幕［M］. 冉晓旻，罗邓，郭炎，译. 北京：清华大学出版社，2003.